高职高专规划教材

建筑材料应用与检测

赵华玮　编著

中国建筑工业出版社

图书在版编目（CIP）数据

建筑材料应用与检测/赵华玮编著．—北京：中国建筑工业出版社，2011.7
（高职高专规划教材）
ISBN 978-7-112-13296-6

Ⅰ．①建…　Ⅱ．①赵…　Ⅲ．①建筑材料-检测-高等职业教育-教材　Ⅳ．①TU502

中国版本图书馆 CIP 数据核字（2011）第 109125 号

这是一本崭新的教材，教材很好地体现了建筑材料领域的四新（即新知识、新技术、新工艺、新方法）、节能减排和绿色环保等重要内容，重点介绍新材料、新工艺，淡化材料化学成分、组成、生产工艺等方面的内容，针对性地增加了材料性能及应用、验收及保管的内容，突出了以培养职业能力为核心的高职特色。

本教材可作为高职高专相关专业课程教材，也可供工程技术人员参考。

* * *

责任编辑：朱首明　李　明
责任设计：张　虹
责任校对：王雪竹　赵　颖

高职高专规划教材
建筑材料应用与检测
赵华玮　编著
*
中国建筑工业出版社出版、发行（北京西郊百万庄）
各地新华书店、建筑书店经销
霸州市顺浩图文科技发展有限公司
北京市密东印刷有限公司印刷
*
开本：787×1092 毫米　1/16　印张：16¾　字数：413 千字
2011 年 8 月第一版　2013 年 8 月第二次印刷
定价：**35.00** 元（附实验报告）
ISBN 978-7-112-13296-6
（20741）

序

课程是将教育理论和教学实践有机联系的桥梁。在当前我国高等教育改革的大潮中，高等职业教育首当其冲，而课程改革则居于风口浪尖的位置。课程是实现教育目的和培养目标的重要手段，是使学生掌握知识和形成能力的重要途径，是进行一切教育和教学活动的核心。无论何种教育理论及其思想和观念，其教育宗旨和教学目标，都必须通过课程这座桥梁才能最终实现。

近年来，我国土建类高等职业教育发展迅猛，为建筑业生产一线输送了大批技术管理人才，但毕业生的质量规格与企业的需求还存在很大差距。为此，土建类专业教学指导委员会引领全国同行对高职各专业的教学内容体系和实施体系做了大量有益的改革和实践，形成了理论教学和实践教学紧密结合、相互渗透、互相支撑的新的教学体系。在“建筑工程技术”专业，为使学生掌握建筑材料知识和形成建筑材料应用和检测能力，设置了一门专业课程——“建筑材料与检测”和一门实践课程——“建筑材料检测基本训练”。但当前很多学校还在开设学科教育中多年习惯的专业基础课程——“建筑材料”，严重影响了企业需要的建筑材料应用和检测能力的培养。

焦作大学赵华玮老师长期从事建筑材料教学和技术服务工作，具有丰富的教学经验和企业实践经历，是“河南省学术技术带头人”和“教学名师”。多年来结合精品课程建设，致力于建筑材料课程的教学改革，将土建类教学指导委员会提出的“建筑工程技术”专业培养方案中所设的两门建筑材料类课程合并为“建筑材料应用与检测”一门课程。将理论知识的传授和职业能力的培养有效地融为一体，通过内容重构和整合，编写了该门课程的新体系教材，在焦作大学试用，取得了很好的效果。

这是一本与时俱进的崭新教材，反映了作者深度了解建筑材料在建筑科技进步中的最新发展态势。教材很好地体现了建筑材料领域的四新（即新知识、新技术、新工艺、新方法）、节能减排和绿色环保等重要内容，重点介绍新材料、新工艺，淡化材料化学成分、组成、生产工艺等方面的内容，针对性地增加了材料性能及应用、验收及保管的内容，突出了以培养职业能力为核心的高职特色。

这本教材几易其稿，由中国建筑工业出版社正式出版发行，它的问世与使用对土建类高等职业教育的课程改革必将发挥积极的促进作用，可喜可贺！

感佩作者不断进取的精神，特作此序。

杜国城

2011 年 6 月

前　言

按照教育部教高［2006］16号文件的精神，根据高职高专教育土建类教学指导委员会编制的《建筑工程技术》专业培养方案对“建筑材料与检测”和“建筑材料检测基本训练”两门课程的具体要求，针对学生必须掌握的建筑材料应用知识和必须具备的建筑材料应用和检测能力，编写了这本“建筑材料应用和检测”课程教材。全书共分9章，主要阐述了建筑材料的性能、应用、验收、保管和检测等方面的知识，为培养学生的建筑材料应用和检测能力安排了具体的训练内容。本书特点如下：

一、突出职业能力和创新能力的培养，力争使理论教学与材料应用、材料检测紧密结合。编写中注重材料性质与应用的结合，让读者潜移默化地体会材料性能与材料应用之间的密切联系。

二、按照国家有关政策的要求，结合建筑行业发展的实际需求，对传统的教材体系和内容进行了增减与重组，重新对教材内容进行了精心编排，加强了材料验收、保管、检验、质量评定等实践性内容，明确给出了各个概念术语在工程中的具体应用，架起了理论与应用之间的桥梁，内容新，体例新，重点突出。

三、本书对建筑材料标准的基本知识所进行的阐述，全部采用了国家（行业）颁布的最新标准和规范；对国家推广及限制使用的材料品种做了较全面的介绍，加大了对新材料介绍的力度，力求反映建筑材料的发展趋势和绿色环保理念。

四、书中介绍各种材料时，突出建材标准的作用，逐步培养学生的法规意识。并在书后附有“现行常用建筑材料与检测方法标准（目录）”（截至2011年6月），方便读者查阅相关标准。

五、每章后的技能训练题，除传统的问答题和计算题外，还有填空题、选择题、判断题等多种能力训练题型，并在内容上紧密联系工程实践及材料选用、检测，便于学生及时消化、巩固课堂所学知识，强化应用所学理论知识解决工程实际问题的能力。

六、附有与教材配套使用的《建筑材料实验报告》。

本教材作者为焦作大学赵华玮，主持的《建筑材料与检测》课程2008年被评为省级精品课程，2010年评为全国高职高专教育土建类专业教学指导委员会精品课程，该课程网站（http://jpkc.jzu.cn/jzclyjc）教学资源丰富，并结合课程改革与建设在不断充实和更新，可供读者参考浏览。

本书可作为高职高专土建类各专业及相关专业的教学用书，也可作为材料员、施工员、造价员等职业岗位培训，以及成人教育、自学自考用书。

在编写过程中参考和借鉴了大量文献资料，谨向这些文献作者致以诚挚的谢意。由于编者水平所限，书中难免有错漏和不妥之处，恳请读者批评指正。

本教材配有相应教学课件，有需要者可发邮件至 lm_bj@126.com。

作者

2011年6月

目　录

1 建筑材料的基本知识

1.1 建筑材料定义及分类

建筑是凝固的诗，有“人类文明史册”之称。建筑和建筑材料反映了一个时代的文明、艺术和科技发展水平。建筑材料是指在建筑工程中使用的各种材料及其制品的总称。包括构成建筑物本身的材料、施工过程中所用的材料及各种建筑器材。本教材主要介绍构成建筑物本身所使用的各种材料。

建筑材料品种繁多，作用和功能各异。为方便应用，按不同原则对其进行分类，最常见的是按材料的化学成分和使用功能进行分类。

建筑材料按化学成分可分为无机材料、有机材料和复合材料三大类，每一类又可细分为许多小类，详见表1-1。

建筑材料按化学成分分类表　　表1-1

<table>
<tr><th colspan="3">分　类</th><th>实　例</th></tr>
<tr><td rowspan="7">无机材料</td><td rowspan="2">金属材料</td><td>黑色金属</td><td>碳素钢、合金钢</td></tr>
<tr><td>有色金属</td><td>铜、铝及其合金</td></tr>
<tr><td rowspan="5">非金属材料</td><td>天然石材</td><td>砂、石及石材制品</td></tr>
<tr><td>无机人造石材</td><td>混凝土、砂浆及硅酸盐制品</td></tr>
<tr><td>气硬性胶凝材料</td><td>石灰、石膏、水玻璃</td></tr>
<tr><td>水硬性胶凝材料</td><td>水泥</td></tr>
<tr><td>烧土及熔融制品</td><td>烧结砖、陶瓷、玻璃</td></tr>
<tr><td rowspan="3">有机材料</td><td colspan="2">植物材料</td><td>木材、竹材、植物纤维及其制品</td></tr>
<tr><td colspan="2">沥青材料</td><td>石油沥青、煤沥青、改性沥青及其制品</td></tr>
<tr><td colspan="2">高分子材料</td><td>塑料、有机涂料、胶粘剂、橡胶</td></tr>
<tr><td rowspan="5">复合材料</td><td colspan="2">金属-无机非金属复合</td><td>钢筋混凝土、钢纤维混凝土</td></tr>
<tr><td colspan="2">无机非金属-有机复合</td><td>沥青混凝土、玻璃纤维增强塑料</td></tr>
<tr><td colspan="2">有机-有机复合</td><td>橡胶改性沥青、树脂改性沥青</td></tr>
<tr><td colspan="2">有机-金属复合</td><td>轻质金属夹芯板</td></tr>
<tr><td colspan="2">非金属-非金属复合</td><td>玻璃纤维增强水泥、玻璃纤维增强石膏</td></tr>
</table>

复合材料是由两种或两种以上不同性质的材料经适当组合为一体的材料。复合材料可以克服单一材料的弱点，不仅性能优于组成中的任意一个单独的材料，而且还可具有组成材料单独不具有的独特性能。复合化已成为当今材料科学发展的趋势之一。

建筑材料按使用功能分类可分为结构材料、围护材料及功能材料三大类。

结构材料主要指构成建筑物受力构件和结构所用的材料，如梁、板、柱、基础、框架等构件或结构所使用的材料。其主要技术性能要求是强度和耐久性，常用的有钢材、水泥、混凝土等。

围护材料是用于建筑物围护结构的材料，如墙体、门窗、屋面等部位使用的材料。常用的围护材料有砖、砌块、板材等。围护材料除强度和耐久性要求外，更重要的是应具有良好的绝热性，以符合建筑节能要求。

功能材料主要指以材料力学性能以外的功能为特征的非承重用材料，赋予建筑物防水、绝热、吸声隔声、装饰等功能。功能材料的选择与使用是否合理，往往决定了工程使用的可靠性、适用性及美观效果等。

1.2 建筑材料的地位与作用

(1) 建筑材料是建筑的物质基础和灵魂

建筑材料既是建筑的物质基础，又是建筑的灵魂，即使有再开阔的思路、再玄妙的设计，建筑也总是必须通过材料这个载体来实现。一个优秀的建筑产品就是建筑艺术、建筑技术和建筑材料的合理组合。没有建筑材料作为物质基础，就不会有建筑产品，而工程的质量优劣与所用材料的质量水平及使用的合理与否有直接的关系，如果不考虑施工质量的影响，则材料的品种、组成、构造、规格及使用方法都会对建筑工程的结构安全性、坚固耐久性及适用性产生直接的影响。为确保建筑工程的质量，必须从材料的生产、选择、使用和检验评定以及材料的贮存、保管等各个环节确保材料的质量，否则将会造成工程的质量缺陷，甚至导致重大质量事故。

(2) 材料费在建筑工程总造价中占较大的比重

在一般的建筑工程总造价中，与材料直接相关的费用占到50%以上，材料的选择、使用与管理是否合理，对工程成本影响甚大。在工程建设中可选择的材料品种很多，而不同的材料由于其原料、生产工艺等因素的不同，导致材料价格有较大的差异；材料在使用与管理环节的合理与否也会导致材料用量的变化，从而使材料费用发生变化。因此，通过正确地选择和合理地使用材料，可以节约与材料有关的费用。

(3) 建筑材料对工程技术的影响

建筑材料的品种、性能和质量，在很大程度上决定着房屋建筑的坚固、适用和美观，又在很大程度上影响着结构形式和施工速度。一种新材料的出现必将促使建筑结构形式的变化、施工技术的进步，而新的结构形式和施工技术必然要求提供新的更优良的建筑材料。钢筋和混凝土的出现，使得钢筋混凝土结构形式取代了传统的砖木结构形式，成为现代建筑工程的主要结构形式；轻质高强结构材料的出现，使大跨度的桥梁和工业厂房得以实现；混凝土外加剂的出现，使混凝土科学及其以混凝土为基础的结构设计和施工技术有了快速发展；混凝土高效减水剂的问世与使用，使混凝土强度等级由C25左右迅速提高到C60～C80，甚至C100以上。混凝土的高强度化，使建筑的高度由五六层猛增到五六十层，甚至于更高，促进了结构设计的进步。同时，高效减水剂的推广应用，可使混凝土流动度大大提高，以此为基础发展起来的喷射混凝土、泵送混凝土，近年来在隧道工程和建筑工程施工中发挥着愈来愈大的作用，带动了施工技术的革新。因此，没有建筑材料的发展，也就没有建筑技术的飞速发展。土木工程材料生产及其科学技术的迅速发展，对于工程技术的进步具有重要的推动作用。

(4) 建筑材料对可持续发展的影响

建筑业耗能很大，据统计，建筑物在其建造、使用过程中的能耗约占全球能源消耗的50%，产生的污染物约占污染物总量的34%。随着我国可持续发展战略的提出，保护环境、治理污染，成为当务之急。只有在建筑领域中首先解决可持续发展问题，我国才能走上可持续发展之路。实现建筑业可持续发展，是建筑业面临的新挑战，也对建筑材料提出了更多和更高的要求。

1.3 建筑材料的发展概况和发展方向

1.3.1 建筑材料的发展概况

建筑材料是随着人类社会生产力和科学技术水平的提高而逐步发展起来的。人类最早是穴居巢处，进入石器时代后，才开始利用土、石、木等天然材料从事营造活动，挖土凿石为洞，伐木搭竹为棚，利用天然材料建造简陋的房屋。随着社会生产力的发展，人类进而利用天然材料进行简单加工，砖、瓦等人造建筑材料相继出现，使人类第一次冲破天然材料的束缚，开始大量修建房屋和防御工程等，从而使土木工程出现第一次飞跃。在漫长的封建社会中，生产力发展缓慢，建筑材料的发展受到制约，砖、木、石材作为主要结构材料沿用了很长的历史时期。在此期间我国劳动人民以非凡的才智和高超的技艺建造出许多不朽的辉煌建筑，如万里长城、河南嵩岳寺塔、河北赵州安济桥、山西五台山佛光寺木结构大殿等。从19世纪中叶开始，出现了延性好、抗压和抗拉强度高、质量均匀的建筑钢材，使钢结构得到迅速发展，结构物的跨度从砖、石结构的几十米发展到百米、几百米，随着设计理论和施工技术的进一步完善，土木工程实现了第二次飞跃。19世纪20年代，波特兰水泥发明不久，出现了混凝土材料，并很快与钢筋复合制成钢筋混凝土结构，1872年美国纽约出现了世界上第一座钢筋混凝土房屋；20世纪30年代，又出现了预应力混凝土材料，使土木工程又出现了新的、经济美观的结构形式，其结构设计理论和施工技术也得到了蓬勃发展，这是土木工程的又一次飞跃发展。

改革开放以来，我国建材工业取得了长足的发展，不仅产量大幅度上升，而且建设了一批具有世界先进水平的骨干企业。大量性能优异、质量优良的功能材料，如绝热、吸声、防水等材料应运而生。近年来，随着人们生活水平的不断提高，新型建筑装饰材料更是层出不穷，日新月异。但是，与世界发达国家相比，我国建材工业总体水平还比较落后，突出表现为“一高五低”:“一高”是能源消耗高；“五低”：一是劳动生产率低；二是生产集中度低；三是科技含量低；四是市场应变能力低；五是经济效益低。社会的进步、环境保护和节能降耗及建筑业的发展，对建筑材料提出了更高、更多的要求。

1.3.2 建筑材料的发展方向

今后一段时期内，建筑材料的主要发展方向为：

(1) 高性能材料。将研制轻质、高强、高耐久性、高耐火性、高抗震性、高保温性、高吸声性、优异装饰性和优异防水性的材料。这对提高建筑物的安全性、适用性、艺术性、经济性及使用寿命等有着非常重要的作用。

(2) 复合化、多功能化。利用复合技术生产多功能材料、特殊性能材料以及高性能材料。这对提高建筑物的使用功能、经济性及加快施工速度等有着十分重要的作用。同时，随着生活水平的提高，人们对建筑材料的保温、隔声、防水、防辐射等多种性能越来越注重。在可能的情况下，人们总是以满足各种不同功能性要求的材料作为首选，这也是未来建筑材料的一个发展方向。

(3) 发展绿色建筑材料。随着人类物质和精神文明的发展，人们把我们赖以生存的环境条件看得愈来愈重要，环境保护已成为社会可持续发展必须首先解决的问题。建筑材料作为人类物质文明的标志产品的原料，也将在以后发展中更加注重它对环境保护所起的作用。绿色建筑材料是指采用清洁生产技术，不用或少用天然资源和能源，大量使用工农业或城市固态废物生产的无毒害、无污染、无放射性，达到使用周期后可回收利用，有利于环境保护和人体健康的建筑材料。

(4) 研制节能材料。建筑物的节能是世界各国建筑技术、材料学等研究的重点和方向，我国已经制定了相应的建筑节能设计标准，并对建筑物的能耗作出了相应的规定。研制和生产低能耗（低生产能耗和低建筑使用能耗）新型节能建筑材料，对降低建筑材料和建筑物的成本以及建筑物的使用能耗，节约能源将起到十分有益的作用。

(5) 智能化材料。所谓智能化材料是指材料本身具有自我诊断和预告破坏、自我修复和自我调节的功能，以及可重复利用的一类材料。这类材料在使用过程中，能够将其内部发生的某些异常情况及时地向人们反映出来，如位移、开裂、变形等，以便人们在破坏前采取有效措施。同时智能化建筑材料还能够根据内部的承载力及外部作用情况进行自我调整。例如自动调光玻璃，可根据外部光线的强弱调整透光量，以满足室内采光和人们健康的要求等。

1.4 建筑材料技术标准简介

建筑材料技术标准是针对原材料、产品的质量、规格、检验方法、评定方法、应用技术等作出的技术规定。它是在从事产品生产、工程建设、科学研究以及商品流通领域所需共同遵守的技术法规。

1.4.1 技术标准的分类

技术标准通常分为基础标准、产品标准和方法标准。

基础标准：指在一定范围内作为其他标准的基础，并普遍使用的具有广泛指导意义的标准。如：《混凝土外加剂定义、分类、命名与术语》、《水泥的命名、定义和术语》等。

产品标准：对产品结构、规格、质量和检验方法所作的技术规定，称为产品标准。如：《通用硅酸盐水泥》、《建筑石膏》、《烧结普通砖》等。产品标准是衡量产品质量好坏的依据。建筑材料产品标准一般包括产品规格、分类、技术要求、检验方法、验收规则、包装及标志、运输与储存及抽样方法等。

方法标准：指的是通用性的方法，如试验方法、检验方法、分析方法、测定方法、抽样方法、工艺方法、生产方法、操作方法等项标准。如：《水泥标准稠度用水量、凝结时间、安定性检验方法》、《普通混凝土力学性能试验方法标准》等。

1.4.2 技术标准的等级

技术标准根据发布单位与适用范围，分为国家标准、行业标准（含协会标准）、地方标准和企业标准四级。国家标准和部委行业标准都是全国通用标准，是国家指令性文件，各级生产、设计、施工等部门都必须严格遵照执行，不得低于此标准。国家标准、行业标准和地方标准按照要求执行的程度分为强制标准和推荐标准（以/T 表示）。

企业生产的产品没有国家标准、行业标准和地方标准的，企业均应制定相应的企业标准作为组织生产的依据，而企业标准所制定的技术要求应高于类似（或相关）产品的国家标准。企业标准由企业组织制定，并报请有关主管部门审核备案。鼓励企业制定各项技术指标均严于国家、行业和地方标准的企业标准在企业内使用。

1.4.3 技术标准的表示方法

标准的表示方法由标准名称、标准代号、标准编号、颁布年份等组成。例如：《通用硅酸盐水泥》（GB175-2007）中，“通用硅酸盐水泥”为标准名称，“GB”为国家标准的代号，“175”为标准编号，“2007”为标准颁布年份。各种标准规定的代号见表 1-2。

建筑材料技术标准的编号　　表 1-2

标准种类	代　号	表示顺序	示　例
国家标准	GB 国家强制性标准 GB/T 国家推荐性标准 GBJ 建设工程国家标准	代号、标准编号、颁布年份	GB/T 50082—2009
行业标准（部分）	示例： JC 建材行业强制性标准 JT 交通行业强制性标准 YB 冶金行业强制性标准 YB/T 冶金行业推荐性标准	代号、标准编号、颁布年份	JGJ 52—2006
地方标准	DB 地方强制性标准 DB/T 地方推荐性标准	代号、行政区号、标准编号、颁布年份	DB 14323—1991
企业标准	QB 企业标准	代号/企业代号、顺序号、颁布年份	QB/203 413—1992

各个国家均有自己的国家标准，如“ASM”代表美国国家标准、“BS”代表英国国家标准。此外，在世界范围内统一执行的标准为国际标准，其代号为“ISO”。我国是国际标准化协会成员国，为便于与世界各国进行科学技术交流，我国各项技术标准都正在向国际标准靠拢。

1.5 建设工程质量检测见证取样送检规定

检测、试验工作的主要目的是取得代表质量特征的有关数据，科学评价建筑材料、建筑工程质量。建设工程质量的常规检查一般都采用抽样检查，正确的抽样方法应保证抽样的代表性和随机性。抽样的代表性是指保证抽取的子样应代表母体的质量状况，抽样的随机性是指保证抽取的子样应由随机因素决定而并非人为因素决定。样品的真实性和代表性直接影响到检测数据的准确和公正，为规范房屋建筑工程和市政基础设施工程中涉及结构安全的试块、试件和材料的见证取样和送检工作，保证工程质量，原建设部于 2000 年颁发了《房屋建筑工程和市政基础设施工程实行见证取样和送检的规定》。见证取样和送检，是指在建设单位或工程监理单位人员的见证下，由施工单位的现场试验人员对工程中涉及结构安全的试块、试件和材料在施工现场取样，并送至具有相应资质的检测机构进行检测。

1.5.1 见证取样和送检的范围

下列试块、试件和材料必须实施见证取样和送检：

(1) 用于承重结构的混凝土试块；

(2) 用于承重墙体的砌筑砂浆试块；

(3) 用于承重结构的钢筋及连接接头试件；

(4) 用于承重墙的砖和混凝土小型砌块；

(5) 用于拌制混凝土和砌筑砂浆的水泥；

(6) 用于承重结构的混凝土中使用的掺加剂；

(7) 地下、屋面、厕浴间使用的防水材料；

(8) 国家规定必须实行见证取样和送检的其他试块、试件和材料。

1.5.2 见证取样和送检的程序

(1) 见证人员应由建设单位或该工程的监理单位具备建筑施工试验知识的专业技术人员担任，并应由建设单位或该工程的监理单位向施工单位、检测单位和负责该项工程的质量监督机构递交“见证单位和见证人授权书”，授权书上应写明本工程现场委托的见证单位、取样单位、见证人姓名、取样人姓名及“见证员证”和“取样员证”编号，以便工程质量监督单位和工程质量检测机构检查核对。

(2) 在施工过程中，见证人员应按照见证取样和送检计划，对施工现场的取样和送检进行见证，取样人员应在试样或其包装上作出标识、封志。标识和封志应标明工程名称、取样部位、取样日期、样品名称和样品数量，并由见证人员和取样人员签字。见证人员应制作见证记录，并将见证记录归入施工技术档案。

(3) 见证人员应采用有效的措施对试样进行监护，应和施工企业取样人员一起将试样送至检测机构或采用有效的封样措施送样。

(4) 见证取样的试块、试件和材料送检时，应由送检单位填写委托单，委托单应有见证人员和送检人员签字。检测单位应检查委托单及试样上的标识和封志，确认无误后方可进行检测。

(5) 检测单位应严格按照有关管理规定和技术标准进行检测，出具公正、真实、准确的检测报告。见证取样和送检的检测报告必须加盖见证取样检测的专用章。

(6) 检测机构发现试样检测结果不合格时应立即通知该工程的质量管理部门或其委托的质量监督站，同时还应通知施工单位。

1.5.3　常用建筑材料取样数量及质量

凡涉及结构安全的试块、试件和材料，见证取样和送检的比例不得低于有关技术标准中规定应取样数量的30%。常用建筑材料取样数量及质量见表1-3。

常用建筑材料取样数量及质量　　表1-3

名　称	规　格	数量及质量
混凝土试块	150mm×150mm×150mm 100mm×100mm×100mm	3块/组×8kg=24kg 3块/组×2.5kg=7.5kg
抗渗试块	180mm×175mm×150mm	6块/组×10kg=60kg
砂浆试块	70.7mm×70.7mm×70.7mm	6块/组×0.75kg=4.5kg
烧结多孔砖	240mm×115mm×90mm	15块/组×3kg=45kg
烧结普通砖	240mm×115mm×53mm	20块/组×2.5kg=50kg
水泥	32.5级、42.5级、52.5级	12kg/组
钢筋	抗拉　550mm/根 冷弯　250mm/根	原材4根 焊接3根 闪光对焊6根
砂	粗砂、中砂、细砂	20kg
碎石、卵石	连续级配　5～10、5～16、5～20、2～25、5～31.5、5～40 单粒级　10～20/16～31.5、20～40、31.5～63	80kg/组

1.6　建筑材料检测基本知识

建筑材料质量的优劣，直接影响到建筑物的质量和安全。对建设工程所用建筑材料进行合格性检验，是确保建筑工程质量的重要环节。各项材料的检验结果，是施工及验收必备的技术依据。

建筑材料检测就是根据有关标准的规定和要求，采取科学合理的检测手段，对建筑材料的性能参数进行检验和测定的过程。

建筑材料的检测，主要分为生产单位的出厂检测和使用单位检测两方面。生产单位检测的目的，是通过测定材料的主要质量指标，判定材料的各项性能是否达到相应的技术标准规定，以评定产品的质量等级、判断产品质量是否合格，确定产品能否出厂。使用单位的检测是采用规定的抽样方法，抽取一定数量的材料送交具有相关资质的检测机构进行检测。其目的是通过测定材料的主要质量指标，判定材料的各项性能是否符合质量的要求，即是否合格，以确定该批建筑材料能否用于工程中。

对建筑材料检测，既是评定和控制建筑材料质量、施工质量的手段和依据，同时也是推动科技进步、合理选择使用建筑材料、降低生产成本、提高企业经济效益的有效途径。

1.6.1　建筑材料检测基本技术

(1) 取样

在进行试验之前，首先要选取试样，试样必须具有代表性，能反映批量材料的总体质量。取样原则为随机抽样，即在若干堆（捆、包）材料中，对任意堆放材料随机抽取试样。取样方法视不同材料而异，可依据相关标准的具体规定进行。

（2）仪器设备的选择

检测用仪器设备的精度要符合检验标准的要求。如试样称量精度要求为0.1g，则应选择感量0.1g的天平。对试验机量程也有选择要求，根据试件破坏荷载的大小，应使指针停在试验机读盘的第二、三象限内为好。

（3）试验方法与条件

各项试验必须按规定的方法和规则进行。一般分两种情况：一是作为质量检测，在试验操作过程中，必须使仪器设备、试件制备、测试技术等严格符合相关标准的规定，保证试验条件的可靠性，才能获得准确的试验数据，得出正确的结论；二是作为新材料研制开发，则可以按试验设计的方案进行。

试验条件包括试验时的环境条件（温度、湿度、速率等）、试件制作情况以及受荷面平整度等。每项试验可能处在不同的试验条件下，而同一材料在不同的试验条件下，会得出不同的试验结果。如对同一材料，小试件强度比大试件强度高；相同受压面积的试件，高度小的比高度大的试件强度高；加荷速度越快测得的试件强度越高。因此，试验条件是影响试验数据准确性的因素之一，要严格控制试验条件，以保证测试结果的可比性。

（4）结果计算与评定

每一项试验结果都需按规定的方法或规则进行数据处理，经计算处理后进行综合分析。试验结果应满足精确度与有效数字的要求。试验结果经计算处理后应给予评定，包括结果是否有效，等级评定，是否满足标准要求等。

1.6.2 检测报告

试验的主要内容都应在检测报告中反映，报告的形式可以不尽相同，但其内容一般应包括委托单位、样品编号、工程名称、样品产地、类别、代表数量、检测依据、检测项目、检查结果、结论等，检测报告样本见表1-4。

检测报告是经过数据整理、计算、编制的结果，而不是原始记录，也不是试验过程的罗列。经过整理计算后的数据，可用图、表等表示，达到一目了然的效果。为了编写出符合要求的试验报告，在整个试验过程中必须认真做好有关现象、原始数据的纪录，以便于分析、评定测试结果。

1.6.3 试验数据统计分析与处理

（1）平均值

进行观测的目的，是要求得某一物理量的真值。但是，真值是无法测定的，所以要设法找出一个可以用来代表真值的最佳值。

1）算术平均值

算术平均值主要用于了解该批数据的总体平均水平，度量这些数据的中间位置。

将某一未知量 X 测定 n 次，其观测值分别为 X_1，X_2，…，X_n，则其算术平均值为：

$$\overline{X}=\frac{X_1+X_2+X_3+\cdots+X_n}{n}=\frac{\sum X}{n} \tag{1-1}$$

式中 $\overline{X}$——算术平均值；

X_1，X_2，…，X_n——各试验数据值；

$\sum X$——各试验数据的总和；

n——试验数据的个数。

算术平均值是一个经常用到的数值，当观测数值越多时，它越接近真值。算术平均值只能用来了解观测值的平均水平，而不能反映其波动情况。

检测报告样本 **表 1-4**

××××××质量检测有限公司

建筑用砂检测报告

报告日期： 归档号：

委托单位			样品编号		
工程名称			代表数量		
样品产地、名称			收样日期	年 月 日	
检验条件			检验依据		
检测项目	检查结果	附记	检验项目	检查结果	附记
表观密度(kg/m³)			有机物含量		
堆积密度(kg/m³)			云母含量(%)		
紧密密度(kg/m³)			轻物质含量(%)		
含泥量(%)			坚固性质量损失率(%)		
泥块含量(%)			硫酸盐及硫化物含量(%)		
氯离子含量(%)			人工砂 石粉含量(%)		
含水率(%)			人工砂 MB值		
吸水率(%)			压碎值指标(%)		
碱活性			贝壳含量(%)		

颗 粒 级 配									检测结果
公称粒径		10.0mm	5.00mm	2.50mm	1.25mm	630μm	315μm	160μm	细度模数
砂颗粒级配区	Ⅰ区	0	10～0	35～5	65～35	85～71	95～80	100～90	
	Ⅱ区	0	10～0	25～0	50～10	70～41	92～70	100～90	
	Ⅲ区	0	10～0	15～0	25～0	40～16	85～55	100～90	
实际累计筛余(%)									级配区属 区砂
结论		备注							

技术负责人： 校核： 检验： 检测单位：(盖章)

2) 均方根平均值

均方根平均值对数据大小跳动反应较为灵敏，计算公式为：

$$S=\sqrt{\frac{X_1^2+X_2^2+\cdots+X_n^2}{n}}=\sqrt{\frac{\sum X^2}{n}} \tag{1-2}$$

式中 S——各试验数据的均方根平均值；

X_1，X_2，…，X_n——各试验数据值；

$\sum X^2$——各试验数据平方的总和；

n——试验数据的个数。

3）加权平均值

加权平均值是各个试验数据和它的对应数的算术平均值。计算公式为：

$$m=\frac{X_1g_1+X_2g_2+\cdots+X_ng_n}{g_1+g_2+\cdots+g_n}=\frac{\sum Xg}{\sum g} \tag{1-3}$$

式中 m——加权平均值；

X_1，X_2，…，X_n——各试验数据值；

g_1，g_2，…，g_n——各对应数据；

$\sum X_g$——各试验数据值和它对应数据乘积的总和；

$\sum g$——各对应数据总和。

（2）误差计算

1）绝对误差和相对误差

由于受测量方法、材料仪器、测量条件以及试验者水平等多种因素的限制，一个测量值 N 与真值 N_0 之间一般都会存在一个差值。这种差值称为绝对误差，用 ΔN 表示，即：

$$\Delta N=N-N_0 \tag{1-4}$$

绝对误差 ΔN 与真值 N_0 之比称为相对误差，用 E 表示，即：

$$E=\frac{\Delta N}{N_0}\times 100\% \tag{1-5}$$

值得注意的是：被测量的真值 N_0 是一个理想的值，一般来说是无法知道的，也不能准确得到。对可以多次测量的物理量，常用已修正过的算术平均值来代替被测量的真值。

2）极差

极差又称为范围误差，是试验值中最大值和最小值之差。

例如：三块砂浆试件抗压强度分别为 5.2MPa、5.6MPa 和 5.7MPa，则这组试件的极差为：

$$5.7-5.2=0.5\text{MPa}$$

3）算术平均误差

算术平均误差的计算公式为：

$$\delta=\frac{|X_1-\overline{X}|+|X_2-\overline{X}|+\cdots+|X_n-\overline{X}|}{n}=\frac{\sum|X-\overline{X}|}{n} \tag{1-6}$$

式中 δ——算术平均误差；

X_1，X_2，…，X_n——各试验数据值；

$\overline{X}$——试验数据的算术平均值；

n——试验数据的个数。

4）标准差

标准差可以了解数据的波动情况及其带来的危险性，是衡量波动性即离散性大小的重要指标。标准差 σ 越大，说明数据离散程度越大，材料质量越不稳定。标准差的计算公式为：

$$\sigma=\sqrt{\frac{(X_1-\overline{X})^2+(X_2-\overline{X})^2+\cdots+(X_n-\overline{X})^2}{n-1}}=\sqrt{\frac{\sum(X-\overline{X})^2}{n-1}} \tag{1-7}$$

(3) 变异系数

标准差只能反映数值绝对离散的大小，也可以用来说明绝对误差的大小，而实际工程中更关心其相对离散的程度，这在统计学上用变异系数来表示。变异系数的计算公式为：

$$C_V = \frac{\sigma}{\overline{X}} \times 100\% \quad (1\text{-}8)$$

变异系数越大，说明数据偏离平均值的程度越大，材料质量越不稳定。

如同一规格的材料经过多次试验得出一批数据后，就可通过计算平均值、标准差与变异系数来评定其质量或性能的优劣。

(4) 数据的修约原则

在对材料性能进行检验时，由于测量仪器、测量方法、测量环境、人们的观测能力、测量程序等多种因素的限制，一个测量值与真值之间一般都会有一定的误差。因此在收集数据时，应该用几位有效数字是一件很重要的事情。

所谓有效数字是指这一数值中，除末位数字可疑或不准确外，其余数字都是准确知道的。收集数据时，首先应确定有效数字的位数，当有效数字的位数确定后，例如为N位，然后对N+1位后的数字进行修约，即舍入。

以往，对数据一般实行“四舍五入”的修约规则，但是将1～4均舍去，5～9均进位，多次反复使用，将使总值偏大。为了减少偏差，在标准化工作守则中对数据的修约使用“四舍六入五单双法”。具体内容是：四舍六入五考虑，五后非零（不全为零）则进一，五后为零（全部为零）视奇偶，五前为奇（数）则进一，五前为偶（数）应舍去（包括“0”）。显然这种方法比“四舍五入”法更合理。

负数修约时，先将其绝对值按上述规定进行修约，然后在修约值前面加上负号。

[例1-1] 将下列数据16.2631、16.3456、16.2501、16.1500、16.2500、1650.26修约为保留三位有效数字。

解：16.2631≈16.3（6进1）

16.3456≈16.3（4舍去）

16.2501≈16.3（5后非零则进1）

16.1500≈16.2（5后都为零视奇偶，5前为奇则进1）

16.2500≈16.2（5后都为零视奇偶，5前为偶应舍去）

1650.26≈1650（末位的零不是有效数字）

1.7 本课程的任务及学习方法

1.7.1 本课程的任务

本课程是土建类专业一门重要的专业基础课，主要讲述建筑工程中常用建筑材料的品种与规格、基本组成、性能、技术要求、应用及材料的验收、保管、质量控制和检测等基本知识，并对原材料及生产工艺作一般性介绍。通过本课程的学习，使学生了解和掌握建筑材料的技术要求、技术性质，能够经济合理地选择建筑材料和正确使用建筑材料，同时培养学生具备对常用建筑材料的主要技术指标进行检测的能力，并为以后学习相关专业基础课程和专业课程提供建筑材料方面的基本知识，为今后从事工程实践和科学研究奠定基础。因此，合理地选择材料、正确地使用材料、准确地鉴定材料，是本课程的教学核心。

1.7.2 本课程的学习方法

本课程是进入专业课学习的重要先修课程，学习方法不同于数学、物理基础课，理论推导和复杂计算很少，而用物理和化学的概念与方法进行分析较多。建筑材料课程内容繁杂，因此掌握正确的学习方法是至关重要的。在学习过程中要注意以下几点：

(1) 点线面结合，突出重点

围绕如何合理地选择材料、正确地使用材料、准确地鉴定材料这个核心，以材料的组成、结构、性能与应用为主线进行学习，重点掌握各种材料的性能与应用，而对材料的生产只作一般性的了解。在本课程的学习过程中，应结合现行的技术标准，以建筑材料的性能及合理选用为中心，注意事物的本质和内在联系。虽然建筑材料种类、品种、规格繁多，但常用的建筑材料品种并不多，通过对常用的、有代表性的建筑材料的学习，可以为今后工作中了解和运用其他建筑材料打下基础。

(2) 对比法

不同种类材料具有不同的性质；同类材料不同品种既存在共性又存在各自的特性；要抓住代表性材料的一般性质，运用对比的方法去掌握其他品种建筑材料的特性。善于运用对比法找出材料间的共性和各自的特性，对各材料应注意比较其异同点，包括两种材料的对比及一种材料与多种材料的对比。

(3) 理论联系实际

本课程是一门实践性很强的课程，除学习基本理论、基本知识和基本技能外，应注意结合工程实际来学习。学习过程中要多观察身边建筑工程的材料应用情况，了解常用材料的品种、规格、使用和储运情况，验证和补充书本知识。

(4) 建筑材料试验是本课程的重要教学环节

通过试验可验证所学的基础理论，熟悉材料检测方法，掌握一定的试验技能，对培养分析和判断问题的能力、试验工作能力以及严谨的科学态度十分有益，也为后续专业课程的学习以及今后从事建筑材料检测工作打下良好基础。同学们要在学习理论课的同时，学习常用建筑材料的检验方法——合格性判断和验收，重视建筑材料试验，了解试验原理，掌握试验方法，提高动手能力，培养试验技能。

技能训练题

1. 建筑材料按使用功能可分为哪几类？各对建筑物起什么作用？
2. 试举出六种以上所在教学楼用到的建筑材料及其使用部位。
3. 建筑材料技术标准分为哪几级？标准由哪几部分组成？
4. 什么是见证取样和送检？简述其必要性。
5. 试将下列数据 6.26313、6.34562、6.25014、6.15006、6.25005、650.269 修约为保留三位有效数字。
6. 结合本人情况，谈谈如何学好“建筑材料应用与检测”这门课程。

2 建筑材料的基本性质

建筑材料在建筑物的各个部位要起到相应的作用，必须具备相应的性质。如结构材料要具备良好的力学性能，墙体材料应具备良好的保温隔热性能、隔声吸声性能，屋面材料应具备良好的抗渗防水性能，某些工业建筑还要求材料具有耐热、防腐蚀等特殊性能。由此可见，建筑材料的性质是多方面的，一种材料应具备哪些性质，要根据材料在建筑物中的作用和所处环境来决定。

2.1 材料的物理性质

2.1.1 与质量有关的性质

(1) 密度

密度是指材料在绝对密实状态下单位体积的质量。用公式表示如下：

$$\rho=\frac{m}{V} \tag{2-1}$$

式中 ρ——密度，g/cm³；

m——材料的质量，g；

V——材料在绝对密实状态下的体积，cm³。

材料在绝对密实状态下的体积是指不包括孔隙在内的固体物质部分的体积，如图 2-1 所示阴影部分的实体体积。

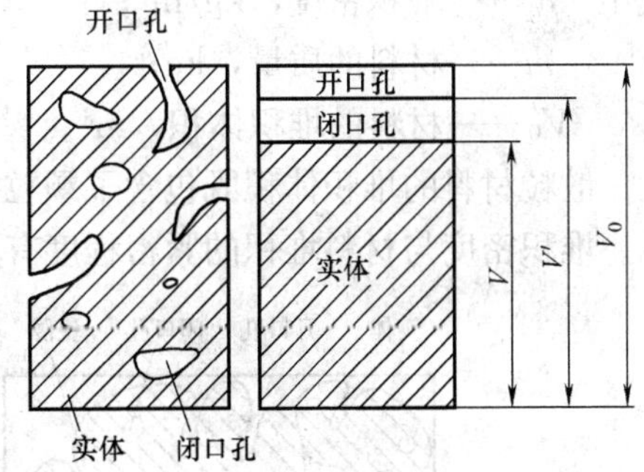

图 2-1 块体材料的体积构成

建筑材料中除了钢材、玻璃等少数材料外，绝大多数材料内部都存在一定的孔隙，如砖、混凝土、石材等块状材料。为测定有孔隙材料的绝对密实体积，常把材料磨细干燥后用李氏瓶测定其体积，材料磨得越细，测得的数值越接近材料的真实体积。因此，一般要求细粉的粒径至少小于 0.20mm。

根据材料的密度，可以初步了解材料的品质。同时，密度也是材料孔隙率计算及混凝土配合比计算的依据。

(2) 体积密度

体积密度是指材料在自然状态下单位体积的质量。用公式表示如下：

$$\rho_0=\frac{m}{V_0} \tag{2-2}$$

式中 ρ_0——体积密度，kg/m^3 或 g/cm^3；

m——材料的质量，kg 或 g；

V_0——材料在自然状态下的体积（包含材料内部闭口孔隙和开口孔隙的体积），m^3 或 cm^3。

在自然状态下，材料内部的孔隙可分为两类：有的孔之间相互连通，且与外界相通，称为开口孔，如常见的毛细孔；有的孔相互独立，不与外界相通，称为闭口孔。大多数材料在使用时，其体积为包括内部所有孔在内的体积（V_0），如石材、混凝土、砌块等。

（3）表观密度（视密度）

表观密度是指材料在包含闭口孔条件下单位体积的质量。用公式表示如下：

$$\rho' = \frac{m}{V'} \tag{2-3}$$

式中 ρ'——表观密度，kg/m^3；

m——材料的质量，kg；

V'——材料在自然状态下不含开口孔隙的体积，m^3 或 cm^3。

砂、石等材料在拌制混凝土时，由于混凝土拌合物中的水泥浆能进入开口孔内，因此材料体积只包括材料实体积及其闭口孔体积，即 V'。因而，表观密度对计算砂、石在混凝土中的实际体积有实用意义。

当材料含有水分时，其质量和体积都会发生变化。一般测定表观密度时，以干燥状态为准，如果在含水状态下测定表观密度，须注明其含水情况。

（4）堆积密度

散粒状材料或粉末状材料在堆积状态下单位体积的质量，称为堆积密度。用公式表示如下：

$$\rho_0' = \frac{m}{V_0'} \tag{2-4}$$

式中 ρ_0'——堆积密度，kg/m^3；

m——材料的质量，kg；

V_0'——材料的堆积体积，m^3。

散粒材料的堆积体积既包含了颗粒内部的孔隙也包含了颗粒之间的空隙，如图 2-2 所示。堆积密度与材料堆积的紧密程度有关，根据材料堆积的紧密程度，堆积密度分为松散

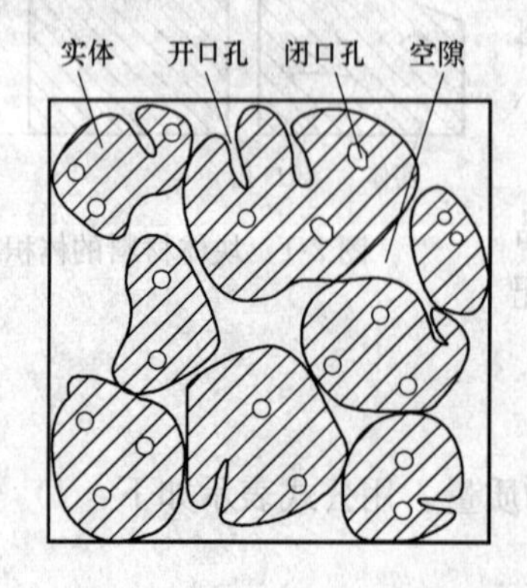

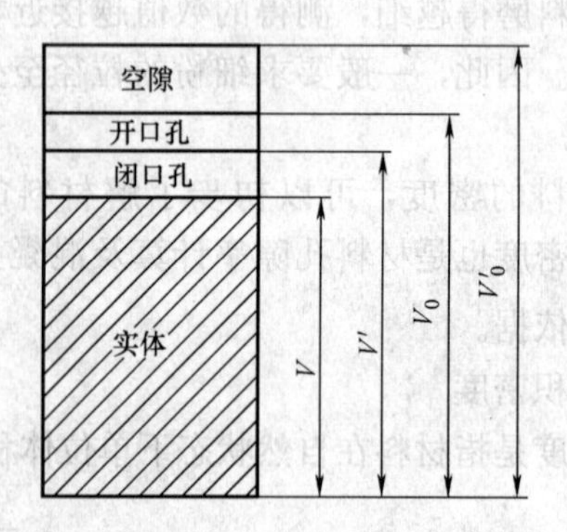

图 2-2 散粒材料的体积构成

堆积密度（堆积密度）和紧密堆积密度（紧密密度）。松散堆积密度是指自然堆积状态下单位体积的质量；紧密密度是骨料指按规定方法颠实后单位体积的质量。

工程中通常采用松散堆积密度确定颗粒状材料的堆放空间。

在建筑工程中，计算材料的用量和构件的自重、配合比设计、测算堆放场地时，经常要用到密度、表观密度和堆积密度等数据。常用建筑材料的密度、体积密度、堆积密度和孔隙率见表 2-1。

常用建筑材料的密度、体积密度、堆积密度和孔隙率 **表 2-1**

材 料 名 称	ρ(g/cm³)	ρ_0(kg/m³)	ρ_0'(kg/m³)	P(%)
建筑钢材	7.85	7850	—	0
普通混凝土	—	2300～2500	—	3～20
烧结普通砖	2.50～2.80	1500～1800	—	20～40
花岗石	2.70～2.90	2500～2800	—	0.5～1.0
碎石(石灰岩)	2.48～2.76	2200～2600	1400～1700	—
砂	2.50～2.70	—	1450～1650	—
粉煤灰	1.95～2.40	—	550～800	—
木材	1.55～1.60	400～800		55～75
水泥	3.0～3.1	—	1000～1300	—
普通玻璃	2.45～2.55	2450～2550	—	0
铝合金	2.71～2.90	2710～2900	—	0

（5）密实度与孔隙率

密实度是指材料体积内被固体物质充实的程度，以 D 表示。用公式表示如下：

$$D=\frac{V}{V_0}=\frac{\rho_0}{\rho}\times 100\% \tag{2-5}$$

与密实度相对应的是孔隙率，即在材料体积内，孔隙体积所占的比例，以 P 表示。用公式表示如下：

$$P=\frac{V_0-V}{V_0}=1-\frac{V}{V_0}=\left(1-\frac{\rho_0}{\rho}\right)\times 100\% \tag{2-6}$$

材料孔隙率的大小，说明了材料内部构造的致密程度。

材料的密实度和孔隙率之和等于 1，即：$D+P=1$。材料的密实度和孔隙率是从两个不同侧面反映材料密实程度的指标。

孔隙按其孔径尺寸大小可分为极微细孔隙、细小孔隙和粗大孔隙。材料的许多性能（如强度、吸水性、吸湿性、耐水性、抗渗性、抗冻性、导热性等）都与材料的孔隙有关，除取决于孔隙率的大小外，还与孔隙的特征密切相关，如大小、形状、分布、连通与否等。通常开口孔能提高材料的吸水性、吸声性、透水性，降低抗冻性、抗渗性；而闭口孔能提高材料的保温隔热性、抗渗性、抗冻性及抗侵蚀性。

提高材料的密实度、改变材料孔隙特征，可以改善材料的性能。如提高混凝土的密实度可以达到提高混凝土强度的目的；加入引气剂增加一定数量的闭口孔，可改善混凝土的抗渗性能及抗冻性能。

(6) 填充率与空隙率

填充率是指散粒材料在堆积体积中，被其颗粒所填充的程度，以D'表示。用公式表示如下：

$$D'=\frac{V_0}{V_0'}=\frac{\rho_0'}{\rho_0}\times 100\% \tag{2-7}$$

与填充率相对应的是空隙率，即散粒材料在堆积体积中，颗粒之间的空隙体积所占的比例，以P'表示。用公式表示如下：

$$P'=\frac{V_0'-V_0}{V_0'}=1-\frac{V_0}{V_0'}=\left(1-\frac{\rho_0'}{\rho_0}\right)\times 100\% \tag{2-8}$$

材料的填充率和空隙率之和等于1，即：$D'+P'=1$。填充率和空隙率的大小从两个不同侧面反映了散粒材料的颗粒之间相互填充的致密程度。

空隙率可作为控制混凝土骨料级配及计算砂率的依据。

2.1.2 与水有关的性质

在建筑物使用过程中，不同部位的材料会与水或空气中的水汽接触，水介质会对材料形成侵蚀，严重时还会降低建筑物的使用功能。因此，了解建筑材料与水有关的性质是十分必要的。

(1) 亲水性与憎水性

当水与建筑材料在空气中接触时，会出现两种不同的现象。图 2-3 (*a*) 中水能在材料表面铺展开（润湿角 $\theta\leqslant 90°$），即材料表面能被水所浸润（亦即水被材料表面吸附），则称材料具有亲水性，这种材料称为亲水性材料。与此相反，若水不能在材料表面铺展开（润湿角 $\theta>90°$），即材料表面不能被水所浸润，如图 2-3 (*b*) 所示，则称材料具有憎水性，这种材料称为憎水性材料。润湿角是指在材料、水和空气三相交汇处某点，沿水滴表面的切线与水和材料接触面之间的夹角。

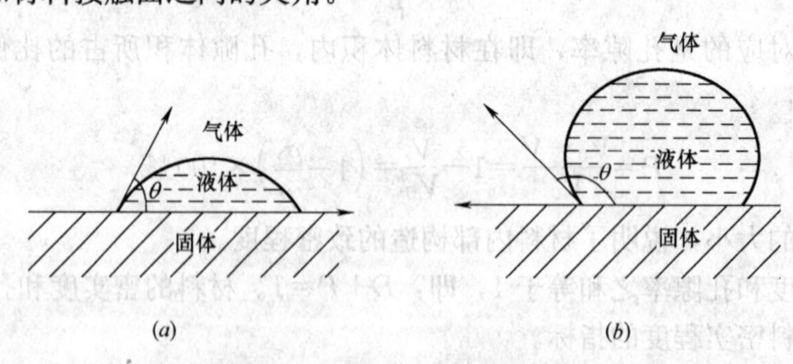

图 2-3　材料的润湿角示意图

大多数建筑材料属于亲水性材料，如无机胶凝材料、砖、混凝土、木材、砂、石、钢材等；大部分有机材料为憎水性材料，如沥青、塑料、石蜡、有机硅等。在建筑工程中，憎水性材料常被用作防水材料，或用作亲水性材料的表面处理，以提高其防水、防潮性能。

需要指出的是：孔隙率小、孔隙构造为封闭孔的亲水性材料也同样具有较好的防水、防潮性能，如水泥砂浆、水泥混凝土。

(2) 吸水性与吸湿性

材料在水中吸收水分的性质称为吸水性，吸水性的大小用吸水率表示。吸水率常用质量吸水率表示，即材料在吸水饱和时，所吸入水分的质量与材料干燥质量之比。用公式表示如下：

$$w_{\mathrm{m}}=\frac{m_1-m}{m}\times100\% \tag{2-9}$$

式中 w_{m}——材料的质量吸水率，%；

m_1——材料在吸水饱和状态下的质量，g；

m——材料在干燥状态下的质量，g。

对于吸水性极强的轻质材料，其吸水率可用体积吸水率表示。即材料在吸水饱和时，所吸入水分的体积与材料自然状态体积之比。用公式表示如下：

$$w_{\mathrm{V}}=\frac{V_{\mathrm{w}}}{V_0}=\frac{m_1-m}{m}\times\frac{\rho_0}{\rho_{\mathrm{w}}}\times100\% \tag{2-10}$$

式中 w_{V}——材料的体积吸水率，%；

V_{w}——材料吸入水分的体积，cm^3；

V_0——材料在自然状态下的体积，cm^3；

ρ_0——材料在干燥状态下的表观密度，$\mathrm{g/cm}^3$；

ρ_{w}——水的密度，$\mathrm{g/cm}^3$；常温下取 $\rho_{\mathrm{w}}=1.0$。

材料的质量吸水率和体积吸水率之间关系为：

$$w_{\mathrm{m}}=w_{\mathrm{V}}\rho_0 \tag{2-11}$$

常用建筑材料的吸水率一般采用质量吸水率表示，而对于加气混凝土、木材等轻质材料，由于其质量吸水率往往超过100%，这时采用体积吸水率表示的数据比较直观。

材料吸水率的大小，主要取决于材料孔隙率和孔隙特征，材料所吸收的水分是通过开口孔隙吸入的。一般而言，孔隙率越大、开口孔隙越多，材料的吸水率也越大。但如果开口孔隙粗大，则水分不易在孔内存留，即使孔隙率较大，材料吸水率也较小。

材料在潮湿空气中吸收水分的性质称为吸湿性，吸湿性的大小用含水率表示。含水率是指材料含水的质量占材料干燥质量的百分率，用公式表示如下：

$$w_{\mathrm{m}}'=\frac{m_{\mathrm{h}}-m}{m}\times100\% \tag{2-12}$$

式中 w_{m}'——材料的含水率，%；

m_{h}——材料含水时的质量，g；

m——材料在干燥状态下的质量，g。

材料的含水率随空气的温度、湿度的变化而改变。当较干燥的材料处于较潮湿的空气中时，会吸收空气中的水分；而当较潮湿的材料处于较干燥的空气中时，亦会向空气中释放水分。在一定的温度和湿度条件下，当材料中的水分与周围空气的湿度达到平衡时，此时的含水率称为平衡含水率。

材料吸水或吸湿后，会带来一系列不良的影响：自重增加、保温隔热性降低、强度和耐久性降低、抗冻性能变差，有时还会发生明显的体积膨胀，影响使用。

(3) 耐水性

材料长期在饱和水作用下，不破坏，强度也不显著降低的性质称为耐水性。材料耐水性的大小用软化系数表示，用公式表示如下：

$$K_{软}=\frac{f_{饱}}{f_{干}} \tag{2-13}$$

式中 $K_{软}$——材料的软化系数；

$f_{饱}$——材料在吸水饱和状态下的抗压强度，MPa；

$f_{干}$——材料在干燥状态下的抗压强度，MPa。

一般材料遇水后，强度都有不同程度的降低，因此软化系数的值在 0～1 之间。软化系数越小，说明材料吸水饱和后的强度降低越多，其耐水性就越差。通常将软化系数大于 0.85 的材料称为耐水性材料，耐水性材料可以用于水中和潮湿环境中的重要结构；用于受潮较轻或次要结构的材料，其软化系数不宜小于 0.75。干燥环境中使用的材料可以不考虑耐水性。

（4）抗渗性

材料抵抗压力水渗透的性质称为抗渗性（或不透水性），材料抗渗性的大小常用渗透系数表示。渗透系数是指一定厚度的材料，在单位水压力的作用下，单位时间内透过单位面积的水量。用公式表示如下：

$$K=\frac{Qd}{AtH} \tag{2-14}$$

式中 K——材料的渗透系数，cm/h；

Q——时间 t 内的渗水总量，cm^3；

d——试件的厚度，cm；

A——材料垂直于渗水方向的渗水面积，cm^2；

t——渗水时间，h；

H——材料两侧的水压差，cm。

渗透系数 K 越小，材料的抗渗性越好。对于防水、防潮材料，如沥青、油毡、沥青混凝土、瓦等材料，常用渗透系数表示其抗渗性。

对于砂浆、混凝土等材料，常用抗渗等级来表示其抗渗性。抗渗等级是以规定的试件在标准试验方法下所能承受的最大水压力来确定。抗渗等级以符号“P”和材料可承受的水压力值（以 0.1MPa 为单位）来表示，如混凝土的抗渗等级为 P8，表示能够承受 0.8MPa 的水压而不渗水。

材料抗渗性与材料的孔隙率和孔隙特征有关，孔隙率越大、连通孔隙越多的材料，其抗渗性越差。密实的材料，具有闭口孔或极微细孔的材料，实际上是不会发生透水现象的。

压力水的渗透，不仅会影响工程的使用，而且渗入的水还会带入腐蚀性介质或将材料内的某些成分带出，造成材料的破坏。因此，长期处于有压水中时，材料的抗渗性是决定工程耐久性的重要因素。对于地下建筑及水工构筑物，要求材料具有较高抗渗性；对于防水材料，则要求具有更高的抗渗性。

（5）抗冻性

材料的抗冻性是指材料在吸水饱和状态下，能经受多次冻融循环作用而不破坏，同时强度也不显著降低的性质。材料抗冻性的大小用抗冻等级 F 表示。如混凝土抗冻等级 F100，表示在标准试验条件下，混凝土强度下降不超过 25%，质量损失不超过 5%，所能经受的冻融循环次数最多为100次。

冰冻的破坏作用是由于材料孔隙内的水分结冰而引起的，水结冰时体积约增大9%，从而对孔隙产生压力而使孔壁开裂。当冰被融化后，某些被冻胀的裂缝中还可能再渗入水分，再次受冻结冰时，材料会受到更大的冻胀和裂缝扩张。无论冻结还是融化，都是从材料表面向内部逐渐进行的，都会在材料的内外层产生明显的应力差和温度差。经多次冻融交替作用后，材料表面将出现裂纹、剥落，自重会减少，强度也会降低。

材料的抗冻性主要与孔隙率、孔隙特征、材料的强度等有关，工程中常从这些方面改善材料的抗冻性。抗冻性良好的材料，其耐水性、抗温度或干湿交替变化能力、抗风化能力等亦强，因此抗冻性也是评价材料耐久性的综合指标。

对于冬季室外计算温度低于－10℃的地区，工程中使用的材料必须进行抗冻性检验。

2.1.3 与热有关的性质

为了使建筑物具有良好的室内小气候，降低建筑物的使用能耗，在选用围护结构材料时，要求材料具有良好的热工性能。通常考虑的热工性能有导热性和热容量。

(1) 导热性与热阻

当材料两侧存在温差时，热量将从温度高的一侧通过材料传递到温度低的一侧，材料这种传导热量的能力称为导热性，导热性的大小以导热系数λ表示。导热系数的物理意义是：单位厚度的材料，当两侧的温差为1K时，在单位时间内，通过单位面积的热量。导热系数的计算公式为：

$$\lambda=\frac{Qd}{At(T_2-T_1)} \tag{2-15}$$

式中 λ——材料的导热系数，W/(m·K)；

Q——传导的热量，J；

d——材料厚度，m；

A——材料的传热面积，m^2；

t——传热时间，s；

T_2-T_1——材料两侧的温差，K。

热阻是指热量通过材料层时所受到的阻力。由于当外界条件已定时，材料传导的热量取决于材料的导热系数与材料层厚度之比，故取其倒数作为热阻的定义：

$$R=\frac{d}{\lambda} \tag{2-16}$$

式中 R——材料层热阻，($m^2 \cdot K/W$)；

d——材料层厚度，m；

λ——材料的导热系数，W/(m·K)。

导热系数与热阻都是评定材料保温隔热性能的重要指标。材料的导热系数越小，热阻值越大，材料的导热性能越差，保温隔热性能越好。

由于密闭空气的导热系数很小（在静态0℃时空气的导热系数为0.023），因此孔隙率大小对材料的导热系数起着非常重要的作用。一般情况下，材料孔隙率越大、表观密度越小，导热系数越小（粗大而连通的孔隙除外）；在相同孔隙率的情况下，材料内部粗大孔隙、连通孔隙越多，孔内空气会形成流通和对流，将使材料得导热系数增大；具有细微而封闭孔材料的导热系数比具有较粗大或连通孔材料的小。由于水的导热系数较大（0.58），冰的导热系数更大（2.33），所以材料受潮或冰冻后，绝热性能会受到严重的影响。

为实施建筑节能，在相关标准、规范中，对建筑围护结构传热系数和热惰性指标均有明确规定。这两项规定数值，都须按已知材料的导热系数和材料层热阻来计算得出。

（2）热容量

材料容纳热量的能力称为热容量，其大小用比热容表示。比热容指单位质量的材料，温度每升高（或降低）1K 时吸收（或放出）的热量。用公式表示如下：

$$c=\frac{Q}{m(T_2-T_1)} \tag{2-17}$$

式中 c——材料的比热容，J/(g·K)；

Q——材料吸收（或放出）的热量，J；

m——材料的质量，g；

T_2-T_1——材料升温（或降温）前后的温度差，K。

比热容大的材料，本身能吸入或储存较多的热量，能在热流变动或采暖设备供热不均匀时缓和室内的温度波动。作为墙体、屋面等围护结构材料，应采用导热系数小、热容量适中的材料，这对保持室内温度稳定、减少热损失、节约能源起着重要作用。几种典型材料的热工性质指标见表 2-2。

几种典型材料的热工性质指标 **表 2-2**

材料	导热系数 [W/(m·K)]	比热容 [J/(g·K)]	材料	导热系数 [W/(m·K)]	比热容 [J/(g·K)]
铜	370	0.38	普通黏土砖	0.57	0.84
钢	58	0.46	泡沫塑料	0.03	1.70
松木顺纹	0.35	2.50	水	0.58	4.20
松木横纹	0.17		冰	2.20	2.05
花岗石	2.90	0.80	密闭空气	0.023	1.00
普通混凝土	1.80	0.88	石膏板	0.30	1.10

比热容最大的材料是水，因此沿海地区的昼夜温差较小，蓄水的平屋顶能使室内冬暖夏凉。

通常把防止内部热量散失称为保温，把防止外部热量的进入称为隔热，将保温隔热统称为绝热。并将导热系数 $\lambda \leqslant 0.175$ 的材料称为绝热材料。

（3）热变形性

材料的热变形性是指材料处于温度变化时出现膨胀或收缩现象。由于同一材质、同一体形的材料，因温度所引起的热胀或冷缩，在单位温度下其绝对值是相等的，所以用热膨胀系数作为热变形性的指标。

材料的热膨胀系数，是在单位温度下材料因温度变化发生胀、缩量的比率，多以长度计。热膨胀系数有体膨胀系数和线膨胀系数。对于可近似看做一维的物体，长度就是衡量其体积的决定因素，这时的热膨胀系数可简化定义为：单位温度改变下长度的增加量与其原长度的比值，这就是线膨胀系数。线膨胀系数的表达式如下：

$$\alpha=\frac{\Delta L}{L(T_2-T_1)} \tag{2-18}$$

式中 α——材料在常温下的平均线膨胀系数，1/K；

ΔL——线膨胀或线收缩量，mm 或 cm；

L——材料原来的长度，mm 或 cm；

T_2-T_1——材料升温或降温前后的温度差，K。

建筑工程一般要求材料的热变形性不要太大，对于金属、塑料等热膨胀系数大的材料，因温度和日照都易引起伸缩，成为构件产生位移的原因，在构件结合和组合时都必须予以注意。在多种材料复合使用时，应充分考虑材料的热变形性，尽量选用线膨胀系数相近的材料，以避免材料间产生较大的温度应力出现开裂破坏。

(4) 耐燃性和耐火性

材料对火焰或高温的抵抗能力称为材料的耐燃性，是影响建筑物防火、建筑结构耐火等级的一项重要因素。我国相关规范把材料按耐燃性分为非燃烧材料（如钢铁、砖、石等）、难燃材料（如纸面石膏板、水泥刨花板等）和可燃材料（如木材、竹材等）。在建筑物的不同部位，根据其使用特点和重要性可选择不同耐燃性的材料。

耐火性是材料在火焰或高温作用下，保持其不被破坏、性能不明显下降的能力。用其耐受时间（h）来表示，称为耐火极限。要注意耐燃性和耐火性概念的区别，耐燃的材料不一定耐火，耐火的一般都耐燃。如钢材是非燃烧材料，但其耐火极限仅有 0.25h，故钢材虽为重要的建筑结构材料，但其耐火性却较差，使用时须进行特殊的耐火处理。

2.2 材料的力学性质

建筑材料的力学性质是指建筑材料在外力作用下的变形和抵抗破坏的性质，它是建筑材料最为重要的基本性质。

2.2.1 强度

材料在外力（荷载）作用下抵抗破坏的能力称为强度。当材料承受外力作用时，在材料内部相应地产生应力，且应力随着外力的增大而相应增大，直至材料内部质点间结合力不足以抵抗所作用的外力时，材料即发生破坏。材料破坏时，应力达到极限值，这个极限应力值就是材料的强度，也称极限强度。

强度的大小是通过试件的破坏试验而测得，根据外力作用方式的不同，材料强度有抗压强度、抗拉强度、抗弯强度及抗剪强度等，这些强度均以材料受外力破坏时单位面积上承受的力来表示。测定各种强度的材料受力示意图见图 2-4。

(1) 材料的抗压强度、抗拉强度、抗剪强度

材料的抗压强度、抗拉强度、抗剪强度的计算公式为：

$$f=\frac{F_{max}}{A} \tag{2-19}$$

式中 f——材料的强度，MPa；

F_{max}——材料能承受的最大荷载，N；

A——材料的受力截面面积，mm^2。

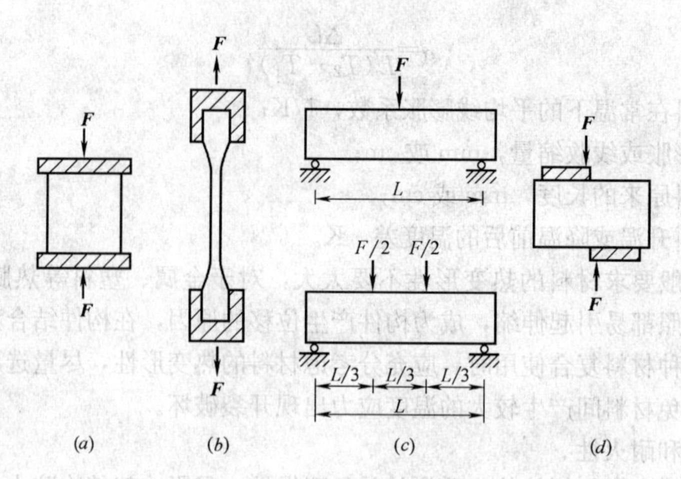

图 2-4 材料受力示意图

(a) 压力；(b) 拉力；(c) 弯曲；(d) 剪切

(2) 材料的抗弯强度（抗折强度）

材料的抗弯强度与试件的几何形状及加荷方式有关，对于矩形截面的条形试件，当其两支点间的跨中作用一集中荷载时，其抗弯强度按下式计算：

$$f_{\mathrm{m}}=\frac{3F_{\max}L}{2bh^2} \tag{2-20}$$

式中 f_{m}——材料的抗弯强度，MPa；

$F_{\max}$——弯曲破坏时的最大荷载，N；

L——两支点间的距离，mm；

b、h——试件横截面的宽度和高度，mm。

材料的成分、结构和构造，决定了它所具备的强度性质。一般材料的孔隙率越大，材料强度越低。不同种类的材料具有不同的抵抗外力的特点，如砖、石材、混凝土等非匀质材料的抗压强度较高，而抗拉和抗折强度却很低，因此多用于房屋的墙体、基础等承受压力的部位；而钢材为匀质的晶体材料，其抗拉强度和抗压强度都很高，适用于承受各种外力的结构和构件。常用建筑材料的强度约值见表 2-3。

常用建筑材料的强度约值 表 2-3

材 料 名 称	抗压强度(MPa)	抗拉强度(MPa)	抗弯强度(MPa)
低碳钢	240～1500	240～1600	215～1500
普通混凝土	10～60	1～5	—
烧结普通砖	7.5～20	—	1.8～4.0
花岗石	100～250	5～8	10～14
松木(顺纹)	30～50	80～120	60～100

建筑材料常根据其强度的大小划分为若干不同的强度等级，如砂浆、混凝土、砖、砌块等常按抗压强度划分强度等级等。将建筑材料划分为若干个强度等级，对掌握材料性能、合理选用材料、正确进行设计和控制工程质量都是非常重要的。

在检测材料的强度时，试件的尺寸、施力速度、受力面状态、含水状态和环境温度等影响，使测值产生偏差。为了使试验结果比较准确，且具有可比性，国家标准规定了各种材料强度的标准检验方法，在测定材料强度时必须严格按照规定进行。

材料强度与体积密度的比值称为比强度。比强度是衡量材料轻质高强性能的重要指标，比强度越大，材料的轻质高强性能越好。提高材料的比强度或选用比强度大的材料，对减轻结构自重、增加建筑高度、降低工程造价等具有重大意义。

2.2.2 弹性与塑性

材料在外力作用下产生变形，当外力取消后，材料变形即可消失并能完全恢复原来形状的性质称为弹性，这种可恢复的变形称为弹性变形。

材料在外力作用下产生变形，但不破坏，当外力取消后不能自动恢复到原来形状的性质称为塑性，这种不可恢复的变形称为塑性变形。塑性变形属永久性变形。

工程实际中，完全的弹性材料或完全的塑性材料是不存在的，大多数材料的变形既有弹性变形，也有塑性变形。例如建筑钢材在受力不大的情况下，仅产生弹性变形；当受力超过一定限度后产生塑性变形。再如混凝土在受力时弹性变形和塑性变形同时发生，当取消外力后，弹性变形可以恢复，而塑性变形则不能恢复。

2.2.3 脆性与韧性

当外力作用达到一定限度时，材料发生突然破坏，且破坏时无明显的塑性变形，材料的这种性质称为脆性，具有这种性质的材料称为脆性材料。一般脆性材料的抗拉强度远低于其抗压强度，因此抵抗冲击荷载和振动作用的能力很差。建筑材料中大部分无机非金属材料均为脆性材料，如混凝土、天然岩石、砖、玻璃等。

材料在冲击或振动荷载作用下，能产生较大的变形而不致破坏的性质称为韧性，具有这种性质的材料称为韧性材料。在建筑工程中，如桥梁、吊车梁等承受冲击荷载和有抗震要求的结构，应采用建筑钢材等高韧性的材料。

2.2.4 硬度与耐磨性

硬度是指材料表面抵抗其他物体压入或刻划的能力。金属材料的硬度常用压入法测定，如布氏硬度法，是以单位压痕面积上所受的压力来表示。陶瓷等材料常用刻划法测定。一般情况下，硬度大的材料强度高、耐磨性较强，但不易加工。工程中有时用硬度来间接推算材料的强度，如回弹法用于测定混凝土表面硬度，间接推算混凝土强度。

耐磨性是指材料表面抵抗磨损的能力，材料的耐磨性用磨损率表示。材料的磨损率越低，表明材料的耐磨性越好。耐磨性与材料的组成结构及强度、硬度有关，一般硬度较高的材料，耐磨性也较好。楼地面、楼梯、走道、路面等经常受到磨损作用的部位，选择材料时应考虑其耐磨性。

2.3 材料的耐久性与环境协调性

2.3.1 材料的耐久性

材料在长期使用过程中抵抗周围各种介质的侵蚀而不破坏，并能保持原有性质的能力称为材料的耐久性。

材料在使用过程中，除受到各种荷载作用之外，还经常受到周围环境因素和各种自然因素的破坏作用，这些破坏作用包括物理的、化学的及生物的作用。物理作用包括干湿变化、温度变化及冻融变化等。材料经受这些作用后，将发生膨胀、收缩或产生应力，长期的反复作用将使材料逐渐被破坏。化学作用包括大气和环境水中的酸、碱、盐等溶液或其他有害物质对材料的侵蚀作用，以及日光、紫外线等对材料的作用。生物作用包括菌类、昆虫等的侵害作用，导致材料发生腐朽、虫蛀等而被破坏。

耐久性是对材料综合性质的一种评述，它包括抗冻性、抗渗性、抗风化性、抗老化性、耐化学腐蚀性等内容。应根据材料所处的结构部位和使用环境等因素，综合考虑其耐久性，并根据各种材料的耐久性特点，合理地选用。

提高材料的耐久性，对保证建筑物的正常使用，减少使用期间的维修费用，延长建筑物的使用寿命，起着非常重要的作用。对不同种类的建筑材料，考虑其耐久性的方面应有所侧重。结构材料主要要求材料强度不能显著降低，而装饰材料则主要要求颜色、光泽等不发生显著的变化。金属材料主要是易受电化学腐蚀，硅酸盐类材料主要由于氧化、溶蚀、冻融、热应力、干湿交替作用等而破坏；有机材料则会因腐烂、虫蛀、溶蚀和紫外线的照射而变质。要根据材料的特点和所处环境的条件，采取相应的措施，确保工程所要求的耐久性。

2.3.2 材料的环境协调性

建筑材料的大量生产和使用，一方面为人类带来了越来越多的物质享受，另一方面建筑材料的大量生产加快了资源、能源的消耗并污染环境，建筑材料的环境协调问题日益受到重视。

材料的环境协调性是指材料在生产、使用和废弃全寿命周期中要有较低的环境负荷，包括生产中废物的利用、减少三废的产生，使用中减少对环境的污染，废弃时有较高可回收率。

研究开发环境协调性建筑材料，是21世纪建筑材料发展的重要课题。例如，利用工业废料、建筑垃圾等生产各种材料，研制新型保温隔热材料、吸声材料、绿色装饰装修材料、新型墙体材料、自密实混凝土、透水透气性混凝土、绿化混凝土、水中生物适应型混凝土，以及高强度、高性能、高耐久性材料等。

2.4 建筑材料基本性质检测

2.4.1 密度测定

(1) 试验目的

通过试验测定材料密度，计算材料孔隙率和密实度。

(2) 主要仪器设备

李氏瓶（图2-5）；筛子：孔径0.2mm或900孔/cm^2；恒温水槽；量筒；烘箱：能使温度控制在（105±5)℃；干燥器；天平：称量1kg，感量0.01g；漏斗；小勺等。

（3）试样制备

将试样研磨后用筛子筛分，除去筛余物质后放置试样于105～110℃烘箱中烘至恒重，再放入干燥器中冷却到室温备用。

（4）测试方法及步骤

① 在李氏瓶中注入与试样不发生化学反应的液体至突颈下部，盖上瓶塞放入恒温水槽内，在20℃下使刻度部分浸入水中恒温30min，记录下刻度示值（V_0）。

② 用天平称取60～90g试样，精确至0.01g。用小勺和漏斗小心地将试样徐徐送入李氏瓶中，直至液面上升至20ml刻度左右为止。

③ 用瓶内的液体将粘附在瓶颈和瓶壁上的试样洗入瓶内液体中，反复摇动李氏瓶使液体中的气泡排出，记下液面刻度（V_1）。

④ 称量未注入瓶内剩余试样的质量，并计算出装入瓶中试样的质量 m。

⑤ 将注入试样后的李氏瓶中的液面读数减去未注入试样前李氏瓶中的液面读数，得出试样的绝对体积 V（$V=V_1-V_0$）。

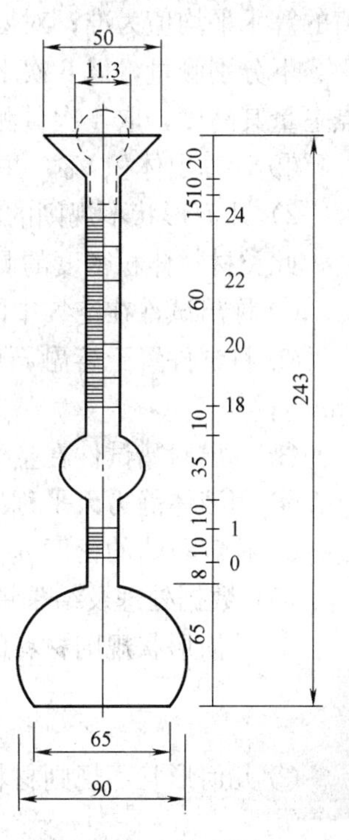

图2-5 李氏瓶

（5）数据处理及结果评定

① 按下式计算出材料密度 ρ（精确至0.01g/cm³）：

$$\rho=\frac{m}{V} \tag{2-21}$$

② 材料的密度测试以两个试样计算结果的算术平均值作为最后结果，精确至0.01g/cm³。两次测试结果之差不应大于0.02g/cm³，否则应重新测试。

2.4.2 体积密度测定

（1）试验目的

通过测定材料的体积密度，计算材料的孔隙率、体积及结构自重，还可以通过体积密度估计材料的强度、导热性能和吸水性等。

（2）主要仪器设备

游标卡尺：精度0.1mm；天平：感量0.1g；液体静力天平：感量0.1g；烘箱：能使温度控制在（105±5）℃；干燥器；漏斗；直尺等。

（3）试样制备

将试样（规则试样为5块）放入烘箱，在（105±5）℃温度下烘干至恒重，冷却至室温备用。

（4）试验方法及步骤

1）几何形状规则的材料

① 用游标卡尺量出试样尺寸。试样为平行六面体时，以每边测量上、中、下三个数

值的算术平均值为准；对圆柱体试样，按两个互相垂直的方向量取其直径，各方向上、中、下分别测量，以 6 次平均值为准确定其直径，再在互相垂直的两直径与圆周交界的 4 点上量其高度，取 4 次量测的平均值作为试件高度。

② 计算出体积 V_0，并用天平称出其质量 m。

2）几何形状不规则的材料

此类材料体积密度的测定需在材料表面封腊（封闭开口孔隙）后采用“排液法”。

① 称出试件在空气中的质量 m（精确至 0.1g，以下同）；

② 将试件置于熔融石蜡中 1～2s 后取出，使试件表面沾上一层蜡膜（膜厚不超过 1mm）；

③ 称出封蜡试件在空气中的质量 m_1；

④ 用液体静力天平称出封蜡试件在水中的质量 m_2；

⑤ 检定石蜡的密度 $\rho_{蜡}$（一般为 0.93g/cm³）。

（5）数据处理及结果评定

① 几何形状规则材料的体积密度 ρ_0 按下式计算：

$$\rho_0=\frac{m}{V_0} \tag{2-22}$$

② 几何形状不规则材料的体积密度 ρ_0 按下式计算：

$$\rho_0=\frac{m}{m_1-m_2-\frac{m_1-m}{\rho_{蜡}}} \tag{2-23}$$

以五次试验结果的算术平均值作为测定值。

2.4.3 吸水率测定

（1）试验目的

通过试验测定材料的吸水率，为估算材料的抗渗性、抗冻性提供依据。

（2）主要仪器设备

天平；游标卡尺；烘箱；玻璃（或金属）盆等。

（3）试样制备

将试样置于不超过 110℃的烘箱中烘干至恒重，再放到干燥器中冷却到室温待用。

（4）测试方法及步骤

① 从干燥器中取出试样，称取其质量 m（g）；

② 将试样放在金属或玻璃盆中，并在盆底放置垫条（如玻璃管或玻璃棒，使试样底面与盆底不至紧贴，试样之间应留出 1～2cm 的间隙，使水能够自由进入）；

③ 加水至试样高度的三分之一处，过 24h 后再加水至试样高度 2/3 处，再过 24h 后加满水，并放置 24h。逐次加水的目的在于使试样内的空气逸出；

④ 取出试样，用拧干的湿毛巾轻轻擦去表面水分（不得来回擦拭）后称取其质量 m_1；

⑤ 为检验试样是否吸水饱和，可将试样再浸入水中至试样高度 3/4 处，过 24h 后重新称量，两次称量结果之差不得超过 1%。

（5）数据处理及结果评定

材料的质量吸水率 W_m 及体积吸水率 W_V 可按下式计算：

$$W_m=\frac{m_1-m}{m}\times100\% \quad (2\text{-}24)$$

$$W_v=\frac{m_1-m}{V_0}\times100\% \quad (2\text{-}25)$$

式中 V_0——试样在自然状态下的体积，mL。

材料的吸水率测试应用三个试样平行进行，并以三个试样吸水率的算术平均值作为测试结果。

技能训练题

一、选择题（有一个或多个正确答案）

1. 散粒材料的密度 ρ、表观密度 ρ'、堆积密度 ρ_0' 之间的关系是（　　）。

A. $\rho>\rho_0'>\rho'$　　B. $\rho>\rho'>\rho_0'$　　C. $\rho_0'>\rho'>\rho$

2. 下列材料属于亲水材料的有（　　）。

A. 花岗石　　B. 石蜡　　C. 烧结普通砖

D. 混凝土　　E. 沥青

3. 由于荷载作用形式不同，材料的强度主要有抗压强度、抗拉强度、抗弯强度及抗剪强度等。公式 f=F/A 用于计算（　　）。

A. 抗压强度　　B. 抗拉强度

C. 抗压强度和抗拉强度　　D. 抗压强度、抗拉强度和抗剪强度

4. 建筑物要求具有良好的保温隔热性能并要求保持温度的稳定，应选用（　　）材料。

A. 导热系数和比热容均大　　B. 导热系数和比热容均小

C. 导热系数大而比热容小　　D. 导热系数小而比热容大

5. 导致导热系数增加的因素有（　　）。

A. 材料孔隙率增大　　B. 材料含水率增加

C. 材料含水率减小　　D. 密实度增大

6. 设计建筑物围护结构应选用（　　）材料，可节约能耗并长时间保持室内温度稳定。

A. 热导率人，比热容小　　B. 热导率小，比热容大

C. 热导率大，比热容大　　D. 热导率小，比热容小

7. 当某一建筑材料的孔隙率增大时，请用符号填写下表内的其他性质将如何变化。（↑增大，↓下降，—不变，？不定）

孔隙率	密度	表观密度	强度	吸水率	导热性
↑					

8. 下列哪些性质与材料的孔隙构造特征有关？（　　）

A. 吸水性　　B. 抗渗性　　C. 塑性

D. 导热性　　E. 吸声性

9. 在材料组成一定的情况下，下列哪些措施可以提高材料的绝热性能？（ ）

A. 使含水率尽可能低　　B. 增大孔隙率，特别是闭口小孔尽量多

C. 使含水率尽可能高　　D. 开口大孔尽量多

二、填空题

1. 材料的吸湿性是指材料在____________________的性质。

2. 材料的抗冻性以材料在吸水饱和状态下所能抵抗的________来表示。

3. 水可以在材料表面展开，即材料表面可以被水浸润，这种性质称为________。

4. 同一种材料的密度与表观密度之差越大时，它的孔隙率越________；该差值为0的材料，说明它的构造很________。

三、是非判断题

1. 材料吸水饱和状态时水占的体积可视为开口孔隙体积。（ ）

2. 在空气中吸收水分的性质称为材料的吸水性。（ ）

3. 孔隙率越大，材料的抗冻性越差。（ ）

四、简答题

1. 简述材料的孔隙率和孔隙特征与材料的表观密度、强度、吸水性、抗渗性、抗冻性及导热性等性质的关系。

2. 建筑材料的亲水性与憎水性在建筑工程中有何实际意义？

3. 为什么新建房屋的墙体保暖性能差，尤其是在冬季？

五、计算题

1. 堆积密度为1500kg/m^{3}的砂子，共有50m^3，合多少t？若有该砂500t，合多少m^3？

2. 有一捆长9m、直径为20mm的钢筋15根，试计算其总质量为多少kg？（钢材的密度为7850kg/m^3）

3. 某岩石的密度为2.75g/cm^3，孔隙率为1.5%，今将该岩石破碎为碎石，测得碎石的堆积密度为1560kg/m^3。试求此岩石的表观密度和碎石的空隙率。

4. 烧结普通砖进行抗压试验，测得浸水饱和后的破坏荷载为185kN，干燥状态的破坏荷载为207kN（受压面积为115mm×120mm），问此砖的饱水抗压强度和干燥抗压强度各为多少？是否适宜用于常与水接触的工程结构物？

5. 一块标准尺寸的烧结普通砖，其干燥质量为2650g，质量吸水率为10%，密度为2.40g/cm^3。试求该砖的孔隙率、开口孔隙率和闭口孔隙率。

6. 已知卵石的密度为2.6g/cm^3，把它装入一个2m^{3}的车厢内，装平时共用3500kg。求该卵石此时的空隙率为多少？若用堆积密度为1500kg/m^{3}的砂子，填入上述车内卵石的全部空隙，共需砂子多少kg？

7. 收到含水率5%的砂子500t，实为干砂多少t？需要干砂500t，应进含水率5%的砂子多少t？

8. 某岩石在绝干、气干、吸水饱和状态下测得的抗压强度分别为176MPa、170MPa、168MPa，该岩石可否用于水下工程？

3 气硬性胶凝材料

在建筑工程中，经过一系列物理、化学作用后能产生凝结硬化，将散粒状材料或块状材料粘结成为一个整体的材料，统称为胶凝材料。胶凝材料的分类如下：

胶凝材料
- 无机胶凝材料
  - 气硬性胶凝材料：石灰、石膏、水玻璃等
  - 水硬性胶凝材料：水泥
- 有机胶凝材料：沥青、树脂、橡胶等

气硬性胶凝材料只能在空气中凝结硬化，保持或继续提高其强度。气硬性胶凝材料一般只适用于干燥环境中，不宜用于潮湿环境，更不能用于水中。常用的气硬性胶凝材料有石灰、石膏、水玻璃等。

水硬性胶凝材料不仅能在空气中，还能更好地在水中凝结硬化，保持或发展其强度。水硬性胶凝材料可用于潮湿环境或水中。

3.1 石　　灰

石灰是生石灰、消石灰和石灰膏等的统称，是建筑上使用较早的胶凝材料之一。由于生产石灰的原料来源广泛，生产工艺简单，造价低，胶结性能好，使用方便，至今仍广泛应用于建筑工程中。

3.1.1 石灰的生产及分类

生产石灰的原料主要是以碳酸钙（$CaCO_3$）为主要成分的石灰石（又称石灰岩），此外还有工业副产品电石渣等。

将石灰石在高温下煅烧，即得块状生石灰。生石灰主要成分是 CaO，另外还有少量 MgO 等杂质。

$$CaCO_3 \xrightarrow{900℃} CaO + CO_2 \uparrow$$

$$MgCO_3 \xrightarrow{700℃} MgO + CO_2 \uparrow$$

建筑石灰按照 MgO 含量不同，将生石灰分为钙质石灰（$MgO \leqslant 5\%$）和镁质石灰（$MgO > 5\%$）。镁质石灰熟化较慢，但硬化后强度稍高。用于建筑工程中的石灰多为钙质石灰。

石灰石的分解温度约为 900℃。实际生产中，为了加快石灰石的分解，必须提高煅烧温度，一般控制在 1000℃左右。

生产石灰时，若煅烧温度过低或煅烧时间不足，或者石灰石块体太大，使得生石灰中残留有未分解的 $CaCO_3$，这种石灰称为“欠火石灰”。欠火石灰 CaO 含量低，降低了石灰的利用率。

若煅烧温度过高或煅烧时间过长，将形成颜色较深、结构致密的“过火石灰”。过火石灰熟化速度十分缓慢，在硬化后才与游离水分发生熟化反应，产生较大体积膨胀，使硬化后的石灰表面局部产生鼓泡、崩裂等现象，工程上称为“爆灰”。

杂质含量少，在正常温度下煅烧良好的块状生石灰，颜色洁白或微黄，呈多孔结构，体积密度低（800～1000kg/m^3），这种石灰称为“正火石灰”。正火石灰质量好，易熟化，灰膏产量高。

将块状生石灰经过不同加工，可得石灰的另外三种产品：

（1）生石灰粉（磨细生石灰）

块状生石灰经磨细而成的粉状产品，其主要成分也为CaO。生石灰粉直接加水使用即可，不仅提高了工效，节约了场地，改善了施工环境，而且其硬化速度加快，强度提高，并提高了石灰的利用率。但生石灰成本较高，不易贮存。

（2）消石灰粉

将生石灰用适量的水消化而成的粉末，也称熟石灰粉，其主要成分为$Ca(OH)_2$。

（3）石灰膏（浆）

将生石灰加约为石灰体积3～4倍的水消化而成石灰浆。石灰浆在储灰坑中沉淀，并除去上层水分后，称为石灰膏。

3.1.2 石灰的熟化与硬化

（1）熟化

生石灰与水发生反应生成熟石灰的过程，称为石灰的熟化（又称消解或消化）。

$$CaO + H_2O \longrightarrow Ca(OH)_2 + 64.8kJ$$

生石灰熟化过程中放出大量的热，同时体积迅速膨胀1～2.5倍。煅烧良好、氧化钙含量高、杂质少的生石灰，熟化快、放热量多，而且体积膨胀也大。

注意事项：在建筑工程中，生石灰必须经充分熟化后方可使用。这是因为块状生石灰中常含有过火石灰，由于过火石灰熟化十分缓慢，如果没有充分熟化而直接使用，过火石灰就会在浆体硬化后吸收空气中的水分继续熟化，体积膨胀使构件表面凸起、开裂或局部脱落，严重影响施工质量。为了消除这种危害，生石灰在使用前应提前洗灰，使灰浆在灰坑中储存两周以上，这个过程称为生石灰的熟化处理，亦称“陈伏”。陈伏期间，石灰浆表面应保持有一层水覆盖，使其与空气隔绝，避免碳化。

（2）硬化

石灰浆体的硬化包含干燥、结晶和碳化三个交错进行的过程。在石灰浆体中由于多余水分的蒸发或被砌体吸收使$Ca(OH)_2$的浓度增加，获得一定的强度。随着水分继续减少，$Ca(OH)_2$逐渐从溶液中结晶出来，形成结晶结构，使强度继续增加。$Ca(OH)_2$与潮湿空气中的CO_2反应生成$CaCO_3$（称为碳化），新生成的$CaCO_3$晶体相互交叉连生或与$Ca(OH)_2$共生，构成紧密交织的结晶网，使硬化浆体的强度进一步提高。由于空气中的CO_2浓度低，且表面形成碳化层后，CO_2较难深入内部，故自然状态下的碳化过程十分缓慢。

从石灰浆体的硬化过程可以看出，石灰浆体硬化速度慢，硬化后强度低，耐水性差。

3.1.3 石灰的特性和技术要求

(1) 石灰的特性

① 可塑性、保水性好

生石灰熟化后形成的石灰浆，是一种表面吸附水膜的高度分散的 $Ca(OH)_2$ 胶体，它可以降低颗粒之间的摩擦，因而具有良好的可塑性和保水性。在水泥砂浆中加入石灰膏，可显著提高砂浆的和易性。

② 放热量大，腐蚀性强

生石灰的熟化是放热反应，熟化时会放出大量热。熟石灰 $Ca(OH)_2$ 是一种中强碱，有较强的腐蚀性。

③ 凝结硬化慢、强度低

石灰浆的凝结硬化缓慢，且硬化后的强度低。体积比为 1∶3 的石灰砂浆，28 天的抗压强度通常只有 0.2～0.5MPa。

④ 吸湿性强，耐水性差

生石灰在存放过程中，会吸收空气中的水分而熟化。如果存放时间过长，还会发生碳化使石灰的活性降低。石灰硬化后的主要成分为氢氧化钙，易溶于水，故石灰的耐水性差，不宜用于潮湿环境和水中。

⑤ 硬化后体积收缩大

石灰浆在硬化过程中由于大量水分蒸发，使内部网状毛细管失水收缩，石灰浆体产生显著的体积收缩，易于出现干缩裂缝。因此，石灰除调制成石灰乳作薄层粉刷外，不宜单独使用。常在石灰膏中掺入砂子、纸筋、麻丝等，以限制收缩，防止或减少开裂。

(2) 石灰的技术要求

生石灰质量的优劣与其氧化钙和氧化镁的含量密切相关。根据建材行业标准《建筑生石灰》(JC/T 479—1992)、《建筑生石灰粉》(JC/T 480—1992)、《建筑消石灰粉》(JC/T 481—1992) 的规定，将生石灰、生石灰粉、消石灰粉分为优等品、一等品和合格品三个等级。其相应技术指标见表 3-1、表 3-2、表 3-3。

建筑生石灰的技术指标 (JC/T 479—1992) **表 3-1**

项 目	钙质生石灰			镁质生石灰		
	优等品	一等品	合格品	优等品	一等品	合格品
CaO+MgO 含量(%),不小于	90	85	80	85	80	75
未消化残渣含量(5mm 圆孔筛余量)(%),不小于	5	10	15	5	10	15
CO_2(%),不大于	5	7	9	6	8	10
产浆量(L/kg),不小于	2.8	2.3	2.0	2.8	2.3	2.0

3.1.4 石灰的应用

建筑石灰的应用，主要有三个途径：一是工程现场直接使用，如配制石灰土和石灰砂浆等；二是作为某些保温材料、无熟料水泥的重要组成材料；三是生产石灰碳化制品和硅酸盐制品的主要原料。此外，采用块状生石灰磨细成磨细生石灰粉，可直接用于工程中，具有熟化速度快、体积膨胀均匀、生产效率高、硬化速度快等优点，消除了过火石灰的危害。

建筑生石灰粉的技术指标（JC/T 480—92）　　表 3-2

项目		钙质生石灰粉			镁质生石灰粉		
		优等品	一等品	合格品	优等品	一等品	合格品
CaO+MgO 含量(%),不小于		85	80	75	80	75	70
CO_2 含量(%),不大于		7	9	11	8	10	12
细度	0.90mm 筛筛余(%),不大于	0.2	0.5	1.5	0.2	0.5	1.5
	0.125mm 筛筛余(%),不大于	7.0	12.0	18.0	7.0	12.0	18.0

建筑消石灰粉的技术指标（JC/T 481—92）　　表 3-3

项目		钙质消石灰粉			镁质消石灰粉			白云石消石灰粉		
		优等品	一等品	合格品	优等品	一等品	合格品	优等品	一等品	合格品
CaO+MgO 含量(%),不小于		70	65	60	65	60	55	65	60	55
游离水(%)		0.4～2.0			0.4～2.0			0.4～2.0		
体积安定性		合格	合格	—	合格	合格	—	合格	合格	—
细度	0.90mm 筛筛余(%),不大于	0	0	0.5	0	0	0.5	0	0	0.5
	0.125mm 筛筛余(%),不大于	3	10	15	3	10	15	3	10	15

3.1.5 石灰的验收、储运及保管

建筑生石灰粉、建筑消石灰粉一般采用袋装，可以采用符合标准规定的牛皮纸、复合纸袋或塑料编织袋包装，袋上应标明厂名、产品名称、商标、净重、批量编号。

生石灰在运输时不准与易燃、易爆和液体物品混装，同时要采取防雨措施。石灰应分类、分等级存放在干燥的仓库内，不宜长期存储。块状生石灰通常进场后立即熟化，将保管期变为“陈伏”期。陈伏期间石灰膏上部要覆盖一层水，使其与空气隔绝，避免碳化。

3.2 石　膏

石膏是以硫酸钙为主要成分的气硬性胶凝材料。当石膏中含有的结晶水不同时，可形成多种性能不同的石膏，主要有建筑石膏$\left(CaSO_4 \cdot \frac{1}{2}H_2O\right)$、无水石膏（$CaSO_4$）、生石膏（$CaSO_4 \cdot 2H_2O$）等。石膏是一种理想的高效节能材料，随着高层建筑的发展，其在建筑工程中的应用正在逐年增多，成为当前重点发展的新型建筑材料之一。我国石膏矿分布很广，储量很大，有良好的开发应用前景。应用较多的石膏品种有建筑石膏、高强石膏。本节主要讲述建筑石膏。

3.2.1 石膏的制备与分类

生产建筑石膏的主要原料是天然二水石膏（又称生石膏或软石膏）以及含有硫酸钙的化工副产品。生产石膏的主要工序是破碎、加热和磨细，生产原理是二水石膏 $CaSO_4$ ·

$2H_2O$ 脱水生成半水石膏 $CaSO_4 \cdot \frac{1}{2}H_2O$ 或无水石膏 $CaSO_4$。将生石膏在不同的温度和压力下煅烧，可得到晶体结构和性质各异的石膏产品。

(1) 建筑石膏

将天然二水石膏在常压下加热到107℃～170℃时，可生产出β型半水石膏（又称熟石膏），再经磨细得到的白色粉状物，称为建筑石膏。其反应式为：

$$CaSO_4 \cdot 2H_2O \xrightarrow{107\sim170℃} (\beta型)CaSO_4 \cdot \frac{1}{2}H_2O + 1\frac{1}{2}H_2O$$

建筑石膏晶体较细，调制成一定稠度的浆体时需水量大，所以硬化后的建筑石膏制品孔隙率大、强度较低。

(2) 高强石膏

将天然二水石膏在124℃、0.13MPa压力的条件下蒸炼脱水，可得到α型半水石膏，磨细后即为高强石膏。其反应式为：

$$CaSO_4 \cdot 2H_2O \xrightarrow{124℃、0.13MPa} (\alpha型)CaSO_4 \cdot \frac{1}{2}H_2O + 1\frac{1}{2}H_2O$$

高强石膏晶体粗大，比表面积较小，调制成塑性浆体时需水量只有建筑石膏的一半左右，因此硬化后具有较高的强度（15～25MPa）和密实度。

(3) 无水石膏和煅烧石膏

当加热温度超过170℃时，可生成无水石膏（$CaSO_4$）；当温度高于800℃时，部分石膏会分解出CaO，经磨细后称为煅烧石膏。

3.2.2 建筑石膏的水化与凝结硬化

建筑石膏与适量的水拌和成浆体，建筑石膏很快溶解于水并与水发生化学反应（简称水化），还原成二水石膏：

$$CaSO_4 \cdot \frac{1}{2}H_2O + 1\frac{1}{2}H_2O \longrightarrow CaSO_4 \cdot 2H_2O$$

由于二水石膏在水中的溶解度仅为β型半水石膏溶解度的1/5左右，使溶液很快成为过饱和状态，二水石膏晶体将不断从过饱和溶液中析出，进而促使半水石膏不断地溶解和水化，直到半水石膏全部转化为二水石膏。这一过程称为半水石膏的“水化”。随着水化作用的进行，自由水含量不断减少，浆体逐渐变稠，进而失去可塑性。这一过程称之为“凝结”。随着凝结过程的进行，二水石膏晶体大量生成，晶粒不断长大，彼此连生、共生、交错，形成多孔的网络空间结构，产生强度，这一过程称为“硬化”。实际上，石膏的凝结硬化是一个连续、复杂的物理化学变化过程。

3.2.3 建筑石膏的特性

(1) 凝结硬化快

常温下，建筑石膏加水后3～5min可达到初凝，30min以内即可达到终凝。在室内自然干燥状态下，达到完全硬化仅需一周。

(2) 微膨胀性

石膏浆体凝结硬化后体积不会出现收缩，反而略有膨胀（约0.5%～1.0%）。这一特点使得石膏的可成型性非常好，不仅可模铸成无任何尺寸偏差的制品，而且制品不开裂、不变形、表面细腻光滑、便于浮铸立体装饰图案，加之石膏质地细腻、颜色洁白，特别适合制作建筑装饰品。

（3）硬化后孔隙率大、质量轻，绝热性良好

建筑石膏与水反应生成二水石膏的理论需水量为18.6%，在生产石膏制品时，为满足必要的可塑性，通常实际加水量为石膏质量的60%～80%。凝结硬化后，由于大量多余水分蒸发，在内部形成大量毛细孔，使石膏制品的孔隙率高达50%～60%。由于石膏制品的孔隙率较大，所以石膏制品的体积密度小。因而热导率小，一般在0.121～0.205W/(m·K)，具有良好的绝热性。

（4）吸湿性强

石膏硬化后，开口孔和毛细孔数量较多，使其具有较强的吸湿性，可调节室内温度和湿度。

（5）防火性能好

石膏制品遇火时，一方面由于良好的隔热性防止热量快速传递；另一方面由于二水石膏的脱水，吸收大量热量，并且水蒸气在石膏表面形成蒸汽幕隔绝热量，有效地阻止火势的蔓延，并且无有害气体产生。

（6）可加工性能好

建筑石膏硬化后具有微孔结构，硬度也较低，使得石膏制品可锯、可刨、可钉，易于连接，具有良好的可加工性，为安装施工提供了很大的方便。

（7）建筑石膏的缺点

建筑石膏强度较低，通常石膏硬化后的抗压强度只有3～5MPa；耐水性差，软化系数只有0.2～0.45，不宜用于潮湿环境和水中；凝结过快，不便于施工操作；性脆、易折；硬度低，不耐划、碰。

为了充分发挥建筑石膏的优点，克服其缺点，在石膏使用时，往往要添加一些辅助原料。如：为满足施工要求，常掺入适量缓凝剂来延长凝结时间。若要加快石膏的硬化，可以采用对制品进行加热的方法或掺促凝剂。为了提高石膏的耐水、耐潮性能，可掺加一定量的防水剂。为了提高石膏制品的抗折强度、增强韧性，可掺加各种无机或有机纤维作为增强材料。

3.2.4 建筑石膏的技术要求

根据国家标准《建筑石膏》(GB 9776—2008)，建筑石膏按强度、细度和凝结时间分为优等品、一等品和合格品三个等级，其技术要求见表3-4。其中若有一项指标不合格，石膏应重新检验级别或者报废。

3.2.5 建筑石膏的应用

建筑石膏主要用于生产石膏制品，包括各种板材和砌块。目前我国以石膏板的发展最快，石膏砌块和空心条板也正在批量生产和应用。建筑石膏产品也常直接供应工程现场，主要用于内装修中的调浆、粉刷、抹灰等。石膏还用于生产水泥时作为缓凝剂加入，延缓水泥的凝结。除此之外，石膏还用作油漆打底用腻子的原料。

建筑石膏的技术要求（GB 9776—2008） 表 3-4

技术指标		优等品	一等品	合格品
强度(MPa)	抗折强度	2.5	2.1	1.8
	抗压强度	4.9	3.9	2.9
细度(%)	0.2mm方孔筛筛余，不大于	5	10	15
凝结时间(min)	初凝时间	6		
	终凝时间	30		

为提高石膏在内抹灰工程中的适用性，还专门生产了“粉刷石膏”。它是由β型半水硫酸钙和Ⅱ型硫酸钙单独或二者混合后掺加外加剂，也可以加入骨料制得。粉刷石膏按用途可分为面层石膏（F）、底层石膏（B）和保温层石膏（T）三类，按强度分为优等品、一等品及合格品三个等级。该产品的质量，应符合JC/T 517—2004的规定。

3.2.6 建筑石膏的验收与储运

建筑石膏或粉刷石膏，一般采用袋装，可用具有防潮及不易破损的纸袋或其他复合袋包装。包装袋上应清楚标明产品标记、制造厂名、生产批号和出厂日期、质量等级、商标和防潮标志。

在运输和贮存时，不得受潮和混入杂物，不同等级应分别贮运，不得混杂。建筑石膏储存三个月后，强度将下降30%左右。建筑石膏或粉刷石膏自生产之日算起，贮存期为三个月，三个月后应重新进行质量检验，以确定其等级。

3.3 水 玻 璃

3.3.1 水玻璃的组成

水玻璃俗称泡花碱，是由不同比例的碱金属氧化物和二氧化硅组成的能溶于水的硅酸盐。常见的水玻璃有硅酸钠水玻璃（$Na_2O \cdot nSiO_2$）和硅酸钾水玻璃（$K_2O \cdot nSiO_2$）等，以硅酸钠水玻璃最为常用。其中n是二氧化硅与碱金属氧化物的摩尔比，称为水玻璃的模数，一般在1.5～3.5之间。水玻璃的模数越大，越难溶于水，粘结力越强。建筑工程中常用水玻璃的模数为2.6～2.8，密度为1.36～1.50g/cm^3。

液体水玻璃为无色透明的液体，常因含杂质而呈微黄、微绿或青灰色。液体水玻璃可以与水按任意比例混合。在液体水玻璃中加入尿素，可以在不改变其粘度下提高粘结力。

3.3.2 水玻璃的硬化

水玻璃溶液在空气中与二氧化碳作用，析出二氧化硅凝胶，凝胶因干燥而逐渐硬化。其反应式为：

$$Na_2O \cdot nSiO_2 + CO_2 + mH_2O \longrightarrow Na_2CO_3 + nSiO_2 \cdot mH_2O\text{(无定形硅胶)}$$

由于上述过程进行得非常缓慢，常加入促硬剂氟硅酸钠（Na_2SiF_6）来加快硅胶的析出，促进水玻璃的硬化。促硬剂氟硅酸钠的用量，应严格控制，太少时达不到促硬的效果；太多时则因速凝使得操作困难，还会因反应的不充分使制品的性能低劣。氟硅酸钠的适宜掺量一般为水玻璃质量的12%～15%。加入氟硅酸钠后，水玻璃的初凝时间可缩短到30～60min，终凝时间可缩短到240～360min。

注意事项：氟硅酸钠有毒，应做好劳动保护及加强保管。

3.3.3 水玻璃的性质

（1）粘结力强

水玻璃有良好的粘结性能，硬化时析出的硅酸凝胶能堵塞毛细孔，起到阻止水分渗透的作用。

（2）耐热性好

水玻璃有良好的耐热性，在高温下不燃烧，不分解，且强度有所提高。

（3）耐酸性强

水玻璃有很强的耐酸性能，能抵抗多数有机酸和无机酸的作用。

（4）耐碱性、耐水性较差

水玻璃可溶于碱和水中，所以水玻璃硬化后不耐碱、不耐水。为提高耐水性，可采用中等浓度的酸对已硬化的水玻璃进行酸洗处理。

3.3.4 水玻璃的应用

由于水玻璃具有上述性能，在建筑工程中主要有以下几个方面的用途：

（1）涂刷建筑材料表面，提高材料的抗渗和抗风化能力

用水玻璃涂刷天然石材、黏土砖、混凝土等建筑材料表面，能提高材料的密实性、抗渗性和抗风化能力，增加材料的耐久性。但石膏制品表面不能涂刷水玻璃，因为硅酸钠与硫酸钙反应生成体积膨胀的硫酸钠，会导致制品胀裂破坏。

（2）加固地基

将液态水玻璃与氯化钙溶液交替注入土壤中，二者反应析出的硅酸胶体起到胶结和填充孔隙的作用。硅酸胶体为吸水膨胀的冻状凝胶，因吸收地下水而经常处于膨胀状态，能阻止水分渗透而使土壤固结。

（3）配制耐酸材料

以水玻璃为胶凝材料，加入耐酸的填料或骨料，可配制成耐酸胶泥、耐酸砂浆和耐酸混凝土，广泛应用于防腐工程。

（4）配制耐热砂浆和耐热混凝土

在水玻璃中加入促凝剂和耐热的填料、骨料，可配制成耐热砂浆和耐热混凝土，用于高炉基础、热工设备基础及围护结构等耐热工程。此外，水玻璃还可用做阻燃涂层的胶结料。

（5）配制快凝防水剂

在水玻璃中加入2～4种矾，可配制成各种快凝防水剂（凝结时间一般不超过1min），掺入到水泥砂浆或混凝土中，可用于堵漏、填缝以及局部抢修等。

技能训练题

一、选择题（有一个或多个正确答案）

1. 石灰膏在储灰坑中陈伏的主要目的是（　　）。

A. 充分熟化　　B. 增加产浆量　　C. 减少收缩　　D. 降低发热量

2. （　　）具有凝结硬化快，硬化后体积微膨胀等特性。

A. 石灰　　B. 石膏　　C. 水玻璃

3. 水玻璃中常掺入（　　）作为促硬剂。

A. NaOH　　B. Na_2SO_4　　C. $NaHSO_4$　　D. Na_2SiF_6

4. 石灰在应用时不能单独使用，因为（　　）。

A. 熟化时体积膨胀导致破坏

B. 硬化时导致体积收缩而破坏

C. 过火石灰的危害

5. 下面水玻璃性能中哪几项是错误的（　　）。

A. 黏结力强　　B. 耐酸性强　　C. 耐碱性强　　D. 耐热性差

6. 石灰与其他胶凝材料相比有如下特性（　　）。

A. 保水性好　　B. 凝结硬化快　　C. 体积收缩大　　D. 耐水性差

二、填空题

1. 建筑石膏从加水拌和到浆体刚开始失去塑性这段时间称为__________，从加水拌和直到浆体完全失去可塑性这段时间称为__________。

2. 生石灰熟化成熟石灰的过程中体积将__________，而硬化过程中体积将__________。

3. 水玻璃 $Na_2O \cdot nSiO_2$ 中的 n 称为__________，该值越大，水玻璃黏度__________，硬化__________。

4. 建筑石膏有以下特性：凝结硬化__________、空隙率__________、强度__________、凝结硬化时体积__________、防火性能__________等。

三、是非判断题

1. 石膏浆体的水化、凝结和硬化实际上是碳化作用。（　　）

2. 为加速水玻璃的硬化，常加入 Na_2SiF_6 作为促硬剂，加入越多效果越好。（　　）

3. 石膏浆体的凝结硬化过程主要是其碳化的过程。（　　）

4. 石灰硬化时体积收缩较大，一般不单独作用。（　　）

5. 水玻璃的模数越大，黏度越大，在水中的溶解度越大。（　　）

四、简答题

1. 某工程采用石灰砂浆抹面，施工完毕一段时间后抹面出现起鼓爆裂，甚至局部脱落现象，试分析其原因。

2. 为什么说石膏是一种较好的室内装饰材料？

3. 水玻璃硬化有何特点？水玻璃模数、密度对其性质有何影响？

4 水 泥

加适量水拌合成塑性浆体后，能胶结砂、石等材料，并能在空气和水中硬化的粉状水硬性胶凝材料，称作水泥。

水泥是当代最重要的建筑材料之一，水泥的问世对工程建设起到了巨大的推动作用，引起了工程设计、施工技术、新材料开发等领域的巨大变革。水泥作为胶凝材料，可用来制作混凝土、钢筋混凝土和预应力混凝土构件，也可配制各类砂浆用于建筑物的砌筑、抹面、装饰等。不仅大量应用于工业和民用建筑，还广泛应用于公路、桥梁、铁路、水利和国防等工程，在国民经济中起着十分重要的作用。

水泥按用途和性能分为通用水泥、专用水泥和特性水泥三大类。通用水泥是指用于一般土木建筑工程的水泥；专用水泥指有专门用途的水泥，如油井水泥、砌筑水泥、大坝水泥；而特性水泥是指某种性能比较突出的水泥，如膨胀水泥、白色水泥等。

水泥按矿物组成可划分为硅酸盐水泥、铝酸盐水泥、硫铝酸盐水泥、铁铝酸盐水泥、氟铝酸盐水泥等。本章重点介绍产量最大、用途最广的硅酸盐系列水泥。

4.1 通用硅酸盐水泥

通用硅酸盐水泥是以硅酸盐水泥熟料、适量石膏及规定的混合材料制成的水硬性胶凝材料。根据混合材料的品种及掺量分为硅酸盐水泥、普通硅酸盐水泥、矿渣硅酸盐水泥、火山灰质硅酸盐水泥、粉煤灰硅酸盐水泥和复合硅酸盐水泥。

4.1.1 硅酸盐系列水泥的原材料

(1) 生产硅酸盐水泥熟料的原材料

① 石灰质原料：主要提供 CaO，可采用石灰石、石灰质凝灰岩等。

② 黏土质原料：主要提供 SiO_2、Al_2O_3及少量的 Fe_2O_3，可采用黏土、黄土或页岩、河泥等。

③ 校正原料：铁质校正原料，如铁矿粉、黄铁矿渣等，主要提供 Fe_2O_3，弥补黏土中铁质含量的不足；硅质校正原料，主要补充 SiO_2，可采用砂岩、粉砂等。

(2) 石膏

在生产硅酸盐系列水泥时，必须掺入适量石膏。在硅酸盐水泥和普通硅酸盐水泥中，石膏主要起缓凝作用；而在掺较多混合材料的水泥中，石膏还起激发混合材料活性的作用。石膏的掺加量一般为水泥质量的 3%～5%。掺入的石膏可采用建筑石膏、天然二水石膏或工业副产品石膏等。

(3) 混合材料

为改善水泥的性能，调节水泥的强度等级，扩大水泥品种，提高水泥的产量，降低成本，在磨制水泥时加入的各种矿物材料称为混合材料。水泥中有效地加入混合材料，不仅可以降低成本和改善性能，尤其是对工业废渣的大量利用，对于节能、降耗和减少环境污染具有重大意义。生产和应用掺混合材料的水泥，是加快水泥向绿色建材转化的一条重要途径。

混合材料分为活性混合材料和非活性混合材料两类。

活性混合材料是指能与水泥熟料的水化产物 $Ca(OH)_2$ 等发生化学反应，并形成水硬性胶凝材料的矿物质材料。水泥中掺有活性混合材料时，可能影响水泥早期强度的发展，但后期强度的发展潜力大。常用的活性混合材料有粒化高炉矿渣、火山灰质混合材料、粉煤灰等。

非活性混合材料是指掺入水泥后主要起填充作用而又不损害水泥性能的矿物材料。常用的品种有：磨细石英砂、石灰石、硬矿渣等。非活性混合材料的主要作用是改善水泥某些性能，如调节水泥强度等级，增加水泥产量，降低水化热等。

4.1.2 硅酸盐系列水泥的生产工艺

硅酸盐系列水泥的生产工艺可简单概括为"两磨一烧"，具体步骤是：先把几种原材料按适当比例配合后磨细，制得具有适当化学成分的生料，再将生料在水泥窑中经过1400～1450℃的高温煅烧至部分熔融，冷却后即得硅酸盐水泥熟料；再将熟料、石膏、混合材料按比例混合后磨细得成品。生产工艺流程见图4-1。

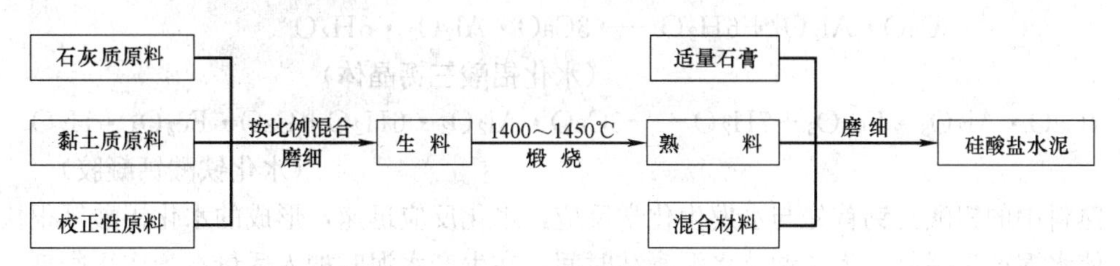

图4-1 硅酸盐水泥生产工艺流程图

4.1.3 硅酸盐系列水泥熟料的矿物组成及特性

硅酸盐系列水泥熟料主要由四种矿物组成，分别为：硅酸三钙（$3CaO \cdot SiO_2$，简写为 C_3S）、硅酸二钙（$2CaO \cdot SiO_2$，简写为 C_2S）、铝酸三钙（$3CaO \cdot Al_2O_3$，简写为 C_3A）和铁铝酸四钙（$4CaO \cdot Al_2O_3 \cdot Fe_2O_3$，简写为 C_4AF）。其中硅酸三钙和硅酸二钙的总含量占70%以上，故名硅酸盐水泥。硅酸盐水泥熟料除以上四种主要矿物外，还有少量的未反应的游离氧化钙、游离氧化镁和碱等，其总含量一般不超过水泥质量的5%。

各种矿物与水单独作用时，表现出不同的性能，硅酸盐水泥熟料各主要矿物含量范围、特性详见表4-1。可通过调整原材料的配料比例来改变熟料矿物组成的相对含量，制得不同性能的水泥。如提高硅酸三钙含量，可制成高强快硬水泥；适当降低硅酸三钙和铝酸三钙含量、同时提高硅酸二钙含量，可制得低热水泥或中热水泥。

4.1.4 硅酸盐系列水泥的水化与凝结硬化

硅酸盐水泥加水拌和后，首先是水泥颗粒表面的矿物溶解于水，并与水发生水化反应，最初形成具有可塑性的浆体，随着水化反应的进行，水泥浆体逐渐变稠失去可塑性，但还不具有强度，这一过程称为水泥的“凝结”。随后凝结了的水泥浆体开始产生强度，并逐渐发展成为坚硬的水泥石，这一过程称为“硬化”。水泥的凝结、硬化过程与水泥的技术性能密切相关，其结果直接影响硬化水泥石的结构和使用性能。

硅酸盐水泥熟料的主要矿物及其特性 表 4-1

矿物组成				矿物特性				
矿物名称	简写式	质量分数(%)	密度(g/cm^3)	强度	水化热	水化速度	耐腐蚀性	干缩
硅酸三钙	C_3S	37～60	3.25	高	大	快	差	中
硅酸二钙	C_2S	15～37	3.28	早期低、后期高	小	慢	好	中
铝酸三钙	C_3A	7～15	3.04	低	最大	最快	最差	大
铁铝酸四钙	C_4AF	10～18	3.77	低(含量高时对抗折有利)	中	中	中	小

(1) 水泥的水化

水泥加水后，熟料矿物开始与水发生水化反应，生成水化产物，并放出一定的热量。水泥熟料各种矿物水化反应可近似用如下化学反应式表示：

$$2(3CaO \cdot SiO_2)+6H_2O \longrightarrow 3CaO \cdot 2SiO_2 \cdot 3H_2O+3Ca(OH)_2$$

（水化硅酸钙凝胶） （氢氧化钙晶体）

$$2(2CaO \cdot SiO_2)+4H_2O \longrightarrow 3CaO \cdot 2SiO_2 \cdot 3H_2O+Ca(OH)_2$$

$$3CaO \cdot Al_2O_3+6H_2O \longrightarrow 3CaO \cdot Al_2O_3 \cdot 6H_2O$$

（水化铝酸三钙晶体）

$$4CaO \cdot Al_2O_3 \cdot Fe_2O_3+7H_2O \longrightarrow 3CaO \cdot Al_2O_3 \cdot 6H_2O+CaO \cdot Fe_2O_3 \cdot H_2O$$

（水化铁酸钙凝胶）

熟料中的铝酸三钙首先与水发生化学反应，水化反应迅速，形成的水化铝酸钙很快析出，使水泥产生瞬凝。为了调节水泥凝结时间，在生产水泥时加入适量石膏作缓凝剂，其机理可解释为：石膏能与最初生成的水化铝酸三钙发生二次反应，生成难溶的水化硫铝酸钙晶体（俗称钙矾石）。其反应式如下：

$$3CaO \cdot Al_2O_3 \cdot 6H_2O+3(CaSO_4 \cdot 2H_2O)+19H_2O \longrightarrow 3CaO \cdot Al_2O_3 \cdot 3CaSO_4 \cdot 31H_2O$$

（高硫型水化硫铝酸钙——AFt）

钙矾石是一种难溶于水的针状晶体，沉淀在水泥颗粒表面，阻止了水分的进入，降低了水泥的水化速度，从而延缓了水泥的凝结时间。

在有石膏的情况下，C_3A 水化的最终产物与石膏掺量有关。最初形成的三硫型水化硫铝酸钙，简称钙矾石（AFt）。若石膏在 C_3A 完全水化前耗尽，则钙矾石与 C_3A 作用转化为单硫型水化硫铝酸钙（AFm）。其反应式如下：

$$3CaO \cdot Al_2O_3 \cdot 3CaSO_4 \cdot 31H_2O+2(4CaSO_4 \cdot Al_2O_3 \cdot 13H_2O) \longrightarrow$$
$$3(3CaO \cdot Al_2O_3 \cdot CaSO_4 \cdot 12H_2O)+2Ca(OH)_2+19H_2O$$

（单硫型水化硫铝酸钙——Afm）

加入适量的石膏不仅能调节凝结时间达到标准所规定的要求，而且适量石膏能在水泥水化过程中与水化铝酸钙生成一定数量的水化硫铝酸钙晶体，交错地填充于水泥石的孔隙中，从而增加水泥石的致密性，有利于提高水泥强度，尤其是早期强度。但如果石膏掺量过多，在水泥凝结后仍有一部分石膏与水化铝酸钙继续水化生成钙矾石，体积膨胀，则使水泥石的强度降低，严重时还会导致水泥体积安定性不良。因此要严格控制石膏掺量。

硅酸盐系列水泥水化后，形成的主要水化产物为：水化硅酸钙凝胶、氢氧化钙晶体、水化铁酸钙凝胶、水化铝酸钙晶体和水化硫铝酸钙晶体（高硫型、低硫型）。在水化产物中水化硅酸钙所占比例最大，约为70%以上；氢氧化钙次之，占20%左右。其中水化硅酸钙、水化铁酸钙为凝胶体，具有强度贡献；而氢氧化钙、水化铝酸钙、钙矾石皆为晶体，它将使水泥石在外界条件下变得疏松，使水泥石强度下降，是影响硅酸盐水泥耐久性的主要因素。

（2）硅酸盐水泥的凝结硬化

水泥加水拌和后形成具有可塑性的浆体，随着水化反应的进行，水泥浆体逐渐变稠失去流动性、可塑性，随着反应的继续进行，失去可塑性的水泥浆逐渐凝固并形成具有一定强度的硬化体，这一过程是水泥的凝结与硬化过程。水泥的凝结硬化过程是一个连续、复杂的过程。凝结过程较短，一般几小时即可完成，硬化过程是一个长期的过程，在一定温度和湿度下可持续几年甚至是几十年。

水泥的水化反应是从水泥颗粒的表面开始的，逐渐形成水化物膜层，此时的水泥浆体具有可塑性。随着水化反应的进行，水化物增多，自由水分不断减少，水化物颗粒逐渐结晶，部分颗粒相互接触连接，形成疏松的空间网络。此时，水泥浆体失去流动性和部分可塑性，但还不具有强度，这一过程即为"初凝"。随着水化作用进一步深入，生成更多的凝胶和晶体，并互相贯穿使网络结构不断加强，最终浆体完全失去可塑性，并具有一定的强度，这一过程即为"终凝"。随着水化反应进一步进行，水化物的量随时间的延续而不断增加，并逐渐填充于毛细孔中，水泥结构更趋密实，强度不断增长，直至形成坚硬的水泥石，这一过程即为"硬化"。

开始时水化速度快，水泥的强度增长也较快；但由于水化不断进行，堆积在水泥颗粒周围的水化物不断增多，阻碍水和水泥未水化部分的接触，水化减慢，强度增长也逐渐减慢，但无论时间多久，水泥颗粒的内核很难完全水化。因此，在硬化水泥石中，同时包含有水泥熟料的水化产物、未水化的水泥颗粒。水（自由水和吸附水）和孔隙（毛细孔和凝胶孔），它们在不同时期相对数量的变化，使水泥石的性质随之改变。

水泥的水化凝结硬化速度主要与熟料的矿物组成有关，另外还与水泥细度、石膏掺量、加水量、硬化时的温度、湿度、养护时间等有关。

4.1.5 通用硅酸盐水泥的质量标准

（1）定义与代号

根据《通用硅酸盐水泥》（GB 175—2007），各水泥的定义与代号见表4-2。

通用通硅酸盐水泥的定义与代号（GB 175—2007） 表4-2

品　　种	代号	组分/%				
		熟料＋石膏	粒化高炉矿渣	火山灰质混合材料	粉煤灰	石灰石
硅酸盐水泥	P·Ⅰ	100	—	—	—	—
	P·Ⅱ	≥95	≤5	—	—	—
		95	—	—	—	≤5

续表

品　种	代号	组分/%				
		熟料＋石膏	粒化高炉矿渣	火山灰质混合材料	粉煤灰	石灰石
普通硅酸盐水泥	P·O	≥80 且<95	>5 且≤20			
矿渣硅酸盐水泥	P·S·A	≥50 且<80	>20 且≤50	—	—	—
	P·S·B	≥30 且<50	>50 且≤70	—	—	≤5
火山灰质硅酸盐水泥	P·P	≥60 且<80	—	>20 且≤40		
粉煤灰硅酸盐水泥	P·F	≥60 且<80	—	—	>20 且≤40	
复合硅酸盐水泥	P·C	≥50 且<80	>20 且≤50			

(2) 主要技术要求

① 细度（选择性指标）

水泥的细度是指水泥颗粒的粗细程度。水泥的许多性质（凝结时间、收缩性、强度等）都与水泥的细度有关。一般认为，当水泥颗粒小于 40μm 时才具有较高的活性。

② 标准稠度及标准稠度用水量

水泥净浆标准稠度是对水泥净浆以标准方法拌制、测试并达到规定的可塑性程度时的稠度。水泥净浆达到标准稠度时所需用水量即为水泥净浆标准稠度用水量，常以水和水泥质量之比的百分数表示。各种水泥的矿物成分、细度不同，拌和成标准稠度时的用水量也各不相同，水泥的标准稠度用水量一般为 24%～33%。测定水泥凝结时间和体积安定时必须采用标准稠度的水泥浆。

③ 凝结时间

水泥的凝结时间分为初凝时间和终凝时间。初凝时间是指从水泥加水到标准净浆开始失去可塑性的时间；终凝时间是指从水泥加水到标准净浆完全失去可塑性的时间。

水泥的凝结时间在工程施工中有重要作用。为有足够的时间对混凝土进行搅拌、运输、浇筑和振捣，初凝时间不宜过短；为使混凝土尽快硬化具有一定强度，尽快拆除模板，提高模板周转率，提高工作效率，加快施工进度，终凝时间不宜过长。

④ 体积安定性

体积安定性指水泥在凝结硬化过程中体积变化的均匀性。当水泥浆体在硬化过程中体积发生不均匀变化时，会导致水泥制品膨胀、翘曲、产生裂缝等，即所谓体积安定性不良。安定性不良的水泥会降低建筑物质量，甚至引起严重事故。体积安定性不合格的水泥为废品，不得用于任何工程。

水泥体积安定性不良的原因是由于水泥熟料中游离氧化钙、游离氧化镁过多或生产水泥时石膏掺量过多，上述物质在水泥硬化后开始或继续进行水化反应，其水化产物体积膨胀使水泥石开裂。

国家标准规定，硅酸盐水泥和普通硅酸盐水泥用沸煮法检验必须合格。沸煮法包括试饼法和雷氏法两种。当两种方法发生争议时，以雷氏法为准。

⑤ 强度及强度等级

水泥的强度是评定其质量的重要指标。水泥等级按规定龄期的抗压强度和抗折强度来划分，按水泥胶砂强度检验方法（ISO 法）测定其强度，各强度等级的各龄期强度不得低于表 4-3 中规定的数值。

通用硅酸盐水泥各龄期的强度要求（GB 175—2007）　　表 4-3

品　种	强度等级	抗压强度(MPa)		抗折强度(MPa)	
		3d	28d	3d	28d
硅酸盐水泥	42.5	≥17.0	≥42.5	≥3.5	≥6.5
	42.5R	≥22.0		≥4.0	
	52.5	≥23.0	≥52.5	≥4.0	≥7.0
	52.5R	≥27.0		≥5.0	
	62.5	≥28.0	≥62.5	≥5.0	≥8.0
	62.5R	≥32.0		≥5.5	
普通硅酸盐水泥	42.5	≥17.0	≥42.5	≥3.5	≥6.5
	42.5R	≥22.0		≥4.0	
	52.5	≥23.0	≥52.5	≥4.0	≥7.0
	52.5R	≥27.0		≥5.0	
矿渣水泥、火山灰水泥、粉煤灰水泥与复合硅酸盐水泥	32.5	10.0	32.5	2.5	5.5
	32.5R	15.0		3.5	
	42.5	15.0	42.5	3.5	6.5
	42.5R	19.0		4.0	
	52.5	21.0	52.5	4.0	7.0
	52.5R	23.0		4.5	

注：带 R 的为早强型。

⑥ 水化热

水化热是指水泥在水化过程中放出的热量。

为了避免由于温度应力引起水泥石的开裂，在大体积混凝土中不宜采用水化热较大的水泥。但在冬季施工时，水化热却有利于水泥的凝结、硬化和提高混凝土抗冻性。

通用硅酸盐水泥的物理指标和化学指标须满足表 4-4 要求。

通用硅酸盐水泥的物理指标和化学指标（GB 175—2007）　　表 4-4

项　目	指　　标	项　目	指　　标
凝结时间	初凝不得早于 45min，硅酸盐水泥终凝不大于 390min，其他品种水泥终凝不得迟于 600min	氧化镁含量	不得超过 5%，若经过压蒸安定性检测合格，可放宽至 6%
安定性	用沸煮法检验，必须合格	三氧化硫含量	矿渣水泥不大于 4%，其他五种水泥不大于 3.5%
细度	硅酸盐水泥和普通硅酸盐水泥的比表面积不小于 $300m^2/kg$；其他水泥的 80μm 方孔筛的筛余不得超过 10% 或 45μm 方孔筛的筛余不得超过 30%	氯离子含量	不大于 0.06%

4.1.6　通用硅酸盐水泥的特性及适用范围

硅酸盐水泥、普通硅酸盐水泥、矿渣硅酸盐水泥、火山灰质硅酸盐水泥、粉煤灰硅酸盐水泥和复合硅酸盐水泥是我国广泛使用的六种水泥，其特性及适用范围见表 4-5。

通用水泥的特性和适用范围 表 4-5

水泥品种	主要特性		适用范围	
	优点	缺点	适用于	不适用于
硅酸盐水泥	1. 强度等级高 2. 快硬、早强 3. 抗冻性好 4. 耐磨性强 5. 不透水性强	1. 水化热高 2. 耐热性较差 3. 耐腐蚀性较差	1. 配制高强混凝土 2. 预应力混凝土 3. 道路、低温下施工的工程 4. 快硬早强结构	1. 大体积混凝土 2. 地下工程 3. 受化学侵蚀的工程
普通水泥	与硅酸盐水泥性能相似 1. 早期强度较高 2. 抗冻性好 3. 耐磨性强	1. 水化热较大 2. 耐热性较差 3. 耐腐蚀性较差	同上	同上
矿渣水泥	1. 水化热较低 2. 后期强度增长较快 3. 抗硫酸盐腐蚀性好 4. 蒸汽养护适应性好 5. 耐热性好	1. 早期强度较低 2. 保水性差 3. 抗冻、抗渗性较差 4. 抗碳化能力差	1. 地面、地下、水中混凝土工程 2. 高温车间 3. 采用蒸汽养护的预制构件	1. 对早强要求较高的工程 2. 受冻融循环、干湿交替的工程
火山灰水泥	1. 抗渗性较好 2. 保水性较好 3. 后期强度增长较快 4. 水化热低 5. 抗硫酸盐腐蚀性好	1. 需水性大，干缩性大 2. 早期强度较低 3. 抗冻性差 4. 抗碳化能力差 5. 耐磨性差	1. 地下、水下工程 2. 大体积混凝土工程 3. 一般工业与民用建筑	1. 需要早强的工程 2. 受冻融循环、干湿交替的工程
粉煤灰水泥	1. 需水性和干缩率较小 2. 后期强度增长较快 3. 抗硫酸盐腐蚀性好 4. 水化热较低	1. 早期强度低 2. 抗冻性差 3. 抗碳化能力差	1. 地下工程 2. 大体积混凝土工程 3. 一般工业与民用建筑	1. 需要早强的工程 2. 低温环境下施工而无保温措施的工程
复合水泥	1. 早期强度较高 2. 和易性较好 3. 易于成型	1. 需水性较大 2. 耐久性不及普通水泥混凝土	1. 一般混凝土工程 2. 配制砌筑、抹面砂浆等	1. 需要早强的工程 2. 受冻融循环、干湿交替的工程

4.1.7 水泥石的腐蚀与防止

(1) 水泥石的腐蚀

在通常使用条件下，硅酸盐水泥硬化后形成的水泥石有较好的耐久性。但当水泥石长时间处于侵蚀性介质中（如流动的淡水、酸性水、强碱等），会发生腐蚀，导致强度降低，甚至破坏。

引起水泥石腐蚀的原因很多，作用机理也很复杂，但主要有下面几种类型：

1) 软水侵蚀

水泥石在一般水中是难以腐蚀的，但水泥石长期与雨水、雪水、工业冷凝水、蒸馏水等软水相接触，会溶出氢氧化钙。在静水或无水压的水中，溶出的氢氧化钙在水中很快饱和，溶解作用停止，溶出仅限于表层，对水泥石影响不大；但在有流动的软水及压力水作用时，氢氧化钙不断溶解流失，而且由于水泥石中碱度的降低还会引起其他水化物的分解溶蚀，使水泥石进一步破坏。软水侵蚀又称为溶出性侵蚀。

2) 酸类侵蚀

① 一般酸的侵蚀

工业废水、地下水、沼泽水中常含有多种无机酸和有机酸。水泥石中含有较多的$Ca(OH)_2$，当遇到酸类或酸性水时则会发生中和反应，生成可溶性盐类，使水泥石强度降低。

② 碳酸的侵蚀

在工业污水、地下水中常溶解有较多的二氧化碳，当含量超过一定值时，将对水泥石造成破坏。这种碳酸水对水泥石的侵蚀作用如下：

$$Ca(OH)_2+CO_2+H_2O=CaCO_3+2H_2O$$

$$CaCO_3+CO_2+H_2O=Ca(HCO_3)_2$$

生成的碳酸氢钙溶易溶于水。因此，水泥石中的氢氧化钙通过转化为易溶的碳酸氢钙而溶失，密实度下降，强度降低。

3）盐类侵蚀

① 硫酸盐腐蚀

在海水、地下水和工业污水中常含有钾、钠、氨的硫酸盐，它们与水泥石中的$Ca(OH)_2$反应生成硫酸钙，硫酸钙再与水泥石中固态水化铝酸钙作用生成高硫型水化硫铝酸钙，反应式如下：

$$3CaO\cdot Al_2O_3\cdot 6H_2O+3(CaSO_4\cdot 2H_2O)+19H_2O=3CaO\cdot Al_2O_3\cdot 3CaSO_4\cdot 31H_2O$$

生成的高硫型水化硫铝酸钙含大量结晶水，体积膨胀1.5倍以上，在水泥石中造成极大的膨胀性破坏。形成的高硫型水化硫铝酸钙呈针状结晶体，常把这种在水泥石硬化后形成的高硫型水化硫铝酸钙称为“水泥杆菌”。

② 镁盐腐蚀

在海水和地下水中常含有大量镁盐，主要是硫酸镁和氯化镁。它们与水泥石中的$Ca(OH)_2$反应，反应式如下；

$$Ca(OH)_2+MgSO_4+2H_2O=CaSO_4\cdot 2H_2O+Mg(OH)_2$$

$$Ca(OH)_2+MgCl_2=CaCl_2+Mg(OH)_2$$

反应生成的$Mg(OH)_2$松软而无胶凝能力，$CaCl_2$易溶于水，而$CaSO_4\cdot 2H_2O$还会进一步引起硫酸盐腐蚀。故硫酸镁对水泥石起着镁盐和硫酸盐的双重侵蚀作用。

4）强碱侵蚀

碱类溶液浓度不大时一般对水泥石是无害的。但铝酸三钙（C_3A）含量较高的硅酸盐水泥遇到强碱也会产生破坏作用。如氢氧化钠可与水泥石中未水化的铝酸二钙作用，生成易溶的铝酸钠：

$$3CaO\cdot Al_2O_3+6NaOH\longrightarrow 3Na_2O\cdot Al_2O_3+3Ca(OH)_2$$

当水泥石受到干湿交替作用时，进入水泥石内部的NaOH与空气中的二氧化碳作用生成碳酸钠，碳酸钠在水泥石毛细孔中结晶沉积，可使水泥石胀裂。

（2）防止水泥石腐蚀的措施

引起水泥石腐蚀的外在因素是侵蚀性介质，内在因素主要有两个：一是水泥石中存在易引起腐蚀的成分（氢氧化钙，水化铝酸钙等）；二是水泥石本身不密实，使侵蚀性介质易于进入内部。根据以上分析，可采取以下措施防止水泥石的腐蚀：

1）根据侵蚀介质特点，合理选用水泥及熟料矿物组成如在软水侵蚀条件下的工程，可选用掺入活性混合材的水泥，这些水泥的水化产物中$Ca(OH)_2$含量较少，耐软水侵蚀性强。在有硫酸盐侵蚀的工程中，可选用铝酸三钙含量低于5%的抗硫酸盐水泥。

2）提高水泥石的密实度，改善孔隙结构

水泥石中的毛细管、孔隙是引起水泥石腐蚀加剧的内在原因之一。因此采取适当措施，如机械搅拌、振捣，掺外加剂等，或在满足施工操作的前提下尽量减少水灰比，从而提高水泥石密实度，是阻止腐蚀性介质进入水泥石内部，提高水泥石耐腐蚀性的有效措施。在提高密实度的同时，要改善孔隙结构，尽量减少毛细孔、连通孔。

3）表面加做保护层

当腐蚀作用较强时，可用耐腐蚀的石料、陶瓷、塑料、沥青等材料覆盖于水泥石的表面，隔断侵蚀性介质与水泥石的接触。

4.2 专用水泥

4.2.1 砌筑水泥

砌筑水泥由活性混合材料加入适量硅酸盐水泥熟料和石膏磨细制成，主要用于配制砌筑砂浆的低强度水泥，代号为M。砌筑水泥中混合材料掺加量按质量百分比计应大于50%。

砌筑水泥强度等级分为12.5和22.5两个等级，其强度要求不低于表4-6的要求。

砌筑水泥各龄期的强度（GB/T 3183—2003） 表4-6

水泥标号	抗压强度(MPa)		抗折强度(MPa)	
	3d	28d	3d	28d
12.5	7.0	12.5	1.5	3.0
22.5	10.0	22.5	2.0	4.0

砌筑水泥是针对砌体工程中配制砌筑砂浆的需要而生产的专用水泥。它的强度等级低、保水性好，解决了即使以最低强度等级的通用水泥，所配砂浆的强度也超高而和易性并不好的问题。砌筑水泥少用熟料、多用工业废渣，它的大量推广应用，不仅方便施工、降低成本，而且对节省能源和环境保护具有更大意义。

砌筑水泥的强度低，硬化较慢，但其和易性、保水性较好。主要用于工业与民用建筑的砌筑砂浆、内墙抹面砂浆，也可用于配制道路混凝土垫层或蒸养混凝土砌块。

砌筑水泥不得用于结构混凝土。

4.2.2 道路硅酸盐水泥

随着我国经济建设的发展，高等级公路越来越多，水泥混凝土路面已成为主要路面之一。对专供公路、城市道路和机场跑道所用的道路水泥，我国制定了国家标准《道路硅酸盐水泥》（GB 13693—2005）。

由道路硅酸盐水泥熟料，适量石膏，0～10%活性混合材料，磨细制成的水硬性胶凝材料，称为道路硅酸盐水泥（简称道路水泥），代号P·R。道路硅酸盐水泥熟料中硅酸钙和铁铝酸四钙的含量较多，要求铁铝酸四钙的含量不得低于16%，铝酸三钙的含量不得大于5.0%。

道路水泥各龄期的强度值不得低于表4-7中规定的数值，道路水泥的初凝时间不得早于1h，终凝时间不得迟于10h，28d干缩率不得大于0.10%，磨损率不得大于3.00kg/m²。道路水泥的其他性能要求与普通硅酸盐水泥相同。

道路水泥各龄期的强度（GB 13693—2005） **表4-7**

强度等级	抗折强度(MPa)		抗压强度(MPa)	
	3d	28d	3d	28d
32.5	3.5	6.5	16.0	32.5
42.5	4.0	7.0	21.0	42.5
52.5	5.0	7.5	26.0	52.5

道路硅酸盐水泥具有抗折强度高、耐磨性好、干缩率低等特点，可减少混凝土路面的断板、温度裂缝和磨耗，减少路面维修费用，延长道路使用年限。道路水泥适用于公路路面、机场跑道、停车场、火车站站台、人流量较多的广场等工程的面层混凝土。

4.3 特性水泥

4.3.1 快硬硅酸盐水泥

凡是由硅酸盐水泥熟料和适量石膏共同磨细制成的，以3d抗压强度表示强度等级的水硬性胶凝材料称为快硬硅酸盐水泥（简称快硬水泥）。

快硬硅酸盐水泥的制造方法与硅酸盐水泥基本相同，不同之处是水泥熟料中铝酸三钙和硅酸三钙的含量高，二者的总量不少于65%。因此快硬水泥的早期强度增长快且强度高，水化热也大。为加快硬化速度，可适当增加石膏的掺量（可达8%）和提高水泥的细度。

快硬硅酸盐水泥的性质按国家标准《快硬硅酸盐水泥》（GB 199—90）的规定：细度为80μm方孔筛，筛余量不得超过10%；初凝不得早于45min，终凝不得迟于10h；按1d和3d的抗压强度、抗折强度划分为32.5、37.5、42.5三个强度等级，各龄期强度值不得低于表4-8中规定的数值。

快硬硅酸盐水泥各龄期强度要求（GB 199—90） **表4-8**

强度等级	抗压强度(MPa)			抗折强度(MPa)		
	1d	3d	28d*	1d	3d	28d*
32.5	15.0	32.5	52.5	3.5	5.0	7.2
37.5	17.0	37.5	57.5	4.0	6.0	7.6
42.5	19.0	42.5	62.5	4.5	6.4	8.0

注：供需双方参考指标。

快硬硅酸盐水泥的早期强度增长快，水化热高且集中。快硬硅酸盐水泥适用于早期强度要求高的工程、紧急抢修的工程和低温施工工程，但不宜用于大体积混凝土工程。

快硬水泥易受潮变质，故储存和运输时，应特别注意防潮，且储存时间不宜超过一个月。

4.3.2 高铝水泥

以铝矾土和石灰石为主要原料，经高温煅烧所得以铝酸钙为主要矿物的水泥熟料，经磨细制成的水硬性胶凝材料称为铝酸盐水泥，又称高铝水泥，代号为CA。

按国家标准《铝酸盐水泥》（GB 201—2000），铝酸盐水泥根据 Al_2O_3 含量分为CA-50、CA-60、CA-70、CA-80四类，各类铝酸盐水泥 Al_2O_3 的含量见表4-9。

（1）高铝水泥的技术指标

细度：比表面积不小于300m²/kg，或通过45μm的筛，筛余量不大于20%。

凝结时间：CA-50、CA-70、CA-80的初凝时间不得早于30min，终凝时间不得迟于6h；CA-60的初凝时间不得早于60min，终凝时间不得迟于18h。

强度：各类型铝酸盐水泥各龄期的强度值不得低于表4-9中规定的数值。

铝酸盐水泥的 Al_2O_3 含量和各龄期强度要求（GB 201—2000） **表4-9**

水泥类型	Al_2O_3 含量/%	抗压强度(MPa)				抗折强度(MPa)			
		6h	1d	3d	28d	6h	1d	3d	28d
CA-50	≥50，<60	20	40	50	—	3.0	5.5	6.5	—
CA-60	≥60，<68	—	20	45	80	—	2.5	5.0	10.0
CA-70	≥68，<77	—	30	40	—	—	5.0	6.0	—
CA-80	≥77	—	25	30	—	—	4.0	5.0	—

（2）高铝水泥的特性

① 快凝早强，1d强度可达最高强度的80%以上，属快硬型水泥。使用高铝水泥时，应注意控制其硬化温度。最适宜的硬化温度为15℃左右，一般不得超过25℃。如果温度过高，水化铝酸二钙会转化为水化铝酸三钙，使强度降低。若在湿热条件下，强度下降更显著。

② 水化热大，且放热量集中，1d内即可放出水化热总量的70%～80%，而硅酸盐水泥仅放出水化热总量的25%～50%。

③ 抗硫酸盐性能很强，但抗碱性极差。高铝水泥对碱液侵蚀无抵抗能力，故应注意避免碱性腐蚀。

④ 耐热性好。高铝水泥配制的混凝土在900℃温度下，还具有原强度的70%，当达到1300℃时还能保持约53%的强度。这些尚存的强度是由于水泥石中各组分之间产生固相反应，形成陶瓷坯体所致。

⑤ 长期强度有降低的趋势。因为随着时间的推移，CAH_{10} 或 C_2AH_8 会逐渐转化为比较稳定的 C_3AH_6，晶体转化的结果，使水泥石内析出游离水，增大了孔隙体积，同时也由于 C_3AH_6 本身强度较低，所以水泥石的长期强度会下降。

（3）高铝水泥的应用

根据高铝水泥的特性，高铝水泥主要用于紧急军事工程（如筑路、桥）、抢修工程（如堵漏）等，也可用于配制耐热混凝土（可用于1000℃以下的耐热构筑物，如高温窑炉炉衬等，最高使用温度不宜超过1300℃）和用于寒冷地区冬季施工的混凝土工程。

高铝水泥不宜用于大体积混凝土工程，也不能用于长期承重结构及高温高湿环境中的工程，不能用于与碱性溶液相接触的工程。还应注意，高铝水泥制品不能用蒸汽养护。此外，未经过试验，高铝水泥不得与硅酸盐水泥或石灰等能析出氢氧化钙的胶凝材料混合使用，在拌和浇灌过程中也必须避免互相混杂，并不得与尚未硬化的硅酸盐水泥接触，以免引起强度下降及出现瞬凝现象。由于高铝水泥后期强度下降较大，设计时应以最低稳定强度为依据。

4.3.3 膨胀水泥

一般水泥在凝结硬化过程中会产生不同程度的收缩，使水泥混凝土构件内部产生微裂缝，影响混凝土的强度及其他许多性能。而膨胀水泥在硬化过程中能够产生一定的膨胀，从而消除或改善一般水泥的上述缺点。

膨胀水泥主要是比一般水泥多了一种组分，在凝结硬化过程中，膨胀组分使水泥产生一定量的膨胀值。

我国目前常用的膨胀水泥品种主要有：

(1) 硅酸盐膨胀水泥　以硅酸盐水泥为主，外加高铝水泥和石膏配制而成。

(2) 铝酸盐膨胀水泥　以高铝水泥为主，外加石膏配制而成。

(3) 硫铝酸盐膨胀水泥　以无水硫铝酸钙和硅酸二钙为主要成分，外加石膏配制而成。

(4) 铁铝酸钙膨胀水泥　以无水硫铝酸钙、铁相和硅酸二钙为主要成分，外加石膏配制而成。

上述膨胀水泥的膨胀源均来自于水泥石中形成的钙矾石产生体积膨胀所致。调整各种组成的配合比，控制生成钙矾石的数量，可以制得不同膨胀值、不同类型的膨胀水泥。

由于膨胀水泥的膨胀，会在限制条件下使水泥混凝土受到压应力，即所谓的自应力。按自应力的大小，将膨胀水泥分为两类：自应力值大于或等于2.0MPa时，称为自应力水泥；自应力值小于2.0MPa（通常约0.5MPa）时，则为膨胀水泥。

膨胀水泥的膨胀率较小，主要用于补偿水泥在凝结硬化过程中产生的收缩，因此又称为无收缩水泥或收缩补偿水泥。膨胀水泥适用于配制收缩补偿混凝土，用于构件的接缝及管道接头、混凝土结构的加固和维修，防渗堵漏工程，机器底座及地脚螺丝的固定。自应力水泥的膨胀值较大，适用于制造自应力钢筋混凝土压力管及其配件。

4.3.4 装饰系列水泥

(1) 白色硅酸盐水泥

由氧化铁含量少的硅酸盐水泥熟料加入适量石膏，磨细制成的水硬性胶材料称为白色硅酸盐水泥，简称白水泥。代号P·W。

硅酸盐水泥呈暗灰色，主要原因是其含 Fe_2O_3 较多（3%～4%）。当 Fe_2O_3 含量在

0.5%以下时，则水泥接近白色。生产白水泥用的石灰石及黏土原料中的 Fe_2O_3 含量应分别低于0.1%和0.7%。在生产过程中还需采取以下措施：采用无灰分的气体燃料或液体燃料；在粉磨生料和熟料时，要严格避免带入铁质。

按照国家标准《白色硅酸盐水泥》（GB 2015—2005）的规定：水泥白度值应不低于87；白色硅酸盐水泥各龄期的强度值不得低于表 4-10 中规定的数值；白水泥的初凝时间不得早于 45min，终凝不得迟于 10h；熟料中氧化镁的含量不得超过 3.5%。白色硅酸盐水泥的其他技术要求与普通硅酸盐水泥相同。

白色硅酸盐水泥主要用于配制白色或彩色灰浆、砂浆及混凝土，来满足装饰装修工程的需要。

白水泥各龄期强度要求（GB 2015—2005） **表 4-10**

水泥标号	抗压强度(MPa)		抗折强度(MPa)	
	3d	28d	3d	28d
32.5	12.0	32.5	3.0	6.0
42.5	17.0	42.5	3.5	6.5
52.5	22.0	52.5	4.0	7.0

(2) 彩色硅酸盐水泥

彩色硅酸盐水泥（简称彩色水泥），按生产方法可分为三类。一类是在白水泥的生料中加少量着色物质（金属氧化物），直接烧成彩色水泥熟料，然后再加适量石膏磨细而成，用这种方法生产的水泥，颜色稳定，成本低，但色彩的种类有限。二类是白水泥熟料、适量石膏和碱性着色物质（颜料），共同磨细而成。三类是将干燥状态的着色物质直接掺入白水泥或硅酸盐水泥中。其中第二类白水泥所用颜料，要求不溶于水且分散性好，耐碱性强，抗大气稳定性好，掺入水泥中不显著降低其强度，且不含有可溶盐类。通常采用的颜料有：氧化铁（红、黄、褐、黑色），二氧化锰（黑、褐色），氧化铬（绿色），赭石（赭色），群青蓝（蓝色）等，但配制红、褐、黑等深色水泥时，可用普通硅酸盐水泥熟料。

白色和彩色硅酸盐水泥，主要用于各种装饰混凝土和装饰砂浆，用以制造水磨石、水刷石、人造大理石、干粘石等饰面及雕塑和装饰部件等，也可配制彩色水泥浆用于建筑物的墙面、柱面、顶棚等处的粉刷。

4.4 水泥技术性能检测

4.4.1 一般规定

(1) 取样

施工现场取样，应以同一生产厂家、同品种、同强度等级、同一批号且连续进场的水泥，袋装水泥不超过 200t 为一批，散装水泥不超过 500t 为一批。水泥的取样应有代表性，可连续取样，也可从 20 个以上不同部位取等量样品，总量至少 12kg。取样工具如图 4-2、图 4-3 所示。

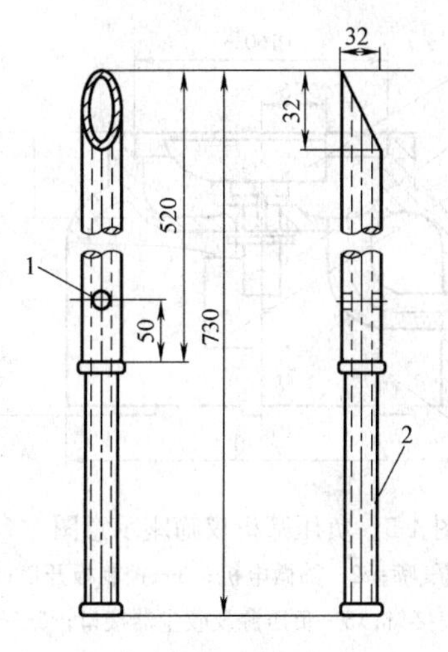

图 4-2 散装水泥取样管
1—气孔；2—手柄

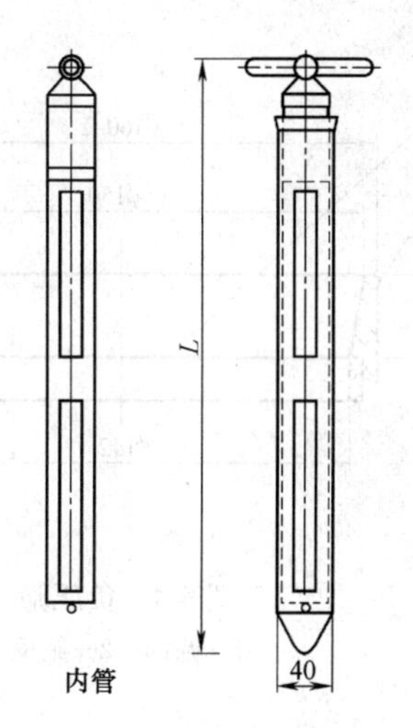

图 4-3 袋装水泥取样管
L＝1000～2000mm

注意事项：检测前，把按上述方法取得的水泥样品分成两等份，一份用于标准检验，另一份密封保存三个月，以备有疑问时复验。

(2) 试验条件

① 水泥试样应充分搅拌均匀，并通过 0.9mm 方孔筛，记录其筛余物情况；

② 试验室温度为 (20±2)℃，相对湿度大于 50％。养护室温度为 (20±2)℃，相对湿度大于 90％，养护池水温为 (20±1)℃；

③ 试验用水应是洁净的淡水，有争议时也可采用蒸馏水；

④ 水泥试样、标准砂、拌和水等及仪器用具的温度均应与试验室温度相同。

4.4.2 水泥细度检验（负压筛析法）

(1) 试验目的和标准

检测水泥的细度，作为评定水泥质量的依据之一。《水泥细度检验方法 筛析法》(GB/T 1345—2005) 中规定了三种水泥细度检验方法：负压筛法、水筛法、手工干筛法。三种方法测定结果发生争议时，以负压筛法为准。

(2) 主要仪器设备

负压筛析仪、天平（最大称量 100g，最小分度值不大于 0.01g)。

负压筛析仪由负压筛（见图 4-4)、筛座（见图 4-5)、负压源及收尘器组成。

(3) 试验方法步骤

① 检查负压筛析仪系统，调节负压至 4000～6000 范围内，喷气嘴上口平面应与筛网之间保持 2～8mm 的距离。

② 称取试样精确至 0.01g（80μm 筛析试验称取试样 25g，40μm 筛析试验称取试样 10g)，置于洁净的负压筛中，盖上筛盖，将负压筛连同试样放在筛座上，开动筛析仪连续筛析 2min，在此期间如有试样附着在筛盖上，可轻轻敲击筛盖使试样落下。筛毕，用天平称量筛余物。

(4) 数据处理及结果评定

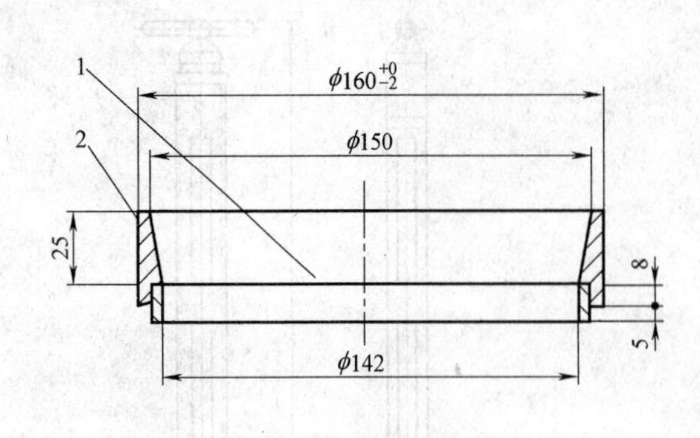

图 4-4 负压筛

1—筛网；2—筛框

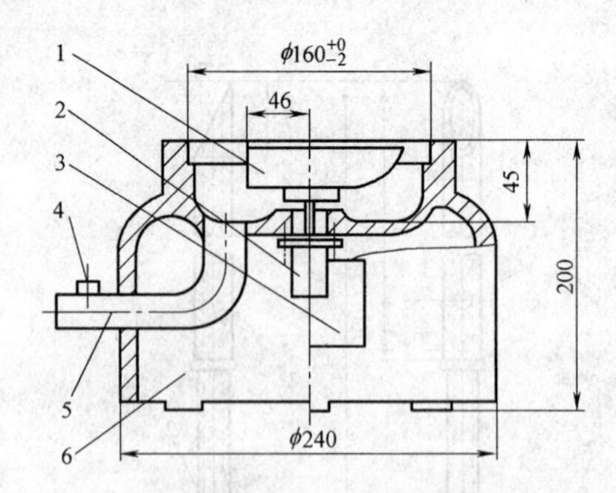

图 4-5 负压筛析仪筛座示意图

1—喷气嘴；2—筛微电机；3—控制板开口；4—负压表接口；5—负压源及收尘器接口；6—壳体

水泥试样筛余百分数按下式计算，结果计算至 0.1g。

$$F=\frac{R_t}{W}\times 100\% \tag{4-1}$$

式中 F——水泥试样筛余百分数；

R_t——水泥筛余物的质量，g；

W——水泥试样的质量，g。

结果计算精确至 0.1%。

计算结果满足表 4-4 中细度要求时，水泥细度合格。

4.4.3 标准稠度用水量测定（标准法）

（1）试验原理及方法

水泥净浆对标准试杆的沉入具有一定阻力。通过试验不同含水量水泥净浆的穿透性，确定水泥标准稠度净浆中所需加入的水量。

《水泥标准稠度用水量、凝结时间、安定性检验方法》（GB/T 1346—2001）规定，水泥标准稠度用水量的测定有标准法（试杆法）和代用法（试锥法），发生矛盾时以标准法为准。

（2）试验目的和标准

水泥的凝结时间、安定性均受水泥浆稀稠的影响，为了使不同水泥具有可比性，水泥必须有一个标准稠度，通过此项试验测定水泥浆达到标准稠度时的用水量，作为凝结时间和安定性试验用水量的标准。

GB/T 1346—2001 规定，以试杆沉入净浆并距底板 6mm±1mm 时水泥净浆为标准稠度净浆，其拌和水量为该水泥的标准稠度用水量（P）。

（3）主要仪器设备

常用仪器设备有：水泥净浆搅拌机，标准法维卡仪（图 4-6），标准养护箱，水泥净浆试模，天平，量水器（最小刻度为 0.1mL，精度 1%）等。

（4）试验步骤及注意事项

试验步骤如下：

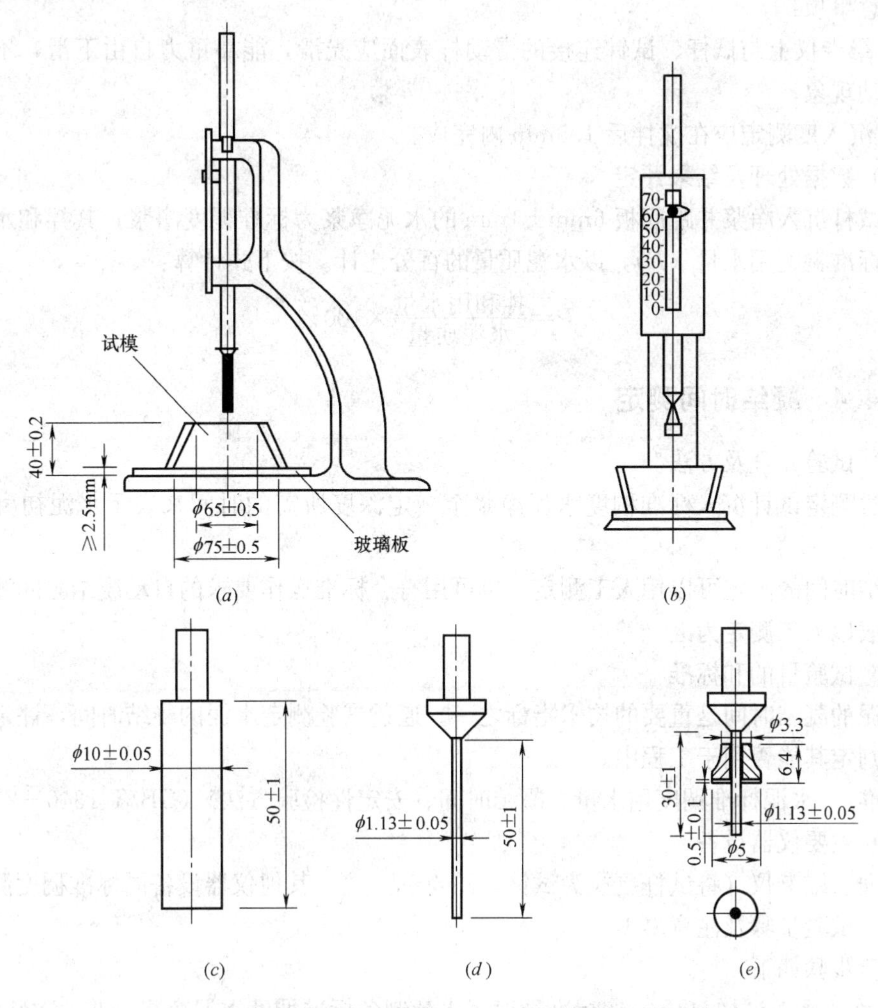

图 4-6 测定水泥标准稠度用水量和凝结时间用维卡仪

(*a*) 初凝时间测定用立式试模的侧视图；(*b*) 终凝时间测定用反转试模前视图；
(*c*) 标准稠度用试杆；(*d*) 初凝用试针；(*e*) 终凝用试针

① 首先将维卡仪调整至试杆接触玻璃板时指针对准零点；

② 称取水泥试样 500g，拌和水量按经验找水；

③ 用湿布将搅拌锅和搅拌叶片擦过后，将拌和水倒入搅拌锅内，然后在 5～10s 内小心将称好的 500g 水泥加入水中，防止水和水泥溅出；

④ 拌和时，先将锅放到搅拌机的锅座上，升至搅拌位置。启动搅拌机进行搅拌，低速搅拌 120s，停拌 15s，同时将叶片和锅壁上的水泥浆刮入锅内，接着高速搅拌 120s 后停机；

⑤ 拌和结束后，立即将拌制好的水泥净浆装入已置于玻璃底板上的试模内，用小刀插捣，轻轻振动数次，使气泡排出，刮去多余的净浆，抹平后迅速将试模和底板移至维卡仪上，并将其中心定在试杆下。降低试杆直至与水泥净浆表面接触，拧紧螺丝 1～2s 后突然放松，使试杆垂直自由地沉入水泥净浆中，在试杆停止沉入或释放试杆 30s 时记录试杆距底板之间的距离。

注意事项：

① 维卡仪上与试杆、试针连接的滑动杆表面应光滑，能靠重力自由下滑，不得有紧涩和摇动现象；

② 沉入度测定应在搅拌后 1.5min 内完成。

(5) 数据处理及结果评定

以试杆沉入净浆并距底板 6mm±1mm 的水泥净浆为标准稠度净浆，其拌和水量为该水泥的标准稠度用水量（P），以水泥质量的百分比计。按下式计算：

$$P=\frac{\text{拌和用水量}}{\text{水泥质量}}\times 100\% \quad (4\text{-}2)$$

4.4.4 凝结时间测定

(1) 试验原理及方法

通过测定试针沉入标准稠度水泥净浆至一定深度所需的时间来表示水泥初凝和终凝时间。

凝结时间的测定可以用人工测定，也可用符合标准操作要求的自动凝结时间测定仪测定，一般以人工测定为准。

(2) 试验目的和标准

水泥的凝结时间是重要的技术指标之一。通过试验测定水泥的凝结时间，评定水泥的质量，判定其能否用于工程中。

标准：《水泥标准稠度用水量、凝结时间、安定性检验方法》(GB/T 1346—2001)。

(3) 主要仪器设备

标准法维卡仪（将试杆更换为试针，图 4-6*d*、*e*），其他仪器设备同标准稠度测定。

(4) 试验步骤及注意事项

试验步骤如下：

① 称取水泥试样 500g，按标准稠度用水量制备标准稠度水泥净浆，并一次装满试模，振动数次刮平，立即放入湿气养护箱中。记录水泥全部加入水中的时间作为凝结时间的起始时间；

② 初凝时间的测定。首先调整凝结时间测定仪，使其试针接触玻璃板时的指针为零。试模在湿气养护箱中养护至加水后 30min 时进行第一次测定：将试模放在试针下，调整试针与水泥净浆表面接触，拧紧螺丝，然后突然放松，试针垂直自由地沉入水泥净浆。观察试针停止下沉或释放试杆 30s 时指针的读数。临近初凝时，每隔 5min 测定一次，当试针沉至距底板（4±1）mm 时为水泥达到初凝状态；

③ 终凝时间的测定。为了准确观察试针沉入的状况，在试针上安装一个环形附件。在完成水泥初凝时间测定后，立即将试模连同浆体以平移的方式从玻璃板取下，翻转180°，直径大端向上，小端向下放在玻璃板上，再放入湿气养护箱中继续养护，临近终凝时间时每隔 15min 测定一次，当试针沉入水泥净浆只有 0.5mm 时，即环形附件开始不能在水泥浆上留下痕迹时，为水泥达到终凝状态；

④ 达到初凝或终凝时应立即重复一次，当两次结论相同时才能定为到达初凝或终凝状态。每次测定不能让试针落入原针孔。每次测定后，须将试模放回湿气养护箱内，并将

试针擦净，而且要防止试模受振。

注意事项：

① 测试前调整试件接触玻璃板时，指针对准零点；

② 整个测试过程中试针以自由下落为准，且沉入位置至少距试模内壁 10mm；

③ 每次测试不能让试针落入原孔，每次测完须将试针擦净，并将试模放回湿气养护箱，整个测试过程防止试模受振；

④ 临近初凝，每隔 5min 测定一次；临近终凝，每隔 15min 测定一次。达到初凝或终凝时应立即重复测一次，当两次结论相同时，才能定为达到初凝状态或终凝状态。

(5) 测试结果及评定

① 由水泥全部加入水中至初凝状态的时间为水泥的初凝时间，用“min”表示；

② 由水泥全部加入水中至终凝状态的时间为水泥的终凝时间，用“min”表示。

若初凝时间或终凝时间未达到标准要求，则判定为不合格品。

4.4.5 安定性测定

(1) 试验原理及方法

水泥安定性的测定方法有标准法（雷氏法）和代用法（饼法）两种，有争议时以标准法为准。

标准法（雷氏法）是测定水泥净浆在雷氏夹中沸煮后的膨胀值来检验水泥的体积安定性。

代用法（饼法）是以观察水泥净浆试饼沸煮后的外形变化来检验水泥的体积安定性。

(2) 试验目的和标准

体积安定性是水泥的重要技术指标之一。通过测定沸煮后标准稠度水泥净浆试样的体积和外形的变化程度，评定体积安定性是否合格，判定其能否用于工程中。

标准：《水泥标准稠度用水量、凝结时间、安定性检验方法》(GB/T 1346—2001)。

(3) 主要仪器设备

雷式夹（由铜质材料制成，其结构见图 4-7。当用 300g 砝码校正时，两根针的针尖距离增加应在 17.5mm±2.5mm 范围内，见图 4-8）；雷式夹膨胀测定仪（其标尺最小刻度为 0.5mm，如图 4-9 所示）；沸煮箱（能在 30min±5min 内将箱内的试验用水由室温升至沸腾状态并保持 3h 以上，整个过程不需要补充水量）；水泥净浆搅拌机、天平、湿气养护箱、小刀等。

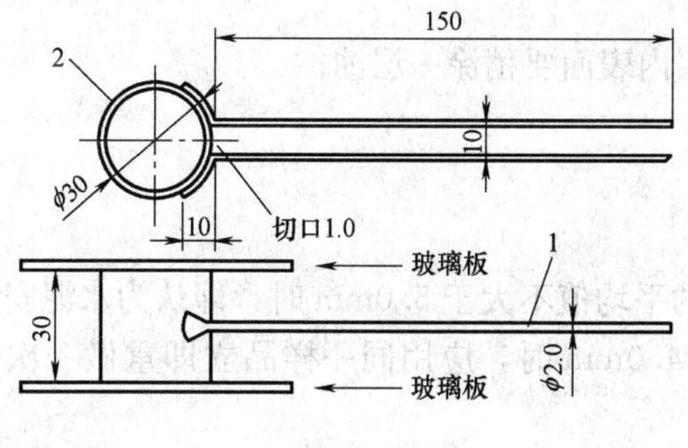

图 4-7 雷式夹示意图

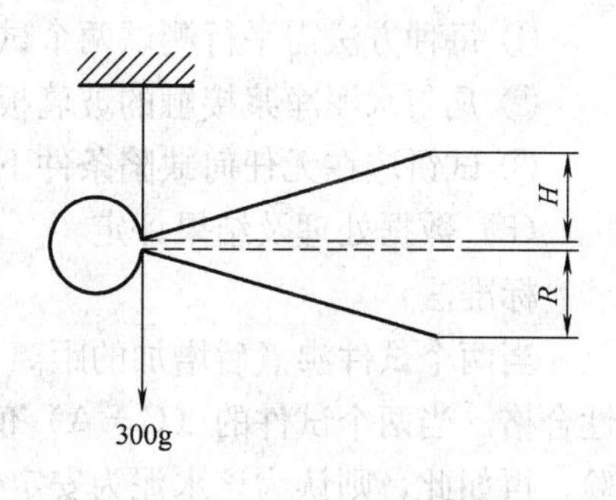

图 4-8 雷式夹校正图

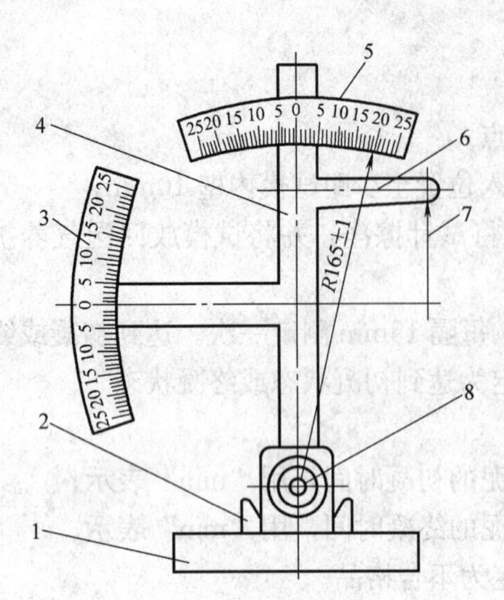

图 4-9　雷式夹膨胀测定仪示意图

1—底座；2—模子座；3—测弹性标尺；4—立柱；5—测膨胀值标尺；6—悬臂；7—悬丝；8—弹簧顶钮

(4) 试验步骤及注意事项

标准法（雷氏法）试验步骤：

① 测定前准备工作：每个试样需成型两个试件，每个雷式夹需配备两块质量为 75～85g 的玻璃板，一垫一盖，并先在与水泥接触的玻璃板和雷式夹表面涂一层机油；

② 将制备好的标准稠度水泥净浆立即一次装满雷式夹，用小刀插捣数次，抹平，并盖上涂油的玻璃板，然后将试件移至湿气养护箱内养护（24±2）h；

③ 调整好沸煮箱内水位与水温，使水能保证在整个沸煮过程中都超过试件，不需中途加水，又能保证在（30±5）min 之内升至沸腾；

④ 脱去玻璃板取下试件，先测量雷式夹指针尖的距离（A），精确至 0.5mm。然后将试件放入沸煮箱水中的试件架上，指针朝上，试件间互不交叉。接通电源，在（30±5）min 之内升至沸腾，并保持（180±5）min；

⑤ 沸煮结束后，立即放掉沸煮箱中的热水，冷却至室温，取出试件，用雷式夹膨胀测定仪测量试件雷式夹指针尖端的距离（C），精确至 0.5mm。

代用法（饼法）试验步骤：

① 将制好的标准稠度的水泥净浆取出约 150g，分成两等份，使之呈球形，放在已涂油的玻璃板上，用手轻轻振动玻璃并用湿布擦过的小刀由边缘向中央抹动，做成直径70～80mm、中心厚约 10mm、边缘渐薄、表面光滑的两个试饼，放入养护箱内养护(24±2)h；

② 脱去玻璃板，取下试饼并编号，先检查试饼，在无缺陷的情况下将试饼放在沸煮箱水中的篦板上，在（30±5）min 内加热至沸并恒沸（180±5）min；

用试饼法时应注意先检查试饼是否完整。如果试饼已开裂、翘曲，要检查原因，确认无外因时，该试饼已属不合格，不必沸煮；

③ 沸煮结束后放掉热水，打开箱盖，待箱体冷却至室温，取出试件进行判别。

注意事项：

① 每种方法需平行测试两个试件；

② 凡与水泥净浆接触的玻璃板和雷氏夹层内表面要稍涂一层油；

③ 试饼应在无任何缺陷条件下方可沸煮。

(5) 数据处理及结果评定

标准法：

当两个试件沸煮后增加的距离（C－A）的平均值不大于 5.0mm 时，即认为水泥安定性合格。当两个试件的（C－A）值相差超过 4.0mm 时，应用同一样品立即重做一次试验。再如此，则认为该水泥为安定性不合格。

代用法：

目测试饼未发现裂缝，用钢直尺检查也没有弯曲（用钢直尺和试饼底部紧靠，以两者间不透光为不弯曲）的试饼为安定性合格，反之为不合格。当两个试饼判别结果有矛盾时，该水泥的安定性为不合格。

4.4.6 胶砂强度检测（ISO法）

（1）试验原理及方法

通过测定以规定配合比制成的标准尺寸胶砂试件的抗压破坏荷载、抗折破坏荷载，确定水泥的抗压强度、抗折强度。

水泥强度检验采用ISO法（国际标准）。

（2）试验目的和标准

通过检测规定龄期的水泥胶砂强度，确定水泥的强度等级或评定其强度是否符合《通用硅酸盐水泥》（GB 175—2007）要求。

标准：《水泥胶砂强度检验方法》（GB/T 17671—1999）。

（3）主要仪器设备

行星式胶砂搅拌机（搅拌叶片和搅拌锅相反方向转动的搅拌设备，见图4-10）；水泥试模（可装拆的三联试模，试模内腔尺寸为40mm×40mm×160mm，见图4-11）；壁高20mm的金属模套；胶砂振实台；抗折强度试验机，见图4-12；抗压强度试验机；抗压夹具；两个播料器、金属刮平直尺、标准养护箱等。

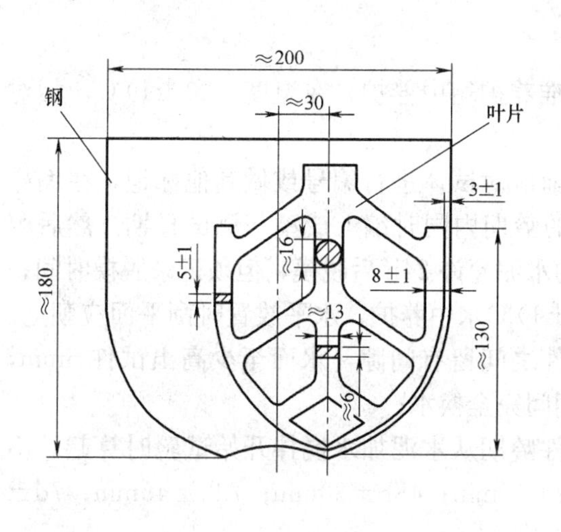

图4-10 胶砂搅拌机示意图

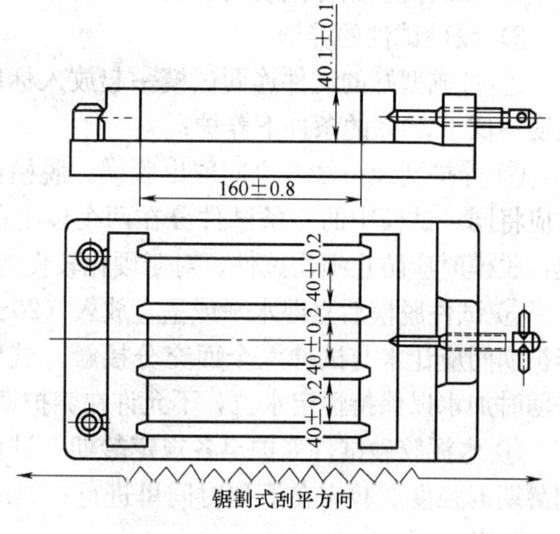

图4-11 水泥试模

（4）试验步骤及注意事项

1）胶砂试件的制备

① 试件成型前将试模擦净，在四周的模板与底座的接触面上涂黄油，紧密装配，防止漏浆；试模内壁均匀刷一薄层机油，并将空试模和套模固定在振实台上；

② 水泥与ISO标准砂的质量比为1∶3，水灰比为0.50。一锅胶砂成型三条试体，每锅胶砂的材料用量为：水泥（450±2）g，ISO标准砂（1350±5）g，水（225±1）g。配料中规定称量用天平精度为±1g，量水器精度±1mL；

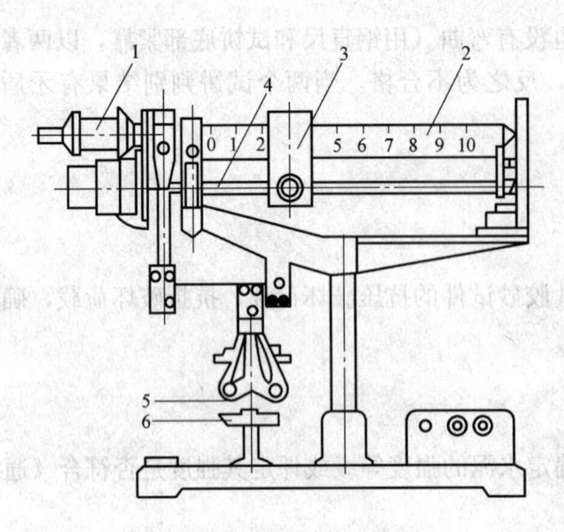

图 4-12 抗折强度试验机

1—平衡砣；2—大杠杆；3—游动砝码；4—传动丝杠；5—抗折夹具；6—手轮

③ 胶砂搅拌时先把水加入锅里，再加入水泥，把锅放在固定架上，上升至固定位置，立即开动机器，低速搅拌 30s，在第二个 30s 开始加砂，30s 内加完，高速搅拌 30s，停拌 90s，从停拌开始 15s 内用一胶皮刮具将叶片和锅壁上的胶砂刮入锅内，再高速搅拌 60s。各个搅拌阶段，时间误差应在±1s 以内；

④ 用勺子将搅拌锅内的水泥胶砂分两次装模。装第一层时，每个模槽里约放 300g 胶砂，用大播料器垂直架在模套顶部沿每一个模槽来回一次将料层刮平，接着振动 60 次，再装入第二层胶砂，用小播料器刮平，再振动 60 次；

⑤ 移走套模，从振实台上取下试模，用一金属直尺近似 90°的角度架在试模模顶的一端，然后沿试模长度方向以横向锯割动作慢慢向另一端移动，一次将超过试模部分的胶砂刮去，并用同一直尺以近似水平的情况下将试体表面抹平；

⑥ 在试模上做标记或用字条标明试件编号。

2）胶砂试件的养护

① 将成型好的试件连同试模一起放入标准养护箱中养护，在温度（20±1）℃，相对湿度不低于 90％的条件下养护；

② 养护到 20～24h 之间取出脱模。脱模前应对试体进行编号或做其他标记，在编号时应将同一试模中的三条试件分在两个以上的龄期内同时编上成型与测试日期。然后脱模，脱模时应防止损伤试件。对于硬化较慢的水泥允许 24h 后脱模，但须记录脱模时间；

③ 试件脱模后立即水平或垂直放入（20±1）℃水中养护，水平放置时刮平面应朝上。养护期间应让水与试件六个面充分接触，试件之间留有间隙，水面至少高出试件 5mm，并随时加水以保持恒定水位，不允许在养护期间完全换水；

④ 水泥胶砂试件养护至各规定龄期。试件龄期从水泥加水搅拌开始试验时算起。不同龄期的强度试验应在下列时间里进行：24h±15min；48h±30min；72h±45min；7d±2h；≥28d±8h。

3）水泥强度测试

各龄期的试件必须在规定的时间内进行强度测试。试件从水中取出后，揩去试件表面沉积物，并用湿布覆盖至试验为止。先用抗折试验机以中心加荷法测定抗折强度，然后将折断的试件进行抗压试验测定抗压强度。

① 抗折强度的测定

每龄期取出 3 条试件先做抗折强度试验。试验前须擦去试件表面的附着水分和砂粒，清除夹具上圆柱表面粘着的杂物。试件放入夹具前，应使杠杆成平衡状态。试件放入夹具内，应使试件侧面与试验机支撑圆柱接触，试件长轴垂直于支撑圆柱，见图 4-13。启动

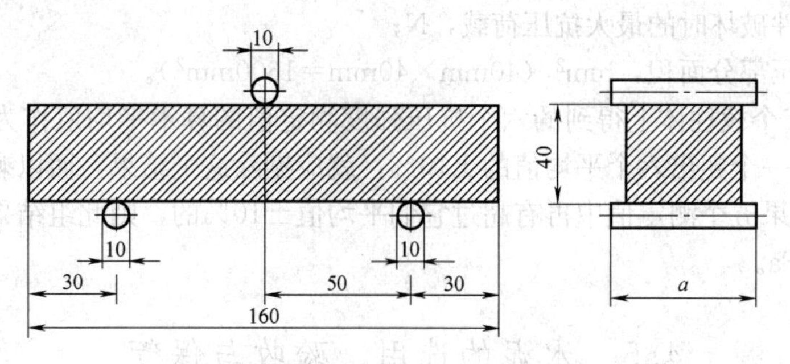

图 4-13 抗折强度测定示意图

试验机，以（50±10）N/s 的速度均匀地加荷直至试体断裂。记录最大抗折破坏荷载（N）。

② 抗压强度的测定

抗折强度试验后的六个断块试件保持潮湿状态，并立即进行抗压试验。将断块试件放入抗压夹具内，并以试件的侧面作为受压面。试件的底面靠紧夹具定位销，并使夹具对准压力机压板中心。启动试验机，以（2.4±0.2)kN/s 的速度进行加荷，直至试件破坏。记录最大抗压破坏荷载（N）。

注意事项：

① 试模内壁应在成型前涂薄层隔离剂；

② 养护时不应将试模叠放；

③ 脱模时应小心操作，防止试件受损；

④ 强度检测时，应将收浆面作为侧面；

⑤ 根据《通用硅酸盐水泥》(GB 175—2007)，火山灰质硅酸盐水泥、粉煤灰硅酸盐水泥、复合硅酸盐水泥和掺火山灰质混合材料的普通硅酸盐水泥在进行胶砂强度检验时，其用水量按 0.50 水灰比和胶砂流动度不小于 180mm 来确定。当流动度小于 180mm 时，须以 0.01 的整倍数递增的方法将水灰比调整至胶砂流动度不小于 180mm。胶砂流动度的试验按 GB/T 2419 进行。

(5) 数据处理及结果评定

1) 抗折强度

① 每个试件的抗折强度 $f_{ce,m}$ 按下式计算（精确至 0.1MPa)：

$$f_{ce,m}=\frac{3FL}{2b^3}=0.00234F \quad (4\text{-}3)$$

式中 F——折断时施加于棱柱体中部的荷载，N；

L——支撑圆柱体之间的距离，mm。L=100mm；

b——棱柱体截面正方形的边长，mm。b=40mm。

② 以一组三个试件抗折结果的平均值作为试验结果。当三个强度值中有超出平均值±10%时，应剔除后再取平均值作为抗折强度试验结果。试验结果精确至 0.1MPa。

2) 抗压强度

① 每个试件的抗压强度 $f_{ce,c}$ 按下式计算（MPa，精确至 0.1MPa)：

$$f_{ce,c}=\frac{F}{A}=0.000625F \quad (4\text{-}4)$$

式中　F——试件破坏时的最大抗压荷载，N；

　　A——受压部分面积，mm^2（$40mm \times 40mm = 1600mm^2$）。

② 以一组三个棱柱体上得到的六个抗压强度测定值的算术平均值作为试验结果。如六个测定值中有一个超出六个平均值的±10%，就应剔除这个结果，而以剩下五个的平均值作为结果。如果五个测定值中再有超过它们平均值±10%的，则此组结果作废。试验结果精确至 0.1MPa。

4.5　水泥的选用、验收与保管

水泥作为建筑材料中最重要的材料之一，在工程建设中发挥着巨大的作用，水泥质量对建筑工程的安全有十分重要的意义。建筑市场水泥品种繁多、价格各异；同时，水泥有效期短，质量极易变化。因此，正确选择、合理使用水泥，严格质量验收并妥善保管就显得尤为重要，它是确保工程质量的重要措施。

4.5.1　水泥的选用

水泥的选用包括水泥品种的选择和强度等级的选择，本章重点考虑水泥品种的选择。

水泥品种的选择，应当根据工程性质与特点、工程所处环境及施工条件，依据各种水泥的特性，合理选择。常用水泥品种的选用见表 4-11。

常用水泥选用参考表　　表 4-11

混凝土工程特点或所处的环境条件		优先选用	可以使用	不宜使用
环境条件	1. 在一般气候环境中的混凝土	普通水泥	矿渣水泥、火山灰水泥、粉煤灰水泥、复合水泥	
环境条件	2. 在干燥环境中的混凝土	普通水泥	矿渣水泥	粉煤灰水泥、火山灰水泥
环境条件	3. 在高湿环境中或长期处在水中的混凝土	矿渣水泥	普通水泥、火山灰水泥、粉煤灰水泥	
环境条件	4. 严寒地区的露天混凝土、寒冷地区处在水位升降范围内的混凝土	普通水泥	矿渣水泥	火山灰水泥、粉煤灰水泥
环境条件	5. 严寒地区处在水位升降范围内的混凝土	硅酸盐水泥	普通水泥	火山灰水泥、矿渣水泥、粉煤灰水泥、复合水泥
环境条件	6. 受侵蚀性环境水或侵蚀性气体作用的混凝土	根据侵蚀性介质的种类、浓度等具体条件，按专门（或设计）规定选用		
工程特点	1. 要求快硬的混凝土	快硬硅酸盐水泥 硅酸盐水泥	普通水泥	矿渣水泥、火山灰水泥、粉煤灰水泥
工程特点	2. 厚大体积的混凝土	粉煤灰水泥、矿渣水泥、复合水泥	普通水泥、火山灰水泥	硅酸盐水泥、快硬硅酸盐水泥
工程特点	3. 高强混凝土	硅酸盐水泥	普通水泥 矿渣水泥	火山灰水泥、粉煤灰水泥
工程特点	4. 有抗渗性要求的混凝土	普通水泥、火山灰水泥		矿渣硅酸盐水泥
工程特点	5. 有耐磨性要求的混凝土	硅酸盐水泥、普通水泥	矿渣水泥	火山灰水泥 粉煤灰水泥

注：蒸汽养护时用的水泥品种，宜根据具体条件，通过试验确定。

4.5.2 水泥验收检验的基本内容

(1) 核对包装及标志是否相符

水泥的包装及标志，必须符合标准规定。通用水泥一般为袋装，也可以散装。袋装水泥规定每袋净含量为50kg，且不应少于标志质量的99%；随机抽取20袋总质量（含包装袋）不得少于1000kg。

水泥包装袋上应清楚标明：执行标准、水泥品种、代号、强度等级、生产者名称、生产许可证标志（QS）及编号、出厂编号、包装日期、净含量。包装袋两侧应根据水泥的品种采用不同的颜色印刷水泥名称和强度等级，硅酸盐水泥和普通硅酸盐水泥采用红色，矿渣硅酸盐水泥采用绿色：火山灰质硅酸盐水泥、粉煤灰硅酸盐水泥和复合硅酸盐水泥采用黑色或蓝色。

散装供应的水泥，应提交与袋装标志相同内容的卡片。通过对水泥包装和标志的核对，不仅可以发现包装的完好程度，盘点和检验数量是否给足，还能核对所购水泥与到货的产品是否完全一致，及时发现和纠正可能出现的产品混杂现象。

(2) 检查出厂合格证和出厂检验报告

水泥出厂前，由水泥厂按批号进行出厂检验，填写试验报告。试验报告应包括标准规定的各项技术要求及试验结果，助磨剂、工业副产品石膏、混合材料名称和掺加量，属旋窑或立窑生产。当用户需要时，水泥厂应在水泥发出日起7d内，寄发除28d强度以外的各项试验结果。28d强度数值，应在水泥发出日起32d内补报。

施工部门购进的水泥，必须取得同一编号水泥的出厂检验报告，并认真校核。要校对试验报告的编号与实收水泥的编号是否一致，试验项目是否遗漏，试验测值是否达标。

水泥出厂检验的试验报告，不仅是验收水泥的技术保证依据，也是施工单位长期保留的技术资料，直至工程验收时作为用料的技术凭证。

(3) 交货验收检验

交货时水泥的质量验收可抽取实物试样以其检验结果为依据，也可以生产者同编号水泥的检验报告为依据。采取何种方法验收由买卖双方商定，并在合同或协议中注明。卖方有告知买方验收方法的责任。当无书面合同或协议，或未在合同、协议中注明验收方法的，卖方应在发货票上注明“以本厂同编号水泥的检验报告为验收依据”字样。

以抽取实物试样的检验结果为验收依据时，买卖双方应在发货前或交货地共同取样和签封。取样方法按GB 12573进行，取样数量为20kg，缩分为二等份。一份由卖方保存40d，一份由买方按本标准规定的项目和方法进行检验。在40d以内，买方检验认为产品质量不符合本标准要求，而卖方又有异议时，则双方应将卖方保存的另一份试样送省级或省级以上国家认可的水泥质量监督检验机构进行仲裁检验。水泥安定性仲裁检验时，应在取样之日起10d以内完成。

以生产者同编号水泥的检验报告为验收依据时，在发货前或交货时买方在同编号水泥中取样，双方共同签封后由卖方保存90d，或认可卖方自行取样、签封并保存90d的同编号水泥的封存样。在90d内，买方对水泥质量有疑问时，则买卖双方应将共同认可的试样送省级或省级以上国家认可的水泥质量监督检验机构进行仲裁检验。

(4) 水泥的复检

按照《混凝土结构工程施工质量验收规范》(GB 50204—2002) 以及工程质量管理的有关规定，用于承重结构的水泥，用于使用部位有强度等级要求的混凝土用水泥，或水泥出厂超过三个月（快硬硅酸盐水泥为超过一个月）和进口水泥，在使用前必须进行复验，并提供试验报告。水泥的抽样复验应符合见证取样送检的有关规定。

水泥复检的项目，在水泥标准中作了规定，包括不溶物、烧失量、氧化镁、三氧化硫、氯离子、凝结时间、安定性、强度等项目。水泥生产厂家在水泥出厂时已经提供了标准规定的有关技术要求的试验结果，通常复检项目只检测水泥的安定性、凝结时间和胶砂强度三个项目。

(5) 结论

不溶物、烧失量、氧化镁、三氧化硫、氯离子、凝结时间、安定性、强度检验结果均符合标准的为合格品；以上指标中任何一项技术要求不符合标准者为不合格品。

4.5.3 水泥运输、保管中应注意的问题

水泥为吸湿性强的粉状材料，遇水后即发生水化反应。在运输过程中，要采取防雨、雪措施，在保管中要严防受潮。保管时需注意以下几个方面：

(1) 避免不同品种和强度等级的水泥混杂。不同品种和不同强度等级的水泥要分别存放，并应用标牌加以明确标示。

(2) 防水防潮，做到“上盖下垫”。水泥临时库房应设置在通风、干燥、屋面不渗漏、地面排水通畅的地方。袋装水泥平放时，离地、离墙 200mm 以上堆放。

(3) 堆垛不宜过高。一般不超过 10 袋，场地狭窄时最多不超过 15 袋。

(4) 贮存期不能过长。通用水泥贮存期不超过三个月。过期水泥应按规定进行取样复验，并按复验结果使用，但不允许用于重要工程和工程的重要部位。

技能训练题

一、选择题（有一个或多个正确答案）

1. 水泥熟料中水化速度最快、28 天水化热最大的是（　　）。

A. C_3S　　B. C_2S　　C. C_3A　　D. C_4AF

2. 以下水泥熟料矿物中早期强度及后期强度都比较高的是（　　）。

A. C_3S　　B. C_2S　　C. C_3A　　D. C_4AF

3. 硅酸盐水泥熟料中干燥收缩最小、耐磨性最好的是（　　）。

A. 硅酸三钙　　B. 硅酸二钙　　C. 铝酸三钙　　D. 铁铝酸四钙

4. 生产水泥时加入适量的石膏是为了（　　）。

A. 提高水泥的强度　　B. 增加水泥的产量

C. 加快水泥的凝结硬化　　D. 延缓水泥的凝结硬化

5. 高铝水泥的 3 天强度（　）同强度等级的硅酸盐水泥。

A. 低于　　B. 等于　　C. 高于

6. 粉煤灰水泥抗腐蚀性能优于硅酸盐水泥是因其水泥石中（　　）。

A. $Ca(OH)_2$ 含量较高，结构较致密

B. Ca（OH)$_2$ 含量较低，结构较致密

C. Ca（OH)$_2$ 含量较高，结构不致密

7. 通用水泥的储存时间不宜过长，一般不超过（　　）。

A. 一年　　B. 半年　　C. 三个月　　D. 一个月

8. 标准稠度需水量最少的水泥是（　　）。

A. 普通水泥　　B. 硅酸盐水泥　　C. 火山灰水泥　　D. 复合水泥

9. 掺混合材料硅酸盐水泥具有（　　）的特点。

A. 早期强度高　　B. 凝结硬化快　　C. 抗冻性好　　D. 水化热低

10. 水泥胶砂试件的标准尺寸是（　　）mm。

A. 50×50×50　　B. 240×115×53　　C. 150×150×150　　D. 40×40×160

二、填空题

1. 水泥浆越稀，水灰比__________，凝结硬化和强度发展__________，且硬化后的水泥石中毛细孔含量越多，强度__________。

2. 凝结时间可分为__________和__________；初凝时间是指__________到水泥__________所经历的时间；终凝时间是指__________到水泥浆__________所经历的时间。

3. 为了测定水泥的凝结时间及体积的安定性等性能，应该使水泥净浆在一个规定的稠度下进行，这个规定稠度称为__________，达到该稠度时的用水量称为__________。

4. 硅酸盐水泥中常用的活性混合材料是__________、__________、__________。

5. 在水泥中掺入非活性混合材料的目的是调节__________、增加__________、降低__________。

三、是非判断题

1. 硅酸盐水泥中 C_2S 早期强度低，后期强度高，而 C_3S 正好相反。（　　）

2. 按规定硅酸盐水泥的初凝时间不早于 45min。（　　）

3. 水化热可以加速水泥的凝结硬化过程。（　　）

4. 测定水泥的终凝时间和体积安定性时都必须采用标准稠度的浆体。（　　）

5. 对于不同品种的水泥，其标准稠度用水量基本相同。（　　）

四、简答题

1. 硅酸盐水泥熟料有哪些矿物组成？它们在水化中各表现什么特性？

2. 水泥的凝结时间对建筑施工有何影响？

3. 某住宅工程工期较短，现有强度等级同为 42.5 硅酸盐水泥和矿渣水泥可选用。从有利于完成工期的角度来看，选用哪种水泥更为有利？

4. 矿渣水泥、粉煤灰水泥、火山灰水泥与硅酸盐水泥和普通水泥相比，三种水泥的共同特性是什么？

5. 现有甲、乙两厂生产的硅酸盐水泥熟料，其矿物成分如下表所示。试估计和比较两厂所产的硅酸盐水泥在强度增长特点和水化放热等性质方面有何差别并简述其理由。

生产厂家	熟料矿物成分(%)			
	C_3S	C_2S	C_3A	C_4AF
甲厂	54	16	14	16
乙厂	41	37	7	15

6. 高铝水泥制品为何不宜蒸养?

7. 过期受潮的水泥如何处理?

8. 在下列情况中的混凝土应分别选用哪些水泥?

(1) 紧急抢修的工程　　(2) 大体积混凝土坝和大型设备基础

(3) 高炉基础　　(4) 现浇混凝土构件

(5) 高强混凝土　　(6) 耐热混凝土

(7) 混凝土路面　　(8) 海港工程

(9) 蒸汽养护的预制构件　　(10) 有抗渗要求的混凝土

(11) 修补建筑物裂缝　　(12) 经常与流动淡水接触的工程

9. 仓库内有三种白色胶凝材料，分别是生石灰粉、建筑石膏和白水泥，试用简易的方法加以辨别。

10. 防止水泥石腐蚀的措施有哪些?

11. 评定硅酸盐水泥、普通水泥、矿渣水泥及粉煤灰水泥的质量应进行哪些试验? 其质量标准如何?

12. 测定水泥标准稠度用水量的目的是什么?

13. 通用水泥的强度等级是根据什么确定的?

14. 水泥强度检验为什么要用标准砂和规定的水灰比? 试件为什么要在标准条件下养护?

15. 用沸煮法检验水泥的安定性，旨在检验水泥熟料中什么成分的危害?

五、计算题

1. 某普通硅酸盐水泥各龄期的抗折强度及抗压强度试验结果见下表，试评定其强度等级。

龄　期	抗折强度(MPa)	抗压强度(MPa)
3d	4.21,4.06,4.15	26.2,28.9,27.4,27.6,25.2,28.9
28d	7.32,7.55,8.60	51.2,55.6,50.3,61.1,60.3,58.7

2. 某粉煤灰硅酸盐水泥，储存期超过三个月。已测得 3d 强度达到 42.5 级的要求，现又测得其 28d 抗折、抗压破坏荷载如下表所示。试判定该水泥能否按原强度等级使用。

试件编号	1		2		3	
抗折破坏荷载(kN)	3.7		3.2		3.6	
抗压破坏荷载(kN)	72	80	76	69	77	73

5 建筑用砂、石

5.1 建筑用砂、石的质量标准

5.1.1 建筑用砂的质量标准

砂是指公称粒径小于 5.00mm 的岩石颗粒。砂分为天然砂和人工砂两类。天然砂是岩石自然风化后所形成的大小不等的颗粒，包括河砂、山砂及淡化海砂；人工砂包括机制砂和混合砂。

建筑用砂的质量要求主要有以下几个方面：

(1) 砂的粗细程度与颗粒级配

砂的粗细程度是指不同粒径的砂粒混合在一起的平均粗细程度。在砂用量相同的条件下，若砂子过细，则砂的总表面积就较大，需要包裹砂粒表面的水泥浆的数量多，水泥用量就多；若砂子过粗，虽能少用水泥，但混凝土拌合物粘聚性较差，容易发生分层离析现象。所以，用于混凝土的砂粗细应适中。

砂的颗粒级配是指大小不同粒径的砂粒相互之间的搭配情况。在混凝土中砂粒之间的空隙是由水泥浆所填充，为了节约水泥和提高混凝土强度，就应尽量减小砂粒之间的空隙。从图 5-2 可以看出：如果是相同粒径的砂，空隙就大（图 5-1*a*）；用两种不同粒径的砂搭配起来，空隙就减小了（5-1*b*）；用三种不同粒径的砂搭配，空隙就更小了（5-1*c*）。因此，要减小砂粒间的空隙，就必须用粒径不同的颗粒搭配。

综上所述，混凝土用砂应同时考虑砂的粗细程度和颗粒级配。当砂的颗粒较粗且级配良好时，砂的空隙率和总表面积均较小，这样不仅节约水泥，还可以提高混凝土的强度和密实性。

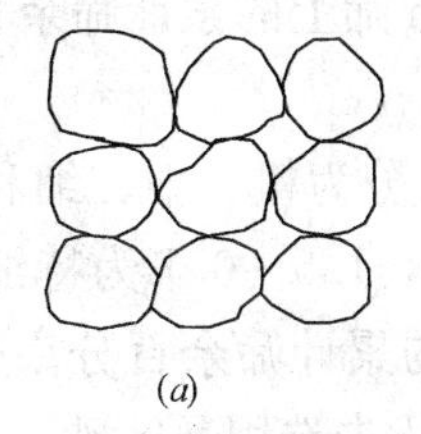
(*a*)

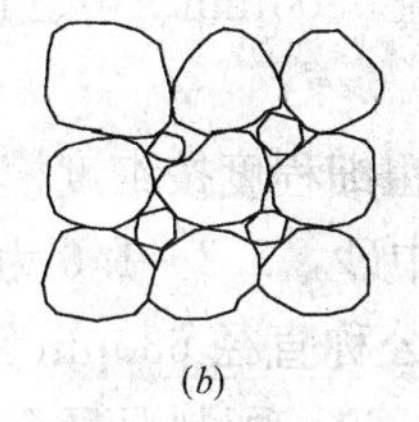
(*b*)

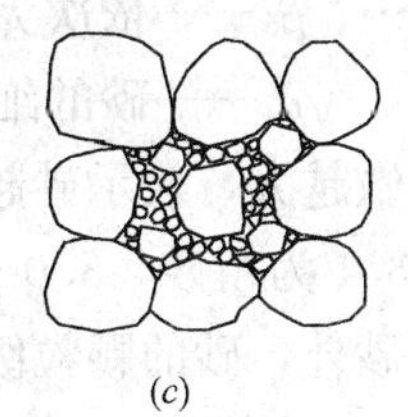
(*c*)

图 5-1　砂的颗粒级配

砂的粗细程度和颗粒级配常用筛分析的方法进行评定，砂筛应采用方孔筛，砂的公称粒径、砂筛筛孔的公称直径和方孔筛筛孔边长应符合表 5-1 的规定。

筛分析法是用一套公称直径分别为 5.00mm、2.50mm、1.25mm、630m、315μm、160μm 的标准方孔筛，筛的底盘和盖各一只；将 500g 干砂试样倒入按筛孔尺寸大小从上到下组合的套筛上进行筛分，分别称取各号筛上筛余量 m_1、m_2、m_3、m_4、m_5、m_6，并计算出各筛上的分计筛余 α_1、α_2、α_3、α_4、α_5、α_6（各筛上的筛余量除以试样总量的百分率）及累计筛余 β_1、β_2、β_3、β_4、β_5、β_6（该筛的分计筛余与筛孔大于该筛的各筛的分计筛余之和）。砂的筛余量、分计筛余、累计筛余的关系见表 5-2。根据累计筛余百分率可计算出砂的细度模数和划分砂的级配区，以评定砂子的粗细程度和颗粒级配。

砂的公称粒径、砂筛筛孔的公称直径和方孔筛筛孔边长尺寸（JGJ 52—2006）　表 5-1

砂的公称粒径	砂筛筛孔的公称直径	方孔筛筛孔边长
5.00mm	5.00mm	4.75mm
2.50mm	2.50mm	2.36mm
1.25mm	1.25mm	1.18mm
630μm	630μm	600μm
315μm	315μm	300μm
160μm	160μm	160μm
80μm	80μm	75μm

筛余量、分计筛余百分率、累计筛余百分率的关系　表 5-2

筛孔的公称直径（筛孔尺寸）	筛余量 m_i(g)	分计筛余 a_i(%)	累计筛余 β_i(%)
5.00mm	m_1	$\alpha_1=(m_1/500)\times100\%$	$\beta_1=\alpha_1$
2.50mm	m_2	$\alpha_2=(m_2/500)\times100\%$	$\beta_2=\alpha_1+\alpha_2$
1.25mm	m_3	$\alpha_3=(m_3/500)\times100\%$	$\beta_3=\alpha_1+\alpha_2+\alpha_3$
630μm	m_4	$\alpha_4=(m_4/500)\times100\%$	$\beta_4=\alpha_1+\alpha_2+\alpha_3+\alpha_4$
315μm	m_5	$\alpha_5=(m_5/500)\times100\%$	$\beta_5=\alpha_1+\alpha_2+\alpha_3+\alpha_4+\alpha_5$
160μm	m_6	$\alpha_6=(m_6/500)\times100\%$	$\beta_6=\alpha_1+\alpha_2+\alpha_3+\alpha_4+\alpha_5+\alpha_6$

砂的细度模数计算公式为：

$$\mu_f=\frac{(\beta_2+\beta_3+\beta_4+\beta_5+\beta_6)-5\beta_1}{100-\beta_1} \quad (5\text{-}1)$$

式中　β_1、…、β_6——依次为公称直径 5.00mm、…、160μm 筛上的累计筛余百分率；

μ_f——砂的细度模数。

细度模数越大，表示砂越粗。砂粗细程度按细度模数 μ_f 分为粗、中、细和特细四级。μ_f 在 3.7～3.1 为粗砂，3.0～2.3 为中砂，2.2～1.6 为细砂，1.5～0.7 为特细砂。

除特细砂外，砂的颗粒级配可按公称直径 630μm 筛孔的累计筛余百分率分成三个级配区，见表 5-3 和图 5-2（级配范围曲线）。配制混凝土时宜优先选用Ⅱ区砂。当采用Ⅰ区砂时，应提高砂率，并保证足够的水泥用量，满足混凝土的和易性；当采用Ⅲ区砂时，宜适当降低砂率。

（2）砂的含水状态

砂在实际使用时，一般是露天堆放的，受到环境温湿度的影响，往往处于不同的含水状态。在混凝土的配合比计算中，需要考虑骨料的含水状态对用水量和骨料用量的影响。

实际工程中，砂的含水状态有 4 种，如图 5-3 所示。

砂的颗粒级配区（JGJ 52—2006）　　表 5-3

累计筛余（%） 公称粒径	级配区		
	Ⅰ	Ⅱ	Ⅲ
5.00mm	10～0	10～0	10～0
2.50mm	35～5	25～0	15～0
1.25mm	65～35	50～10	25～0
630μm	85～71	70～41	40～16
315μm	95～80	92～70	85～55
160μm	100～90	100～90	100～90

注：砂的实际颗粒级配与表中累计筛余相比，除公称粒径为 5.00mm 和 630μm 的累计筛余外，其余公称粒径的累计筛余可以略有超出，但超出总量不应大于 5%。

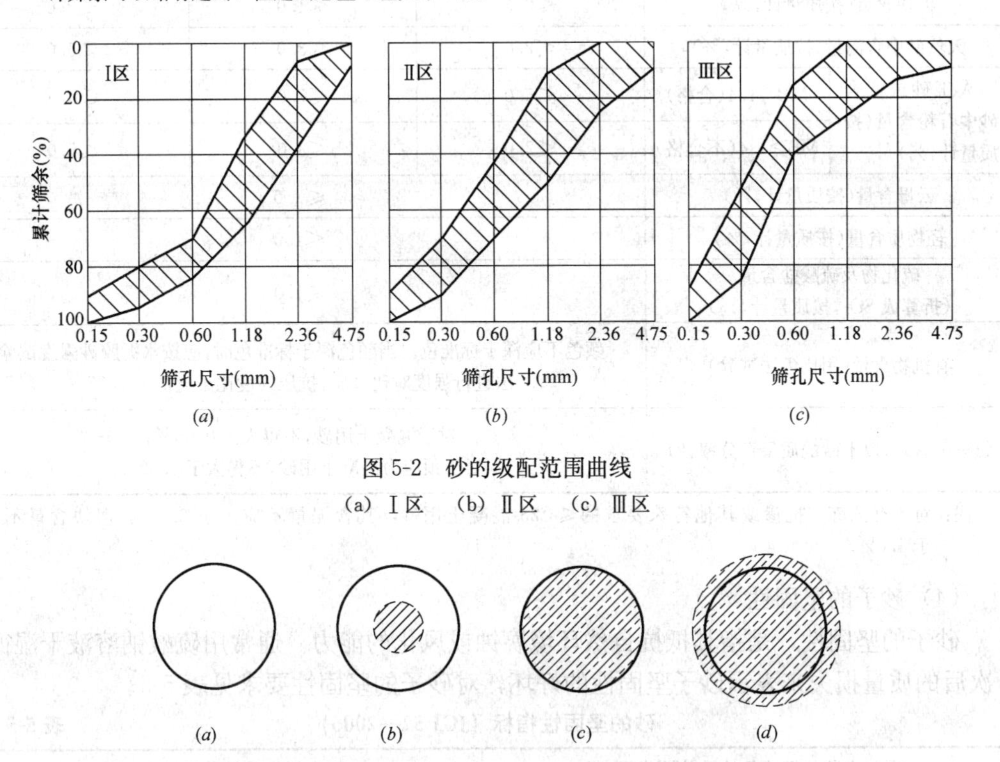

图 5-2　砂的级配范围曲线

(a) Ⅰ区　(b) Ⅱ区　(c) Ⅲ区

图 5-3　砂含水状态的示意图（阴影为含水部分）

(a) 绝干状态；(b) 气干状态；(c) 饱和面干状态；(d) 湿润状态

1）绝干状态（烘干状态）：砂粒内外不含任何水，通常在（105±5）℃条件下烘干而得。混凝土配合比设计时计算砂用量的基准为干燥状态。

2）气干状态：砂粒表面干燥，内部孔隙中部分含水。指与室内或室外（天晴）空气平衡的含水状态，其含水量的大小与空气相对湿度和温度密切相关。

3）饱和面干状态：砂粒内部孔隙含水达到饱和状态，而表面的开口孔隙及面层却处于无水状态。拌合混凝土的砂处于这种状态时，与周围水的交换最少，对混凝土配合比中水的用量最小。水利工程上通常采用饱和面干状态计量砂的用量。

4）湿润状态：砂粒内部吸水饱和，其表面还被一层水膜覆盖，颗粒间被水充盈。施工现场，特别是雨后常出现此种状况。

（3）有害物质含量

用来配制混凝土的砂要求清洁不含杂质，以保证混凝土的质量。但实际上砂中常含有云母、硫酸盐、黏土、淤泥等有害杂质，这些杂质粘附在砂的表面，妨碍水泥与砂的粘结，降低混凝土的强度，同时还增加混凝土的用水量，从而加大混凝土的收缩，降低混凝土的耐久性。一些硫酸盐、硫化物，还对水泥石有腐蚀作用。氯化物容易加剧钢筋混凝土中钢筋的锈蚀，也应进行限制。《普通混凝土用砂、石质量及检验方法标准》（JGJ 52—2006）对砂中有害物质含量做了具体规定，见表 5-4。

砂中有害物质含量（JGJ 52—2006）　　表 5-4

混凝土强度等级		≥C60	C55～C30	≤C25
泥块含量(按质量计,%)		≤0.5	≤1.0	≤2.0
天然砂中含泥量(按质量计,%)		≤2.0	≤3.0	≤5.0
人工砂或混合砂中石粉含量(按质量计,%)	MB<1.4(合格)	≤5.0	≤7.0	≤10.0
	MB≥1.4(不合格)	≤2.0	≤3.0	≤5.0
云母含量(按质量计,%)		≤2.0		
轻物质含量(按质量计,%)		≤1.0		
硫化物及硫酸盐含量(折算成 SO_3,按质量计,%)		≤1.0		
有机物含量(用比色法试验)		颜色不应深于标准色。当颜色深于标准色时,应按水泥胶砂强度试验方法进行强度对比试验,抗压强度比不应低于 0.95		
氯离子含量(以干砂的质量百分率计)		对于混凝土用砂,不得大于 0.06%;对于预应力混凝土用砂,不得大于 0.02%		

注：对于有抗冻、抗渗或其他特殊要求的≤C25 混凝土用砂，其含泥量不应大于 3.0%，泥块含量不应大于 1.0%。

（4）砂子的坚固性

砂子的坚固性，是指其抵抗自然环境腐蚀或风化的能力。通常用硫酸钠溶液干湿循环 5 次后的质量损失来表示砂子坚固性的好坏，对砂子的坚固性要求见表 5-5。

砂的坚固性指标（JGJ 52—2006）　　表 5-5

混凝土所处环境条件及其性能要求	5 次循环后的质量损失(%)
在严寒及寒冷地区室外使用并经常处于潮湿或干湿交替状态下的混凝土 有抗疲劳、耐磨、抗冲击等要求的混凝土 有腐蚀性介质或经常处于水位变化区的地下结构混凝土	≤8
在其他条件下使用的混凝土	≤10

5.1.2　建筑用石的质量标准

由自然风化、水流搬运和分选堆积而形成的公称粒径大于 5.00mm 的岩石颗粒，称为卵石；由天然岩石或卵石经机械破碎、筛分而得到的公称粒径大于5.00mm的岩石颗粒，称为碎石。

卵石分为河卵石、海卵石和山卵石。卵石多为圆形，表面光滑，与水泥的粘结较差；碎石则多棱角，表面粗糙，与水泥粘结较好。当采用相同混凝土配合比时，用卵石拌制的混凝土拌合物流动性较好，但硬化后强度较低；而用碎石拌制的混凝土拌合物流动性较差，但硬化后强度较高。配制混凝土选用碎石还是卵石，要根据工程性质、当地材料的供应情况、成本等各方面综合考虑。

建筑用石的质量要求主要有以下几个方面：

(1) 最大粒径和颗粒级配

1) 最大粒径

公称粒级的上限称为该粒级的最大粒径。最大粒径是用来表示粗骨料粗细程度的。例如：5～25mm粒级的粗骨料，其最大粒径为25mm。粗骨料最大粒径增大时，粗骨料总表面积减小，包裹粗骨料所需的水泥浆量就少，有利于节约水泥。对中低强度的混凝土，尽量选择最大粒径较大的粗骨料，但一般不宜超过40mm；配制高强混凝土时最大粒径不宜大于20mm，因为减少用水量获得的强度提高，被大粒径骨料造成的粘结面减少和内部结构不均匀所抵消。同时，选用粒径过大的石子，会给混凝土搅拌、运输、振捣等带来困难，所以需要综合考虑各种因素来确定石子的最大粒径。

《混凝土结构工程施工质量验收规范》(GB 50204—2002) 从结构和施工的角度，对粗骨料最大粒径做了以下规定：混凝土用粗骨料的最大粒径不得超过结构截面最小尺寸的1/4，且不得超过钢筋最小净距的3/4；对混凝土实心板，粗骨料最大粒径不宜超过板厚的1/3，且不得超过40mm。对于泵送混凝土，粗骨料最大粒径与输送管内径之比碎石不宜大于1∶3，卵石不宜大于1∶2.5。

2) 颗粒级配

粗骨料的级配原理与细骨料基本相同，也要求有良好的颗粒级配，以减小空隙率，节约水泥，提高混凝土的密实度和强度。

粗骨料的颗粒级配也是通过筛分析的方法来评定，石筛应采用方孔筛。石的公称粒径、石筛筛孔的公称直径和方孔筛筛孔边长应符合表5-6的规定。

石筛筛孔的公称直径和方孔筛筛孔尺寸 (mm) (JGJ 52—2006)　　表5-6

石的公称粒径	石筛筛孔的公称直径	方孔筛筛孔边长
2.50	2.50	2.36
5.00	5.00	4.75
10.0	10.0	9.5
16.0	16.0	16.0
20.0	20.0	19.0
25.0	25.0	26.5
31.5	31.5	31.5
40.0	40.0	37.5
50.0	50.0	53.0
63.0	63.0	63.0
80.0	80.0	75.0
100.0	100.0	90.0

碎石或卵石的颗粒级配应符合表5-7的要求。粗骨料的颗粒级配按供应情况分连续粒级和单粒级。连续粒级是指颗粒由小到大连续分级，每一级粗骨料都占有一定的比例，且相邻两级粒径相差较小（比值<2）。连续粒级的级配，大小颗粒搭配合理，配制的混凝土拌合物和易性好，不易发生分层、离析现象，且水泥用量小，混凝土用石应采用连续粒级。单粒级是从1/2最大粒径至最大粒径，粒径大小差别小，单粒级宜用于组合成满足要求的连续粒级，也可与连续粒级混合使用，以改善其级配或配成较大粒度的连续粒级。

碎石或卵石的颗粒级配范围（JGJ 52—2006） 表5-7

公称粒级(mm) \ 累计筛余(%)		方孔筛筛孔边长尺寸(mm)										
		2.36	4.75	9.5	16.0	19.0	26.5	31.5	37.5	53	63	75
连续粒级	5～10	95～100	80～100	0～15	0	—	—	—	—	—	—	—
	5～16	95～100	85～100	30～60	0～10	0	—	—	—	—	—	—
	5～20	95～100	90～100	40～80	—	0～10	0	—	—	—	—	—
	5～25	95～100	90～100	—	30～70	—	0～5	0	—	—	—	—
	5～31.5	95～100	90～100	70～90	—	15～45	—	0～5	0	—	—	—
	5～40	—	95～100	70～90	—	30～65	—	—	0～5	0	—	—
单粒级	10～20	—	95～100	—	—	0～15	0	—	—	—	—	—
	16～31.5	—	95～100	85～100	85～100	—	—	0～10	0	—	—	—
	20～40	—	—	95～100	—	80～100	—	—	0～10	0	—	—
	31.5～63	—	—	—	95～100	—	—	75～100	45～75	—	0	—
	40～80	—	—	—	—	95～100	—	—	75～100	—	30～60	0～10

（2）有害杂质含量

石子中的有害杂质大致与砂相同，另外石子中还可能含有针状（颗粒长度大于相应粒级平均粒径的2.4倍）和片状（厚度小于平均粒径的0.4倍）颗粒，针、片状颗粒易折断，其含量多时，会降低混凝土拌合物的流动性和硬化后混凝土的强度。石子中有害杂质及针片状颗粒的允许含量应符合表5-8的规定。

碎石或卵石中有害物质及针片状颗粒含量（JGJ 52—2006） 表5-8

混凝土强度等级	≥C60	C55～C30	≤C25
含泥量(按质量计,%)	≤0.5	≤1.0	≤2.0
泥块含量(按质量计,%)	≤0.2	≤0.5	≤0.7
针、片状颗粒含量(按质量计,%)	≤8	≤15	≤25
硫化物及硫酸盐含量(折算成 SO_3,按质量计,%)	≤1.0		
有机物含量(用比色法试验)	颜色不应深于标准色。当颜色深于标准色时,应按水泥胶砂强度试验方法进行强度对比试验,抗压强对比不应低于0.95		

（3）强度

卵石的强度可用压碎值指标表示。碎石的强度，可用压碎值指标和岩石立方体强度两种方法表示。岩石的抗压强度应比所配制的混凝土强度至少高20%。当混凝土强度等级大于或等于 C60 时，应进行岩石抗压强度检验。岩石强度首先应由生产单位提供，工程中可用压碎值指标进行质量控制。

压碎值指标是将一定质量气干状态下粒径为 10.0～20.0mm 的石子装入一定规格的圆桶内，在压力机上均匀加荷到 200kN，然后卸荷后称取试样质量（m_0），再用公称直径为 2.50mm 的方孔筛筛除被压碎的细粒，称量留在筛上的试样质量（m_1）。

碎石或卵石的压碎值指标 δ_a 应按下式计算：

$$\delta_a=\frac{m_0-m_1}{m_0}\times 100\% \tag{5-2}$$

压碎指标值越小，说明石子的强度越高。对不同强度等级的混凝土，所用石子的压碎指标应满足表 5-9 的要求。

碎石或卵石压碎值指标（JGJ 52—2006） **表 5-9**

岩石品种		混凝土强度等级	压碎值指标(%)
卵石		C60～C40	≤12
		≤C35	≤16
碎石	沉积岩	C60～C40	≤10
		≤C35	≤16
	变质岩或深成的火成岩	C60～C40	≤12
		≤C35	≤20
	喷出的火成岩	C60～C40	≤13
		≤C35	≤30

注：沉积岩包括石灰岩、砂岩等；变质岩包括片麻岩、石英岩等；深成的火成岩包括花岗岩、正长岩、闪长岩和橄榄岩等；喷出的火成岩包括玄武岩和辉绿岩等。

（4）坚固性

石子的坚固性是指石子在气候、环境变化和其他物理力学因素作用下，抵抗破碎的能力。坚固性试验是用硫酸钠溶液浸泡法检验，试样经 5 次干湿循环后，其质量损失应满足表 5-10 的要求。

碎石或卵石坚固性指标（JGJ 52—2006） **表 5-10**

混凝土所处环境条件及其性能要求	5 次循环后的质量损失(%)
在严寒及寒冷地区室外使用并经常处于潮湿或干湿交替状态下的混凝土；有腐蚀介质或经常处于水位变化区的地下结构或有抗疲劳、耐磨、抗冲击要求的混凝土	≤8
其他条件下使用的混凝土	≤12

（5）碱活性

对于长期处于潮湿环境的重要结构混凝土，其所使用的碎石或卵石应进行碱活性检验。

5.2 建筑用砂质量检测

试验依据：《普通混凝土用砂、石质量及检验方法》(JGJ 52—2006)。

5.2.1 一般规定

(1) 取样

砂石取样应按批进行。采用大型工具（火车、货船、汽车等）运输的，以 $400m^3$ 或 600t 为一验收批；用小型工具（拖拉机等）运输的，以 $200m^3$ 或 300t 为一验收批。不足上述量者，按一个验收批进行验收。

每验收批砂至少应进行颗粒级配、含泥量、泥块含量检验。对于碎石或卵石，还应检验针片状颗粒含量；对于人工砂及混合砂，还应检验石粉含量。对于重要工程或特殊工程，应根据工程要求增加检测项目。

每验收批取样方法应按有关规定执行：

① 从料堆取样时，取样部位应均匀分布。取样前先将表面铲除，然后从不同部位抽取大致相等的 8 份砂样，组成各自一组样品；

② 从汽车、火车、货船上取样时，先从每验收批中抽取有代表性的若干单元（汽车为 4～8 辆、火车为 3 节车皮、货船为 2 艘），再从若干单元的不同部位和深度抽取大致相等的 8 份砂样，组成各自一组样品；

③ 对每一单项检验项目，每组样品取样数量应分别满足表 5-11 的规定；当需要做多项检验时，可在确保样品经一项试验后不致影响其他试验结果的前提下，用同组样品进行多项不同的试验；

④ 除筛分析外，当其余检验项目存在不合格时，应加倍取样复验。当复验仍有一项不满足标准要求时，应按不合格品处理。

(2) 样品的缩分

① 砂的样品缩分方法：每组样品应按分料器缩分或人工四分法缩分至略多于进行试验所需量为止；

② 含水率、堆积密度和紧密密度的检验，所用试样不经缩分，拌匀后直接进行试验。

(3) 试验条件

① 试验温度应在 15～30℃；

② 试验用水应是洁净的淡水，有争议时可采用蒸馏水。

每一单项检验项目所需砂的最少取样质量　　表 5-11

检验项目	最少取样质量(g)	检验项目	最少取样质量(g)
筛分析	4400	紧密密度和堆积密度	5000
表观密度	2600	硫化物与硫酸盐含量	50
吸水率	4000	氯离子含量	2000
含水率	1000	贝壳含量	10000
含泥量	4400	碱活性	20000
泥块含量	20000	人工砂压碎值指标	分成公称粒级 5.00～2.50mm；2.50～1.25mm；1.25mm～630μm；630～315μm；315～160μm 每个粒级各需 100g
石粉含量	1500		
有机物含量	2000		
云母含量	600	坚固性	分成公称粒级 5.00～2.50mm；2.50～1.25mm；1.25mm～630μm；630～315μm；315～160μm；每个粒级各需 100g
轻物资含量	3200		

5.2.2 表观密度测定（标准法）

（1）试验目的

通过试验测定砂的表观体积（含闭口孔隙的材料体积），计算颗粒状材料的表观密度。

（2）主要仪器设备

天平：称量1kg，感量1g；烘箱：能使温度控制在（105±5）℃；容量瓶；烧杯；干燥器；漏斗；料勺；温度计等。

（3）试样制备

将缩分至660g左右的试样，在温度为（105±5）℃的烘箱中烘干至恒重，待冷却至室温后，分成大致相等的两份备用。

（4）试验方法及步骤（GB/T 14684—2001）

① 称取烘干的试样300g（m_0），精确至1g，将试样装入容量瓶，注入冷开水至接近500mL刻度处，用手摇动容量瓶，使砂样充分摇动，排出气泡，塞紧瓶盖，静置24h；

② 用滴管小心加水至容量瓶500mL刻度处，塞紧瓶盖，擦干瓶外水分，称出其质量m_1，精确至1g；

③ 倒出容量瓶内水和试样，洗净容量瓶，再向瓶内注入水温相差不超过2℃的水至500mL刻度处，塞紧瓶盖，擦干瓶外水分，称出其质量m_2，精确至1g。

（5）数据处理及结果评定

① 砂的表观密度按下式计算（精确至$10kg/m^3$）：

$$\rho_s'=\frac{m}{m+m_2-m_1}\times 1000 \tag{5-3}$$

式中　ρ_s'——砂的表观密度，kg/m^3；

m——试样的烘干质量，g；

m_1——试样、水及容量瓶总质量，g；

m_2——水及容量瓶总质量，g。

② 砂的表观密度以两次试验结果的算术平均值作为测定值，精确至$10kg/m^3$；若两次试验结果之差大于$20kg/m^3$时，应重新取样进行试验。

注意事项：试样的各项称量可在15～25℃的温度范围内进行，但从试样加水静置的2h起至试验结束，其温度变化范围不得超过2℃。

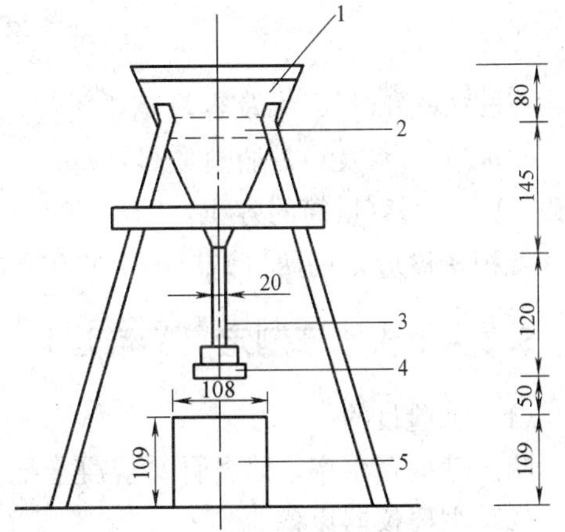

图5-4　标准漏斗

1—漏斗；2—筛子；3—导管；4—活动门；5—标准容器

5.2.3 堆积密度测定

（1）试验目的

通过试验测定材料的堆积密度，为估算砂的质量、堆积体积及空隙率提供依据。

（2）主要仪器设备

烘箱：能使温度控制在（105±5）℃；容

量筒：容积为1L；标准漏斗（见图5-4）；台秤；料勺；垫棒：直径10mm、长500mm；直尺；搪瓷盘；毛刷等。

（3）试样制备

用四分法缩取3L细骨料试样放入浅盘中，将浅盘放入温度为（105±5）℃的烘箱中烘干至恒重，取出后冷却至室温，筛除大于4.75mm的颗粒，分为大致相等的两份备用。

（4）测试方法及步骤

① 松散堆积密度

称取标准容器的质量m_1，精确至1g；用漏斗和铝制料勺将试样徐徐装入容量筒（漏斗出料口距容量筒筒口为50mm），直到容量筒上部试样呈锥体且四周溢满时，停止加料；然后用直尺将多余的试样沿筒口中心线向两边刮平，称出试样和容量筒的总质量m_2，精确至1g。

② 紧密堆积密度

称取标准容器的质量m_1，精确至1g；取试样一份，分两次装入容量筒。装完第一层后，在筒底放一根直径为10mm的垫棒，左右交替颠击地面各25次，然后装入第二层；第二层装满后用同样方法颠实（但筒底所垫垫棒的方向与第一层时垂直）后，再加试样直至超过筒口，然后用直尺将多余的试样沿筒口中心线向两边刮平，称出试样和容量筒的总质量m_2，精确至1g。

③ 容重筒容积的校正方法

以温度为20±2℃的饮用水装满容量筒，用玻璃板沿筒口滑移，使其紧贴水面。擦干筒外壁水分，然后称出其质量，砂容量筒精确至1g，石子容量筒精确至10g。用下式计算筒的容积（mL，精确至1mL）：

$$V=m_2'-m_1' \tag{5-4}$$

式中 m_2'——容量筒、玻璃板和水总质量，g；

m_1'——容量筒和玻璃板质量，g。

（5）数据处理及结果评定

试样的堆积密度ρ_0'按下式计算（kg/m^3，精确至10kg/m^3）：

$$\rho_0'=\frac{m_2-m_1}{V_0'}\times 1000 \tag{5-5}$$

式中 m_1——试样、水及容量瓶总质量，kg；

m_2——水及容量瓶总质量，kg；

V_0'——容量筒的容积，L。

堆积密度应采用两份试样测定两次，并以两次试验结果的算术平均值作为测定值。

5.2.4 含水率测定（标准法）

（1）试验目的

测出砂的含水率，以备计算混凝土配合比使用。

（2）主要仪器设备

烘箱：能恒温在（105±5）℃；天平：称量1000g，感量1g；浅盘等。

（3）试验步骤

① 由密封的样品中取各重500g试样两份，将试样分别放入已知质量为m_1的干燥容器中称重，记下每盘试样与容器的总重（m_2）；

② 将容器连同试样放入温度为（105±5）℃的烘箱中烘干至恒重；

③ 取出试样，冷却后称取试样与容器的总重（m_3）。

（4）测试结果及评定

砂的含水率w_{wc}（%）应按下式计算，精确至0.1%：

$$w_{wc}=\frac{m_2-m_3}{m_3-m_1}\times100\% \quad (5\text{-}6)$$

式中 m_1——容器质量，g；

m_2——未烘干的试样与容器总质量，g；

m_3——烘干后试样与容器总质量，g。

以两次测定结果的算术平均值作为最终测定结果。

5.2.5 颗粒级配及粗细程度检测

（1）试验原理及方法

通过由不同孔径的筛组成的一套标准筛对砂样进行过筛，测定砂样中不同粒径颗粒的含量。采用国际统一的筛分析法。

（2）试验目的

通过筛分析试验测定不同粒径骨料的含量比例，评定砂的颗粒级配状况及粗细程度，为合理选砂提供技术依据。

（3）主要仪器设备

标准筛：公称直径分别为5.00mm、2.50mm、1.25mm、630μm、315μm、160μm的标准方孔筛各一只，并附有筛底和筛盖；摇筛机；天平（称量1000g，感量1g）；烘箱（能恒温在105℃±5℃）以及浅盘、毛刷等。

（4）试样制备

试验前先将来样通过公称直径10.0mm的方孔筛，并计算筛余。称取经缩分后样品不少于550g两份，分别装入两个浅盘，在（105±5）℃的温度下烘干至恒重。冷却至室温备用。

（5）测试步骤及注意事项

测试步骤：

① 准确称取烘干试样500g，置于按筛孔大小顺序排列（大孔在上、小孔在下）的套筛的最上一只筛（公称直径为5.00mm的方孔筛）上；

② 将套筛装入摇筛机内固定，筛分10min；无摇筛机时，可改用手筛；

③ 将整套筛自摇筛机上取下，按筛孔从大到小的顺序，在洁净的浅盘上逐一进行手筛。各号筛均须筛至每分钟筛出量不超过试样总量的0.1%时为止。通过的颗粒并入下一号筛，并和下一号筛中的试样一起手筛，依此类推，直至各号筛全部筛完为止；

④ 称量各号筛上的筛余试样质量（精确至试样总质量的0.1%）。分计筛余量和底盘中剩余试样的质量总和与筛分前的试样总量相比，其差值不得超过1%。否则应重新试验。

注意事项：

当试样含泥量超过5%时，应先将试样水洗，然后烘干至恒重，再进行筛分。

（6）测试结果的计算与评定

① 计算各筛上的分计筛余和累计筛余（精确至0.1%）。

② 根据累计筛余的计算结果，绘制筛分曲线或对照国家规范规定的级配区范围，判别砂子的级配是否合格。

③ 计算砂的细度模数（精确至0.01），并根据细度模数的大小来判别砂的粗细程度。细度模数 μ_f 按下式计算：

$$\mu_f=\frac{(\beta_2+\beta_3+\beta_4+\beta_5+\beta_6)-5\beta_1}{100-\beta_1} \tag{5-7}$$

砂的筛分析测试应用两份试样分别检测两次，并以两次检测结果的算术平均值作为测定值。如两次检测所得的细度模数之差大于0.20，应重新取样进行检测。

5.2.6 砂中含泥量测定（标准法）

（1）试验目的和标准

骨料的含泥量及泥块含量对混凝土的质量影响较大，因此对骨料中泥和泥块含量必须严加限制。通过测定粗砂、中砂和细砂（特细砂中含泥量测定方法需要采用虹吸管法）的含泥量，作为评定砂质量的依据之一。

《普通混凝土用砂、石质量及检验方法标准》（JGJ 52—2006）规定砂的含泥量（按质量计）限值为：混凝土强度等级≥C60时，≤2.0%；C55～C30时，≤3.0%；<C25时，为≤5.0%。

（2）主要仪器设备

天平：称量1000g，感量1g；筛：筛孔公称直径为80μm及1.25mm的方孔筛各1个；烘箱（能恒温在105℃±5℃）、洗砂用的容器（深度大于250mm）及烘干用的浅盘等。

（3）试样制备

将样品缩分至约1100g，置于温度为（105±5）℃的烘箱中烘干至恒重，待冷却至室温后称取各为400g（m_0）的两份试样备用。

（4）试验步骤及注意事项

试验步骤：

① 取烘干的试样一份置于容器中，并注入饮用水，使水面高出砂面约150mm，充分拌混均匀后，浸泡2h，然后用手在水中淘洗试样，使尘屑、淤泥和黏土与砂粒分离，并使之悬浮或溶于水中。缓缓地将浑浊液倒入公称直径为及1.25mm的套筛（1.25mm筛放置在80μm筛的上面）上，滤去小于80μm的颗粒。

② 再次加水于容器中，重复上述过程，直到容器内洗出的水清澈为止。

③ 用水冲洗剩留在筛上的细粒。并将80μm筛放在水中（使水面略高出筛中砂粒的上表面）来回摇动，以充分洗除小于80μm的颗粒。然后将两只筛上剩留的颗粒和容器中已经洗净的试样一并装入浅盘，置于温度为（105±5）℃的烘箱中烘干至恒重。取出冷却至室温后，称取试样的质量（m_1）。

注意事项：

试验前，筛子的两面应先用水润湿，在整个试验过程中，应注意避免砂粒丢失。

(5) 测试结果及评定

砂的含泥量（ω_c）应按下式计算，精确到 0.1%：

$$\omega_c = \frac{m_0 - m_1}{m_0} \times 100\% \tag{5-8}$$

式中 m_0——试验前的烘干试样质量（g）；

m_1——试验后的烘干试样质量（g）。

以两个试样试验结果的算术平均值作为测定值。两次结果之差超过 0.5%时，应重新取样进行试验。

5.2.7 砂中泥块含量检测

(1) 试验目的和标准

通过测定砂的泥块含量，作为评定砂质量的依据之一。

《普通混凝土用砂、石质量及检验方法标准》(JGJ 52—2006) 规定砂的泥块含量（按质量计）限值为：混凝土强度等级≥C60 时，≤0.5%；C55～C30 时，≤1.0%；<C25 时，为≤2.0%。

(2) 主要仪器设备

天平：称量 1000g，感量 1g；称量 5000g，感量 5g；筛：筛孔公称直径为 80μm 及 1.25mm 的方孔筛各 1 只；烘箱（能恒温在 105℃±5℃）、洗砂用的容器（深度大于 250mm）及烘干用的浅盘等。

(3) 试样制备

将样品缩分至约 5000g，置于温度为（105±5）℃烘箱中烘干至恒重，待冷却至室温后，用公称直径 1.25mm 的方孔筛筛分，取筛上的砂不少于 400g 分为两份备用。

(4) 试验步骤

① 称取试样 200g（m_1）置于容器中，并注入饮用水，使水面高出砂面约 150mm。充分拌混均匀后，浸泡 24h，然后用手在水中捻碎泥块，再把试样放在 630μm 的方孔筛上，用水淘洗，直至水清澈为止。

② 将剩余的试样小心地从筛里取出，装入浅盘后，置于温度为（105±5）℃烘箱中烘干至恒重，冷却后称重（m_2）。

(5) 测试结果及评定

砂的泥块含量（$\omega_{c,L}$）应按下式计算，精确至 0.1%：

$$\omega_c = \frac{m_1 - m_2}{m_1} \times 100\% \tag{5-9}$$

式中 m_1——试验前的干燥试样质量（g）；

m_2——试验后的烘干试样质量（g）。

以两次试样试验结果的算术平均值作为测定值。

5.3 建筑用碎石或卵石质量检测

5.3.1 一般规定

(1) 取样

对每一单项检验项目，每组样品取样数量应满足表5-12的规定。16份石样，组成一组样品。对于碎石或卵石，还应检验针片状颗粒含量。其余同5.2.1。

(2) 样品的缩分

① 碎石或卵石缩分时，应将样品置于平板上，在自然状态下拌匀，并堆成锥体，然后沿互相垂直的两条直径把锥体分成大致相等的四份，取其对角线的两份重新拌匀，再堆成锥体。重复上述过程，直至把样品缩分至略多于进行试验所需量为止。

② 含水率、堆积密度和紧密密度的检验，所用试样不经缩分，拌匀后直接进行试验。

每一单项检验项目所需碎石或卵石的最少取样质量（kg）　　表5-12

试验项目 \ 最大公称粒径(mm)	10.0	16.0	20.0	25.0	31.5	40.0	63.0	80.0
筛分析	8	15	16	20	25	32	50	64
含泥量	8	8	24	24	40	40	80	80
泥块含量	8	8	24	24	40	40	80	80
针、片状颗粒含量	1.2	4	8	12	20	40	—	—
表观密度	8	8	8	8	12	16	24	24
含水率	2	2	2	2	3	3	4	6
吸水率	8	8	16	16	16	24	24	32
堆积密度、紧密密度	40	40	40	40	80	80	120	120
硫化物及硫酸盐	1.0							

注：有机物含量、坚固性、压碎指标值及碱—骨料反应检验，应按试验要求的粒级及质量取样。

(3) 试验条件

试验条件同5.2.1(3)。

5.3.2 表观密度检测（标准法）

(1) 试验原理及方法

利用阿基米德原理（骨料排出水的体积为骨料的表观体积）测定碎石或卵石的表观体积（含闭口孔隙的材料体积），计算骨料的表观密度。

(2) 试验目的

通过试验测定骨料的表观密度，为混凝土配合比设计提供依据。

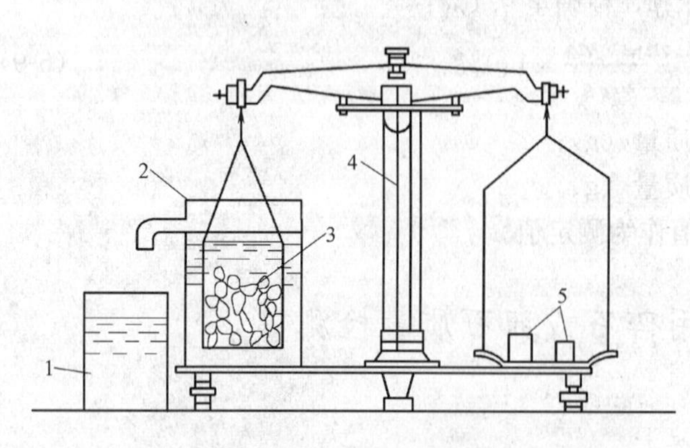

图5-5　液体天平

1—容器；2—金属筒；3—5kg天平；4—吊篮；5—砝码

(3) 主要仪器设备

液体天平：称量5kg，感量5g，其型号尺寸应能允许在臂上悬挂盛试样的吊篮，并能将吊篮放在水中称量，如图5-5所示；吊篮：直径和高度均为150mm，由孔径为1～2mm的筛网或钻有2～3mm孔洞的耐腐蚀金属板制成；盛水容器：可放入吊篮，有溢流孔；容量瓶烧杯：500mL；干燥器；烘箱：能使温度控制在(105±5)℃；漏斗；料勺；温度计等。

（4）试样制备

按表5-12规定取样，并缩分至略大于表5-13规定的数量，风干后筛除小于4.75mm的颗粒，洗刷干净后分成大致相等的两份备用。

石子表观密度试验所需的试样最少质量　　表5-13

最大公称粒径(mm)	10.0	16.0	20.0	25.0	31.5	40.0	63.0	80.0
试样最少质量(kg)	2.0	2.0	2.0	2.0	3.0	4.0	6.0	6.0

（5）试验方法及步骤

① 取试样一份装入吊篮，并将吊篮浸入盛水的容器中（图5-5），水面至少高出试样50mm，浸水24h，移放到称量用的盛水容器中，并用上下升降吊篮（试样不得露出水面）的方法排出气泡；

② 测定水温后，用天平称取吊篮及试样在水中的质量m_2，精确至5g；

③ 提起吊篮，将试样倒入浅盘，在温度为（105±5）℃的烘箱中烘干至恒重，待冷却至室温后，称出其质量m，精确至5g；

④ 称取吊篮在同样温度的水中的质量m_1，精确至5g，称量时盛水容器中水面的高度仍由容器的溢流孔控制。

（6）数据处理及结果评定

石子的表观密度按下式计算（精确至10kg/m³）：

$$\rho'_G=\frac{m}{m+m_2-m_1}\times 1000 \tag{5-10}$$

式中　ρ'_G——石子的表观密度，kg/m³；

m——试样的烘干质量，g；

m_1——吊篮在水中的质量，g；

m_2——吊篮及试样在水中的质量，g。

石子的表观密度均以两次试验结果的算术平均值作为测定值，精确至10kg/m³；若两次试验结果之差大于20kg/m³时，可取四次测定结果的算术平均值作为测定值。

注意事项：试样的各项称量可在15～25℃的温度范围内进行，但从试样加水静置的2h起至试验结束，其温度变化范围不得超过2℃。

5.3.3 堆积密度检测

（1）试验目的

通过试验测定碎石或卵石的堆积密度，为估算材料的质量、堆积体积及空隙率提供依据。

（2）主要仪器设备

容量筒（规格见表5-14）；平头铁锹；磅秤：称量100kg，感量100g；直尺；垫棒：直径16mm、长600mm；烘箱：能使温度控制在（105±5）℃。

容量筒的规格要求　　表 5-14

碎石或卵石的最大公称粒径(mm)	容量筒容积(L)	容量筒规格		
		内径(mm)	净高(mm)	壁厚(mm)
10.0,16.0,20.0,25.0	10	208	294	2
31.5,40.0	20	294	294	3
63.0,80.0	30	360	294	4

注：测定紧密密度时，对最大公称粒径为 31.5mm、40.0mm 的骨料，可采用 10L 的容量筒；对最大公称粒径为 63.0mm、80.0mm 的骨料，可采用 20L 的容量筒。

(3) 试样制备

按表 5-12 的规定称取试样，放入浅盘中，在 (105±5)℃的烘箱中烘干至恒重，也可以摊在清洁的地面上风干，拌匀后分成大致相等的两份备用。

(4) 测试方法及步骤

① 松散堆积密度

称取容量筒的质量 m_1，精确至 1g 。取试样一份放在平整、干净的混凝土地面或铁板上，用平头铁锹铲起试样，使试样在距容量筒中心上方 50mm 处徐徐倒入，让试样以自由落体落下，当容量筒上部试样呈锥体，且容量筒四周溢满时，停止加料。除去凸出筒口表面的颗粒并以比较合适的颗粒填充凹陷部分，使表面稍凸起部分和凹陷部分的体积大致相等。然后称出试样和容量筒的总质量 m_2。

② 紧密堆积密度

取试样一份分三次装入容量筒。装完第一层后，在筒底放一根直径为 16mm 的垫棒，将筒按住，左右交替颠击地面各 25 次，在装入第二层，第二层装满后用同样方法颠实(但筒底所垫垫棒的方向与第一层时的方向垂直)，然后装入第三层，如法颠实。试样装填完毕，再加试样直至超过筒口，用钢尺沿筒口边缘刮去高出的试样，使表面稍凸起部分与凹陷部分的体积大致相等。称出试样和容量筒总质量 m_2。

③ 容重筒容积的校正方法

同 5.2.3 (4) ③。

(5) 数据处理及结果评定

同 5.2.3 (5)。

5.3.4 颗粒级配检测

(1) 试验原理及方法

通过由不同孔径的筛组成的一套标准筛对石子试样筛析，测定石子样中不同粒径颗粒的含量。采用国际统一的筛分析法。

(2) 试验目的

通过筛分析试验测定不同粒径骨料的含量比例，评定石子的颗粒级配状况，为合理选择和使用粗骨料提供技术依据。

(3) 主要仪器设备

试验用方孔标准筛：筛框内径为 300mm，筛孔公称直径为 100.0mm、80.0mm、63.0mm、 50.0mm、 40.0mm、 31.5mm、 25.0mm、 20.0mm、 16.0mm、 10.0mm、

5.00mm、2.50mm 的方孔筛各一个，并附有筛底和筛盖；天平（称量 5kg，感量 5g）和秤（称量 20kg，感量 20g）；烘箱（能恒温在 105℃±5℃）以及浅盘、毛刷等。

（4）试验步骤及注意事项

试验步骤：

① 试验前将样品缩分至不少于表 5-15 所规定的试样最少质量，并烘干或风干后备用；

② 按表 5-15 的规定称取试样；

碎石或卵石筛分析所需试样的最少质量 **表 5-15**

最大公称粒径(mm)	10.0	16.0	20.0	25.0	31.5	40.0	63.0	80.0
试样最少质量(kg)	2.0	3.2	4.0	5.0	6.3	8.0	12.6	16.0

③ 将试样倒入按孔径大小从上至下的套筛上，然后放置于摇筛机上进行筛分。摇筛 10min，取下套筛；

④ 按孔径大小顺序取下各筛，分别于洁净的铁盘上进行手筛，直到每分钟试样在筛中的通过量不超过试样总量的 0.1%为止。当试样公称粒径大于 20mm 时，筛分过程中允许用手拨动试样颗粒，使其能够通过筛孔；

⑤ 通过的量并入下一号筛，并和下一号筛中的试样一起手筛，依此类推，直至各号筛全部筛完为止，称出各号筛的筛余量（精确至试样总质量的 0.1%）。

注意事项：

筛分过程中，应注意当筛分完毕时，每个筛上的筛余层的厚度应不大于筛上最大颗粒的尺寸，如超过此尺寸，应将该筛余试样分为两份，分别再进行筛分，并以其筛余量之和作为该号筛的筛余量。

（5）测试结果计算与评定

① 计算各筛上的分计筛余百分率和累计筛余百分率（精确至 0.1%）。

② 分计筛余量和底盘中剩余试样的质量总和与筛分前的试样总量相比，其差值不得超过 1%，否则须重新试验。

③ 根据各筛的累计筛余百分率，对照国家规范规定的级配范围，评定试样的颗粒级配是否符合标准要求。若不符合标准要求，应双倍取样进行复验，复验符合标准要求，则判定该试样合格，否则判定该试样不合格。

5.3.5 针状和片状颗粒的总含量检测

（1）试验目的

测定碎石或卵石中针状和片状颗粒的总含量，为评定石子的质量提供依据。

（2）主要仪器设备

针状规准仪（见图 5-6），片状规准仪（见图 5-7）；试验筛：筛孔公称直径分别为 5.00mm、10.0mm、20.0mm、25.0mm、31.5mm、40.0mm、63.0mm 和 80.0mm 的方孔筛各一只，根据需要选用；天平：称量 2kg，感量 2g；称：称量 20kg，感量 20g；卡尺等。

（3）试样的制备

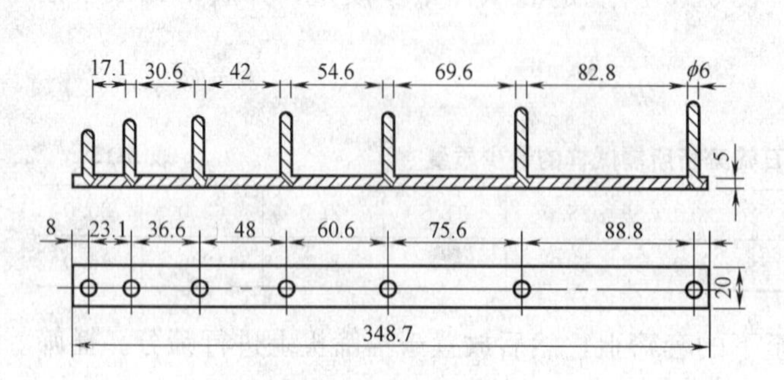

图 5-6 针状规准仪（单位：mm）

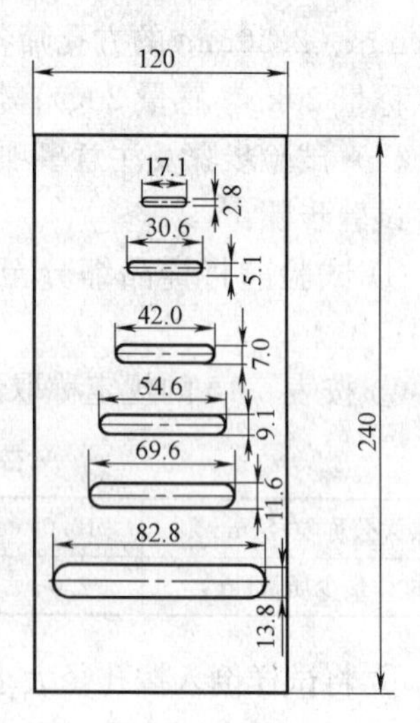

图 5-7 片状规准仪（单位：mm）

将样品在室内风干至表面干燥，并缩分至表 5-16 规定的量，称量（m_0），然后筛分成表 5-17 所规定的粒级备用。

针状和片状颗粒的总含量试验所需的试样最少质量　　表 5-16

最大公称粒径(mm)	10.0	16.0	20.0	25.0	31.5	≥40.0
试样最少质量(kg)	0.3	1	2	3	5	10

针状和片状颗粒的总含量试验的粒级划分及其相应的规准仪孔宽或间距　　表 5-17

公称粒级(mm)	5.00～10.0	10.0～16.0	16.0～20.0	20.0～25.0	25.0～31.5	31.5～40.0
片状规准仪上相对应的孔宽(mm)	2.8	5.1	7.0	9.1	11.6	13.8
针状规准仪上相对应的间距(mm)	17.1	30.6	42.0	54.6	69.6	82.8

（4）试验步骤

① 按表 5-17 所规定的粒级用规准仪逐粒对试样进行鉴定，凡颗粒长度大于针状规准仪上相对应的间距的，为针状颗粒；厚度小于片状规准仪上相应孔宽的，为片状颗粒。

② 公称粒径大于 40mm 的可用卡尺鉴定其针片状颗粒，卡尺卡口的设定宽度应符合表 5-18 的规定。

③ 称取由各粒级挑出的针状和片状颗粒的总质量（m_1）。

公称粒径大于 40mm 用卡尺卡口的设定宽度　　表 5-18

公称粒级(mm)	40.0～63.0	63.0～80.0
片状颗粒的卡口宽度(mm)	18.1	27.6
针状颗粒的卡口宽度(mm)	108.6	165.6

（5）结果计算及评定

石中针状和片状颗粒的总含量 ω_p 按下式计算，精确至 1%：

$$\omega_p = \frac{m_1}{m_0} \times 100\% \qquad (5\text{-}11)$$

式中　ω_p——针状和片状颗粒的总含量（%）；

m_1——试样中所含针状和片状颗粒的总质量（g）；

m_0——试样总质量（g）。

技能训练题

1. 砂子筛分试验的目的是什么？它可以评定砂子哪方面的质量？
2. 简述颗粒级配良好的意义。
3. 现有某砂样500g，经筛分试验各号筛的筛余量见下表：

筛孔尺寸(mm)	4.75	2.36	1.18	0.60	0.30	0.15	<0.15
筛余量(g)	15	100	70	65	90	115	45
分计筛余百分数(%)							
累计筛余百分数(%)							

问：(1) 计算各筛的分计筛余百分数和累计筛余百分数。

(2) 此砂的细度模数是多少？试判断砂的粗细程度。

(3) 判断此砂的级配是否合格。

6 混 凝 土

混凝土是由胶凝材料、粗骨料、细骨料和水按适当比例拌制、成型、养护、硬化而成的人工石材。为了改善混凝土的某些性能，经常在混凝土中掺入适量的外加剂和掺合料。

混凝土按胶凝材料不同，可分为水泥混凝土、沥青混凝土、水玻璃混凝土、聚合物混凝土等。按体积密度大小分为重混凝土（$\rho_0>2800\text{kg/m}^3$）、普通混凝土（$\rho_0=2000\sim2800\text{kg/m}^3$）、轻混凝土（$\rho_0=600\sim1900\text{kg/m}^3$）和特轻混凝土（$\rho_0<600\text{kg/m}^3$）。在建筑工程中，用量最大、用途最广泛的是以水泥为胶凝材料的普通水泥混凝土，通常简称为普通混凝土。

混凝土具有抗压强度高、可塑性好、耐久性好、原材料丰富、价格低廉、可用钢筋来加强等优点，广泛应用于建筑工程、水利工程、道路、地下工程、国防工程等，是当代最重要的建筑材料之一，也是世界上用量最大的人工建筑材料。

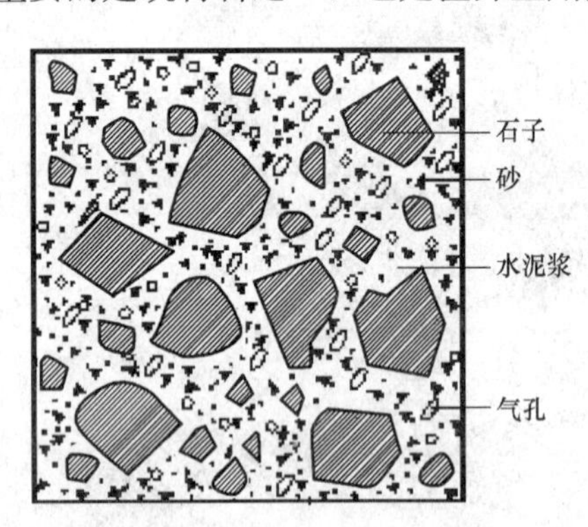

图 6-1 硬化混凝土的结构

在混凝土中，砂子、石子统称为骨料，主要起骨架作用。水泥与水形成的水泥浆包裹在骨料表面并填充其空隙，在混凝土硬化前，水泥浆主要起润滑作用，赋予混凝土拌合物一定的流动性，以便于施工；水泥浆硬化后主要起胶结作用，将砂、石骨料胶结成为一个坚实的整体，并使混凝土具有一定的强度。硬化混凝土的结构如图 6-1 所示。

混凝土的技术性质在很大程度上是由原材料的性质及其相对含量决定的，同时施工工艺（搅拌、成型、养护等）也对混凝土的质量有很大的影响。

6.1 普通混凝土的主要技术性质

普通混凝土的主要技术性质包括：混凝土拌合物的和易性，硬化后混凝土的强度和变形，混凝土的耐久性。

6.1.1 混凝土拌合物的和易性

（1）和易性的概念

和易性又称工作性，是指混凝土拌合物易于各种施工工序（拌合、运输、浇筑、振捣等）操作并能获得质量均匀、成型密实混凝土的性能。和易性在搅拌时体现为各组成材料易于均匀混合、均匀卸出；在运输过程中体现为拌合物不离析；在浇筑过程中体现为易于浇筑、振实、流满模板；在硬化过程中体现为能保证水泥水化以及水泥石和骨料的良好粘结。因而，混凝土拌合物的和易性是一项综合技术性质，一般认为应包括流动性、粘聚性和保水性三方面的技术要求。

① 流动性

流动性是指混凝土拌合物在自重及外力作用下能产生流动，并均匀密实地填满模板的性能。流动性反映出拌合物的稀稠程度及充满模板的能力。塑性混凝土的流动性用坍落度表示，坍落度越大表明混凝土流动性越好。

② 粘聚性

粘聚性是指混凝土拌合物各颗粒间在施工过程中具有一定的黏聚力，使混凝土保持整体均匀的性能，在运输、浇筑、振捣、养护过程中不发生离析、分层现象。粘聚性反映混凝土拌合物的均匀性。

③ 保水性

保水性是指混凝土拌合物具有一定的保持水分的能力，在施工过程中不致产生严重的泌水现象。保水性反映混凝土拌合物的稳定性。保水性差的混凝土，内部容易形成透水通道，会造成水的泌出，影响水泥的水化，使混凝土表层疏松；同时，泌水通道会形成混凝土的连通孔隙，影响混凝土的密实性，并降低混凝土的强度和耐久性。

混凝土拌合物的和易性是流动性、粘聚性、保水性三个方面性能的综合体现，它们之间既相互联系，又相互矛盾。粘聚性好时往往保水性也好；但流动性增大时，粘聚性和保水性往往变差。不同的工程对混凝土拌合物和易性的要求也不同，实际操作中应根据工程特点、材料情况、环境条件及施工要求，既要有所侧重，又要全面考虑。

正确选择混凝土拌合物的坍落度，对于保证混凝土的施工质量及节约水泥，具有重要意义。在选择坍落度时，原则上应在不妨碍施工操作并能在保证振捣密实的条件下，尽可能采用较小的坍落度，以节约水泥并获得较高质量的混凝土。施工中选择混凝土拌和物的坍落度，一般依据构件截面的大小、钢筋分布的疏密、混凝土成型方式等来确定。根据《混凝土结构工程施工质量验收规范》（GB 50204—2002），可参考表 6-1 选择混凝土的坍落度值。

混凝土浇筑时的坍落度（GB 50204—2002）　　表 6-1

结构种类	坍落度(mm)
基础或地面等的垫层、无配筋的大体积结构（挡土墙、基础等）或配筋稀疏的结构	10～30
板、梁和大型及中型截面的柱子	30～50
配筋密列的结构（薄壁、斗仓、筒仓、细柱等）	50～70
配筋特密的结构	70～90

注：轻骨料混凝土拌合物，坍落度宜较表中数值减少 10～20mm。

（2）影响混凝土拌合物和易性的主要因素

① 水泥浆的数量

在混凝土拌合物中，水泥浆起着润滑骨料、提高拌合物流动性的作用。在水灰比不变的情况下，单位体积拌合物内，水泥浆数量愈多，拌合物流动性愈大。但若水泥浆数量过多，不仅水泥用量大，而且会出现流浆现象，使拌合物的粘聚性变差，同时会降低混凝土的强度和耐久性；若水泥浆数量过少，则水泥浆不能填满骨料空隙或不能很好包裹骨料表面，使粘聚性变差。因此，混凝土拌合物中水泥浆的数量应以满足流动性要求为度，不宜过多或过少。

② 水泥浆的稠度（水灰比）

水泥浆的稀稠是由水灰比决定的，水灰比是指混凝土拌合物中用水量与水泥用量的比值。当水泥用量一定时，水灰比越小，水泥浆越稠，拌合物的流动性就越小。当水灰比过小时，水泥浆过于干稠，拌合物流动性过低，影响施工，且不能保证混凝土的密实性。水灰比增大会使流动性加大，但水灰比过大，又会造成混凝土拌合物的粘聚性和保水性较差，产生流浆、离析现象，并严重影响混凝土的强度和耐久性。水泥浆的稠度应根据混凝土强度和耐久性合理选用，混凝土常用水灰比在 0.40～0.75。

无论是水泥浆数量的影响，还是水泥浆稠度的影响，实际上都是用水量多少的影响。大量试验证明，在常用水灰比范围内，当所用材料不变时，混凝土拌合物的流动性只与单位用水量（每立方米混凝土拌合物的拌合水量）有关。混凝土的单位用水量可参考表 6-2 选用。

需要注意的是，不能用单独增减用水量（即改变水灰比）的办法来改善混凝土拌合物的流动性，而应该在保持水灰比不变的条件下用增减水泥浆量的办法来改善拌合物的流动性。

塑性混凝土用水量（kg/m³） **表 6-2**

所需坍落度(mm)	卵石最大粒径(mm)				碎石最大粒径(mm)			
	10	20	31.5	40	16	20	31.5	40
10～30	190	170	160	150	200	185	175	165
35～50	200	180	170	160	210	195	185	175
55～70	210	190	180	170	220	205	195	185
75～90	215	195	185	175	230	215	205	195

注：1. 本表不宜用于水灰比小于 0.4 或大于 0.8 的混凝土；
2. 本表用水量系采用中砂时的平均值，若用细（粗）砂，每 m³ 混凝土用水量可增加（减少）5～10kg；
3. 掺用外加剂（掺合料）时，可相应增减用水量。

③ 砂率

砂率是指混凝土中砂的质量占砂、石总质量的百分率。砂率的变动会使骨料的空隙率和总表面积有显著改变，因而会对混凝土拌合物的和易性产生显著的影响。砂率过大时，骨料的总表面积和空隙率都会增大，在水泥浆用量不变的情况下，相对的水泥浆就显得少了，则拌合物的流动性降低。若砂率过小，又不能保证粗骨料之间有足够的砂浆层，也会降低拌合物的流动性，且粘聚性和保水性变差。

在进行混凝土配合比设计时，为保证和易性，应选择最佳砂率或合理砂率。合理砂率是指在水泥用量、用水量一定的条件下，能使混凝土拌合物获得最大的流动性且能保持良好的粘聚性和保水性时的砂率，如图 6-2 所示；或者是使混凝土拌合物获得所要求的和易性和强度的前提下，水泥用量最少时的砂率，如图 6-3 所示。

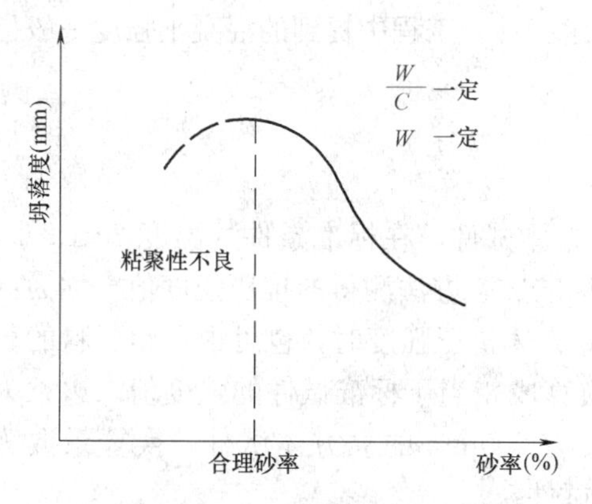

图 6-2　砂率与坍落度的关系曲线

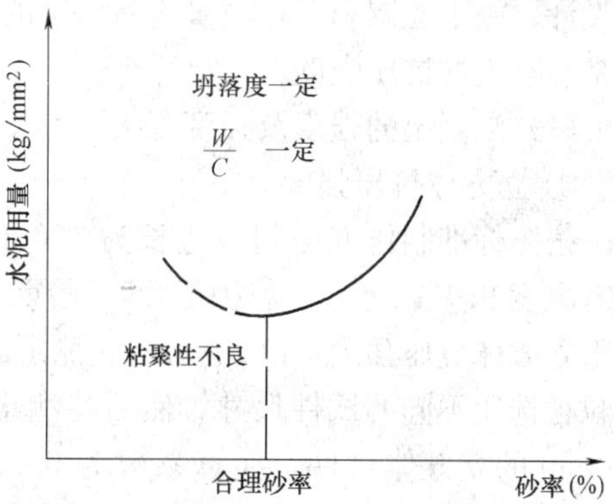

图 6-3　砂率与水泥浆用量的关系曲线

确定合理砂率的方法很多，可根据本地区、本单位的经验统计数值选用；若无经验数据，可按骨料的品种、规格及混凝土的水灰比参考表 6-3 选用。

混凝土砂率选用表（%）　　**表 6-3**

水灰比（W/C）	卵石最大粒径(mm)			碎石最大粒径(mm)		
	10	20	40	16	20	40
0.40	26～32	25～31	24～30	30～35	29～34	27～32
0.50	30～35	29～34	28～33	33～38	32～37	30～35
0.60	33～38	32～37	31～36	36～41	35～40	33～38
0.70	36～41	35～40	34～39	39～44	38～43	36～41

注：1. 本表适用于坍落度为 10～60mm 的混凝土。坍落度若大于 60mm，可在上表的基础上，按坍落度每增大 20mm，砂率增大 1%的幅度予以调整；
2. 本表数值系采用中砂时的选用砂率。若用细（粗）砂，可相应减少（增加）砂率；
3. 只用一个单粒级骨料配制的混凝土，砂率应适当增加；
4. 掺有外加材料时，合理砂率经试验或参考有关规定选用。

④ 环境的温度和湿度

环境温度上升，水泥水化速度加快，混凝土拌合物的坍落度减小；同时，随时间的推移坍落度也会减小，特别是在夏季施工或较长距离运输的混凝土，上述现象更加明显。空气湿度小，拌合物水分蒸发较快，坍落度也会偏小。

⑤ 其他因素的影响

施工工艺、水泥的品种、骨料种类及形状、外加剂等，都对混凝土的和易性有一定影响。采用机械拌和的混凝土比同等条件下人工拌和的混凝土坍落度大；搅拌机类型不同，拌和时间不同，获得的坍落度也不同。骨料的颗粒较大，外形圆滑及级配良好时，则拌合物的流动性较大。此外，在混凝土拌合物中掺入外加剂（如减水剂），能显著改善和易性。

6.1.2　混凝土的强度

强度是硬化混凝土最重要的性能之一，混凝土的其他性能均与强度有密切关系。混凝土的强度主要有抗压强度、抗折强度、抗拉强度和抗剪强度等。其中抗压强度值最大，抗拉强度值最小，因此在结构工程中混凝土主要用于承受压力。混凝土的抗压强度也是配合比设计、施工控制和工程质量检验评定的主要技术指标。工程中提到的混凝土强度一般指的是混凝土的抗压强度。

(1) 混凝土的强度及强度等级

① 立方体抗压强度

按照标准制作方法制成边长为150mm的立方体试件，在标准条件（温度20±2℃，相对湿度95%以上）下养护至28天龄期，按照标准试验方法测得的抗压强度值，称为混凝土立方体抗压强度，以f_{cu}表示。测定混凝土立方体抗压强度时，也可根据粗骨料的最大粒径选用不同的试件尺寸，然后将测定结果换算成相当于标准试件的强度值。边长为100mm的立方体试件，换算系数为0.95；边长为200mm的立方体试件，换算系数为1.05。当混凝土强度等级≥C60时，宜采用标准试件。

② 立方体抗压强度标准值和强度等级

混凝土强度等级是混凝土工程结构设计、混凝土材料配合比设计、混凝土施工质量检验及验收的重要依据。《混凝土结构设计规范》(GB 50010—2010) 规定，混凝土的强度等级应按混凝土立方体抗压强度标准值确定。立方体抗压强度标准值（$f_{cu,k}$）系指按标准方法制作养护的边长为150mm的立方体试件，在28d或设计规定龄期用标准试验方法测得的具有95%保证率的抗压强度值。划分为C15、C20、C25、C30、C35、C40、C45、C50、C55、C60、C65、C70、C75、C80共14个强度等级。其中C表示混凝土，C后面的数字表示混凝土立方体抗压强度标准值。如C30表示混凝土立方体抗压强度标准值为30N/mm^2 (MPa)。

③ 混凝土轴心抗压强度

混凝土的强度等级是采用立方体试件来确定的，但在实际工程中，混凝土结构构件极少是立方体，大部分是棱柱体或圆柱体。同样的混凝土，试件形状不同，测出的强度值会有较大差别。为能更好地反映混凝土的实际抗压性能，结构设计中采用混凝土的轴心抗压强度作为设计依据。

根据《普通混凝土力学性能试验方法标准》(GB/T 50081—2002) 规定，混凝土轴心抗压强度是采用150mm×150mm×300mm的棱柱体作为标准试件，在标准条件（温度20±2℃，相对湿度95%以上）下养护至28天龄期，按照标准试验方法测得的抗压强度，用f_c表示。混凝土轴心抗压强度f_c约为立方体抗压强度f_{cu}（$f_{cu}\leqslant$40N/mm^{2}时）的70%～80%。

④ 混凝土的抗拉强度

混凝土的抗拉强度很低，只有抗压强度的1/10～1/20，且混凝土强度等级越高，其比值越小。为此，钢筋混凝土结构设计中，一般不考虑混凝土承受拉力。但抗拉强度对混凝土的抗裂性具有重要意义，是结构设计中确定混凝土抗裂度的重要指标。

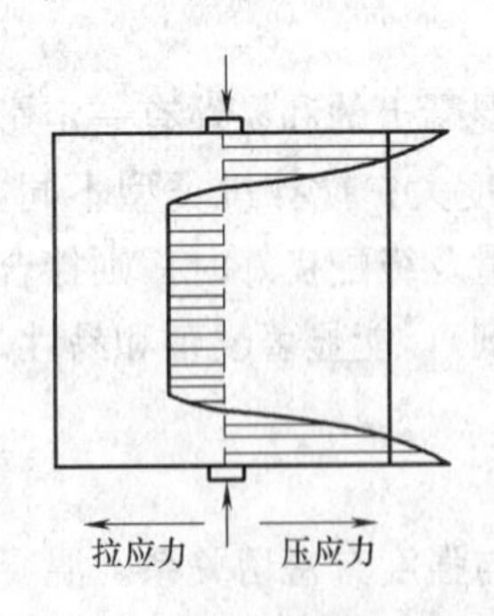

图6-4 劈裂试验时垂直于受力面的应力分布

测定混凝土抗拉强度的试验方法有直接轴心受拉试验和劈裂试验，直接轴心受拉试验时试件对中比较困难，因此我国目前常采用劈裂试验方法测定。劈裂试验方法是采用边长为150mm的立方体标准试件，在试件的两个相对表面中线上加垫条，施加均匀分布的压力，则在外力作用的竖向平面内产生均匀分布的拉力，如图 6-4 所示，该应力可以根据弹性理论计算得出。劈裂抗拉强度可按下式计算：

$$f_{ts}=\frac{2F}{\pi A}=0.637\frac{F}{A} \tag{6-1}$$

式中 f_{ts}——混凝土劈裂抗拉强度（MPa）；

F——破坏荷载（N）；

A——试件劈裂面积（mm^2）。

（2）影响混凝土强度的主要因素

混凝土受压破坏可能有三种形式：水泥石与粗骨料的接合面发生破坏、水泥石本身的破坏以及骨料的破坏。因为骨料强度一般都大于水泥石强度和粘结面的粘结强度，所以混凝土强度主要取决于水泥石强度和水泥石与骨料表面的粘结强度。而水泥石强度、水泥石与骨料表面的粘结强度又与水泥强度、水灰比、骨料性质等有密切关系。此外，混凝土强度还受施工工艺、养护条件及龄期等多种因素的影响。

① 水泥强度和水灰比

当混凝土配合比相同时，水泥强度等级越高，所配制的混凝土强度也就越高，当水泥强度等级相同时，混凝土的强度主要取决于水灰比。水泥完全水化的需水量约为水泥质量的 23%，但实际拌制混凝土时，为了满足拌合物的流动性，水灰比一般在 0.40～0.70，多余水分蒸发后，在混凝土内部留下孔隙，使有效承压面积减少，且水灰比越大，留下的孔隙越多，混凝土强度也就越低。所以，在水泥强度和其他条件相同的情况下，水灰比越小，混凝土的强度越高。但水灰比不能太小，如果水灰比过小，拌和物过于干硬，造成施工困难（混凝土不易被振捣密实，出现较多蜂窝、空洞），反而导致混凝土强度下降，见图 6-5（a）。

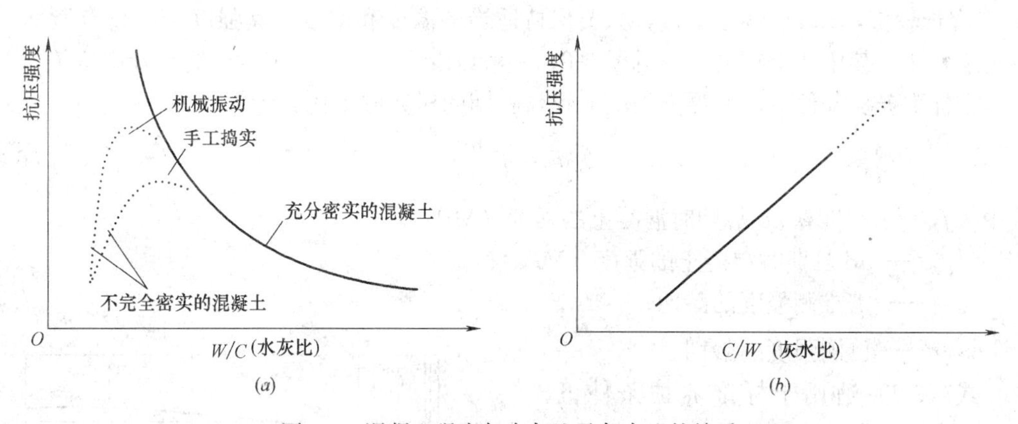

图 6-5 混凝土强度与水灰比及灰水比的关系

瑞士学者鲍罗米通过大量试验研究，并应用数理统计方法得出了混凝土强度与水泥实际强度及水灰比（W/C）之间的经验公式见式 6-2，该公式被称为鲍罗米公式。

$$f_{cu}=\alpha_a f_{ce}(\frac{C}{W}-\alpha_b) \tag{6-2}$$

式中 f_{cu}——混凝土 28 天龄期立方体抗压强度（MPa）；

f_{ce}——水泥 28d 抗压强度被实测值（MPa）；也当无水泥 28d 抗压强度实测值时，可根据《普通混凝土配合比设计规程》（JGJ 55—2000）规定，按 $f_{ce}=\gamma_c \cdot f_{ce,g}$计算，其中 $f_{ce,g}$为水泥强度等级值（MPa）；γ_c 为水泥强度等级的富余系数，可按实际统计资料确定；

α_a、α_b——回归系数，与集料品种等有关。当采用碎石时，可取 $\alpha_a=0.46$，$\alpha_b=0.07$；采用卵石时，取 $\alpha_a=0.48$，$\alpha_b=0.33$。

利用上述的强度公式可以解决以下两个问题：一是当所采用的水泥强度等级已定，欲配制某种强度的混凝土时，可以估算应采用的水灰比值；二是当已知所采用的水泥强度等级和水灰比时，可以估计混凝土 28 天可能达到的抗压强度。

② 养护的温度与湿度

混凝土强度的增长过程，是水泥水化和凝结硬化的过程。为满足水泥水化的需要，浇筑后的混凝土必须保持一定时间的湿润。混凝土如果在干燥环境中养护，混凝土会失水干燥而影响水泥的正常水化，甚至停止水化，这不仅严重降低混凝土的强度，而且会引起干缩裂缝和结构疏松，进而影响混凝土的耐久性。

在保证足够湿度的情况下，养护温度不同，对混凝土强度影响也不同。温度升高，水泥水化速度加快，混凝土强度增长也加快；温度降低，水泥水化作用延缓，混凝土强度增长也减慢。当温度降至 0℃以下时，混凝土中的水分大部分结冰，不仅强度停止发展，而且混凝土内部还可能因结冰膨胀而破坏，使混凝土的强度大大降低。

为了保证混凝土的强度持续增长，必须在混凝土成型后一定时间内，维持周围环境有一定的温度和湿度。冬季施工，尤其要注意采取保温措施；夏季施工的混凝土，要通过洒水等措施保持混凝土试件潮湿。

③ 养护时间（龄期）

混凝土在正常养护条件下，强度将随龄期的增长而提高。混凝土的强度在最初的 3～7d 内增长较快，28d 后逐渐变慢，只要保持适当的温度和湿度，其强度会一直有所增长，可延续几年，甚至几十年之久，见图 6-6。一般以混凝土 28d 的强度作为设计强度值。

在标准养护条件下，混凝土强度大致与龄期的对数成正比，计算式如下：

$$f_n=f_a\frac{\lg n}{\lg a} \tag{6-3}$$

式中 f_n——需推算 nd 龄期时混凝土的强度（MPa）；

f_a——ad 龄期时混凝土的强度（MPa）；

n——需推测强度的龄期；

a——已测强度的龄期。

式（6-3）适用于标准养护条件下，所测强度的龄期不小于 3d，且为中等强度等级硅酸盐水泥所拌制的混凝土。其他情况，仅可作为参考。

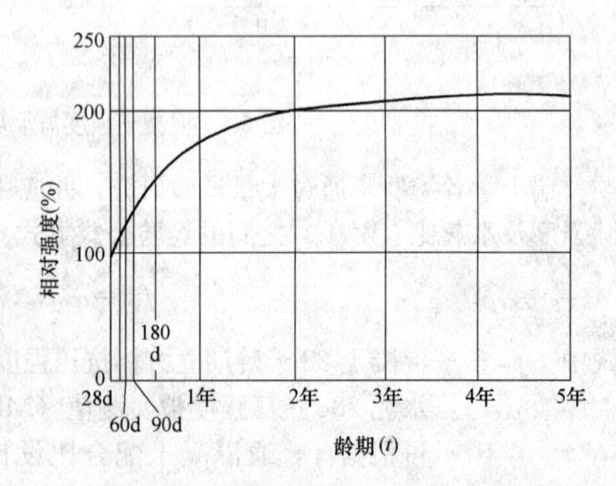

图 6-6 普通混凝土强度与龄期的关系

④ 集料的种类、质量、表面状况

当集料中有杂质较多，或集料强度较低时，将降低混凝土的强度。表面粗糙并富有棱角的集料，与水泥石的粘结力较强，可提高混凝土的强度，所以用碎石拌制的混凝土强度比用卵石拌制的混凝土强度高。

(3) 提高混凝土强度的主要措施

1) 选料方面

① 采用高强度等级水泥可配制出高强度的混凝土，但成本较高；

② 选用级配良好的集料，提高混凝土的密实度；

③ 选用合适的外加剂。如掺入减水剂，可在保证和易性不变的情况下减少用水量，从而提高其强度；掺入早强剂，可提高混凝土的早期强度。

2) 施工工艺方面

采用机械搅拌混凝土不仅比人工搅拌工效高，而且搅拌得更均匀，故能提高混凝土的密实度和强度。采用机械振捣混凝土，可使混凝土拌合物的颗粒产生振动，降低水泥浆的黏度及骨料之间的摩擦力，提高流动性。同时混凝土拌合物被振捣后，其颗粒互相靠近并把空气排出，使混凝土内部孔隙大大减少，从而使混凝土的密实度和强度都得到提高。

3) 养护工艺方面

① 采用常压蒸汽养护

将混凝土置于低于100℃的常压蒸汽中养护16～20h后，可获得在正常养护下28d强度的70%～80%。

② 采用高压蒸汽养护（蒸压养护）

将混凝土置于175℃、0.8 MPa蒸压釜中进行养护，能促进水泥的水化，明显提高混凝土强度。蒸压养护特别适用于掺混合材料硅酸盐水泥拌制的混凝土。

6.1.3 混凝土的耐久性

高耐久性的混凝土是现代高性能混凝土发展的主要方向，它不但可以保证建筑物、构筑物安全、长期的使用，同时对节约资源、保护环境、实现可持续发展都具有重要意义。

《混凝土结构耐久性设计规范》(GB/T 50476—2008) 规定，混凝土结构的耐久性应根据结构的设计使用年限、结构所处的环境类别及作用等级进行设计。环境类别及作用等级见表6-4。

混凝土的耐久性是一项综合技术指标，包括抗渗性、抗冻性、抗侵蚀性及抗碳化性等。

环境类别及作用等级 (GB/T 50476—2008)　　表6-4

环境作用等级 / 环境类别	A 轻微	B 轻度	C 中度	D 严重	E 非常严重	F 极度严重
Ⅰ 一般环境	Ⅰ-A	Ⅰ-B	Ⅰ-C	—	—	—
Ⅱ 冻融环境	—	—	Ⅱ-C	Ⅱ-D	Ⅱ-E	—
Ⅲ 海洋氯化物环境	—	—	Ⅲ-C	Ⅲ-D	Ⅲ-E	Ⅲ-F
Ⅳ 除冰盐等其他氯化物环境	—	—	Ⅳ-C	Ⅳ-D	Ⅳ-E	—
Ⅴ 化学腐蚀环境	—	—	Ⅴ-C	Ⅴ-D	Ⅴ-E	—

(1) 抗渗性

抗渗性是指混凝土抵抗压力水渗透的性能。它不但关系到混凝土本身的防渗性能，还直接影响到混凝土的抗冻性、抗侵蚀性等其他耐久性指标，因而，抗渗性是决定混凝土耐久性最主要的技术指标。当混凝土的抗渗性较差时，不但容易透水，而且由于水分渗入内部，当有冰冻作用或水中含侵蚀性介质时，混凝土就容易受到冰冻或侵蚀作用而破坏。对钢筋混凝土还可能引起钢筋的锈蚀、混凝土保护层的开裂和剥落。混凝土内部连通的孔隙、毛细管和混凝土浇筑中形成的孔洞、蜂窝等，都会引起混凝土渗水。因此提高混凝土密实度，改变孔隙结构、减少连通孔隙是提高抗渗性的重要措施。

混凝土的抗渗性用抗渗等级表示。抗渗等级是以28d龄期的标准混凝土抗渗试件，按规定试验方法，以不渗水时所能承受的最大水压（MPa）来确定。混凝土的抗渗等级用代号P表示，如P2、P4、P6、P8、P10、P12等不同的抗渗等级，它们分别表示能抵抗0.2、0.4、0.6、0.8、1.0、1.2MPa的液体压力而不被渗透。

（2）抗冻性

混凝土在低温受潮状态下，尤其是经常与水接触、容易受冻的外部混凝土工程，经长期冻融循环作用，容易受到破坏，影响使用，因此要有较高的抗冻性。一般来说，密实的、具有封闭孔隙的混凝土，抗冻性较好；水灰比越小，混凝土的密实度越高，抗冻性也越好；在混凝土中加入引气剂或减水剂，能有效提高混凝土抗冻性。

混凝土的抗冻性用抗冻等级表示。抗冻等级是以28d龄期的混凝土标准试件，在浸水饱和状态下，进行冻融循环试验，以同时满足强度损失率不超过25%，质量损失率不超过5%时的最大循环次数来表示。混凝土的抗冻等级分为F25、F50、F100、F150、F200、F250、F300七个等级。如F100表示混凝土能够承受反复冻融循环次数为100次，强度下降不超过25%，质量损失不超过5%。

（3）抗侵蚀性

混凝土抗侵蚀性是指混凝土抵抗外界侵蚀性介质破坏作用的能力。当工程所处的环境有侵蚀介质时，对混凝土必须提出抗侵蚀性要求。混凝土的抗侵蚀性与所用水泥的品种、混凝土的密实程度、孔隙特征等有关。密实性好的、具有封闭孔隙的混凝土，抗侵蚀性好。提高混凝土的抗侵蚀性还应根据工程所处环境合理选择水泥品种。

（4）抗碳化性

混凝土的碳化作用是指混凝土中的$Ca(OH)_2$在湿度适宜的条件下与空气中的CO_2作用生成$CaCO_3$和水，使混凝土碱度降低的过程。

碳化造成的碱度降低，减弱了混凝土对钢筋的保护作用，可能导致钢筋锈蚀；碳化还会引起混凝土的收缩，并可能导致产生微细裂缝。碳化速度随空气中二氧化碳浓度的增高而加快。在相对湿度50%～75%环境中，碳化速度最快；当相对湿度小于25%或达到饱和时，碳化作用停止。采用水化后$Ca(OH)_2$含量高的硅酸盐水泥比采用掺混合材料的硅酸盐水泥碱度要高，碳化速度慢，抗碳化能力强。低水灰比的混凝土孔隙率低，二氧化碳不易侵入，故抗碳化能力强。

（5）提高混凝土耐久性的主要措施

混凝土的耐久性主要取决于组成材料的品种与质量、混凝土本身的密实度、施工质量、孔隙率和孔隙特征等，其中最关键的是混凝土的密实度。提高混凝土耐久性的主要措施有：

① 合理选择水泥品种；

② 控制混凝土的最大水胶比及胶凝材料用量；

胶凝材料是混凝土原材料中具有胶结作用的硅酸盐水泥和粉煤灰、硅灰、磨细矿渣等矿物掺合料与混合料的总称。混凝土拌合物中用水量与胶凝材料总量的重量比称为水胶比。在一定的施工工艺条件下，混凝土的密实度与水胶比有直接关系，与胶凝材料用量有间接关系。混凝土中的胶凝材料用量和水胶比，不仅要满足混凝土对强度的要求，还必须满足耐久性要求。根据《混凝土结构耐久性设计规范》（GB/T 50476—2008），单位体积混凝土的胶凝材料用量宜控制在表 6-5 规定的范围内。

单位体积混凝土的胶凝材料用量（GB/T 50476—2008） **表 6-5**

最低强度等级	最大水胶比	最小用量(kg/m³)	最大用量(kg/m³)
C25	0.60	260	400
C30	0.55	280	
C35	0.50	300	
C40	0.45	320	450
C45	0.40	340	
C50	0.36	360	480
≥C55	0.36	380	500

注：1. 表中数据适用于最大骨料粒径为 20mm 的情况，骨料粒径较大时适当降低胶凝材料用量，骨料粒径较小时可适当增加；
2. 引气混凝土的胶凝材料用量与非引气混凝土要求相同；
3. 对于强度等级达到 C60 的泵送混凝土，胶凝材料最大用量可增大至 530kg/m³。

③ 选用质量好的砂、石集料；

质量良好、技术条件合格的砂、石集料，是保证混凝土耐久性的重要条件。《混凝土结构耐久性设计规范》（GB/T 50476—2008）规定，混凝土骨料应满足骨料级配和粒形的要求，配筋混凝土中的骨料最大粒径应满足表 6-6 的规定。

④ 掺入引气剂或减水剂，提高混凝土抗冻性、抗渗性；

⑤ 严格控制混凝土施工质量，做到搅拌均匀、振捣密实、加强养护。

配筋混凝土中骨料最大粒径（mm） **表 6-6**

混凝土保护层最小厚度(mm)		20	25	30	35	40	45	50	≥60
环境作用	Ⅰ-A，Ⅰ-B	20	25	30	35	40	40	40	40
	Ⅰ-C，Ⅱ，Ⅴ	15	20	20	25	25	30	35	35
	Ⅲ，Ⅳ	10	15	15	20	20	25	25	25

6.2 普通混凝土性能检测

6.2.1 一般规定

(1) 取样

同一组混凝土拌合物的取样应从同一盘或同一车运送的混凝土中取出，取样与试件留置应符合下列规定：

① 每拌制100盘且不超过100m³的同配合比的混凝土，取样不得少于一次；

② 每工作时拌制的同一配合比的混凝土不足100盘时，取样不得少于一次；

③ 每一次连续浇筑超过1000m³时，同一配合比的混凝土每200m³，取样不得少于一次；

④ 每一楼层，同一配合比的混凝土，取样不得少于一次；

⑤ 每一次取样应至少留置一组标准养护试件，同条件养护试件的留置组数应根据实际需要确定；

⑥ 从取样完毕到开始做各项性能试验不宜超过5min。

（2）试验条件

① 在试验室拌制混凝土进行试验时，拌和时试验室的温度应保持在（20±5）℃，所用材料的温度应与试验室温度保持一致；

② 材料用量以质量计，称量精度：骨料为±1%；水、水泥、掺合料和外加剂均为±0.5%；

③ 混凝土试配时的最小搅拌量为：当骨料最大粒径小于30mm时，拌制数量为15L；最大粒径为40mm时，拌制数量为25L。同时，搅拌量不应小于搅拌机额定搅拌量的1/4；

④ 从试样制备完毕到开始做各项性能试验不宜超过5min。

（3）试样制备

1）主要仪器设备

搅拌机：容量75～100L，转速18～22r/min；磅秤：称量50kg，感量50g；天平：称量5kg，感量1g；量筒：200mL、100mL各一只；拌板：1.5m×2.0m左右；拌铲；盛器；抹布等。

2）拌和方法

人工拌合：

① 按所定配合比备料，以全干状态为准；

② 将拌板和拌铲用湿布润湿后，将砂倒在拌板上，然后加入水泥，用铲自拌板一端翻拌至另一端，然后再翻拌回来，如此重复直至颜色混合均匀，再加入石子翻拌至混合均匀为止；

③ 将干混合料堆成堆，在中间作一凹槽，将已称量好的水，倒入一半左右在凹槽中(勿使水流出)，然后仔细翻拌，并徐徐加入剩余的水，继续翻拌。每翻拌一次，用铲在混合料上铲切一次，直至拌和均匀为止；

④ 拌合时力求动作敏捷，拌和时间从加水时算起，应大致符合以下规定：

拌合物体积为30L以下时为4～5min；拌合物体积为30～50L时为5～9min；拌合物体积为51～75L时为9～12min；

⑤ 拌好后，根据试验要求，即可做拌合物的各项性能试验或成型试件。从开始加水时至全部操作完必须在30min内完成。

机械搅拌：

① 按所定配合比备料，以全干状态为准；

② 预拌一次，即用按配合比的水泥、砂和水组成的砂浆和少量石子，在搅拌机中涮膛，然后倒出多余的砂浆，其目的是使水泥砂浆先粘附满搅拌机的筒壁，以免正式拌合时影响混凝土的配合比；

③ 开动搅拌机，将石子、砂和水泥依次加入搅拌机内，干拌均匀，再将水徐徐加入。全部加料时间不得超过 2min。水全部加入后，继续拌和 2min；

④ 将拌合物从搅拌机中卸出，倒在拌板上，再经人工拌和 1～2min，即可做拌合物的各项性能试验或成型试件。从开始加水时算起，全部操作必须在 30min 内完成。

6.2.2 混凝土拌合物的和易性测定——坍落度与扩展度法

(1) 试验原理及方法

通过测定混凝土拌合物在自重作用下自由坍落的程度及外观现象（有无泌水、离析等），评定混凝土拌合物的和易性（流动性、保水性、粘聚性）是否满足要求。

(2) 试验目的及标准

通过坍落度测定，确定试验室配合比，检验混凝土拌合物和易性是否满足施工要求，并制作成符合标准要求的构件，以便确定混凝土的强度及耐久性能。

坍落度法适用于粗骨料最大粒径不大于 40mm、坍落度值不小于 10mm 的塑性混凝土拌合物和易性测定。测试时需拌合物料 15L。

按《普通混凝土拌合物性能试验方法标准》(GB/T 50080—2002) 测定。

(3) 主要仪器设备

坍落度筒：截头圆锥形，由薄钢板或其他金属板制成，形状和尺寸见图 6-7；捣棒：端部应磨圆，直径 16mm，长度 650mm；装料漏斗；小铁铲；钢直尺；抹刀等。

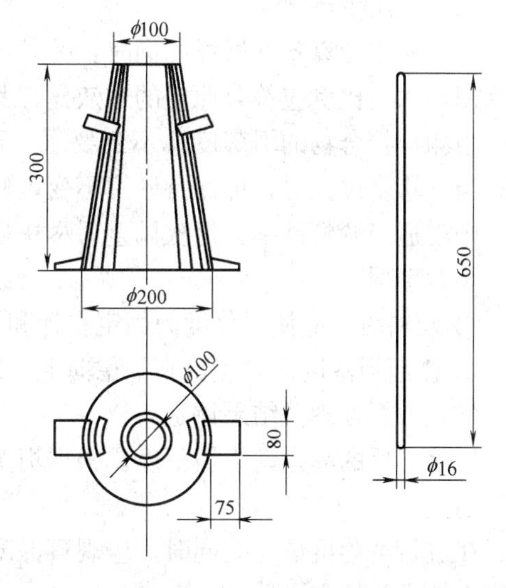

图 6-7 坍落度筒和捣棒

(4) 试验步骤及注意事项

试验步骤：

① 用湿布润湿坍落度筒及其他用具，并把坍落度筒放在不吸水的刚性水平底板上，然后用脚踩住两边的脚踏板，使坍落度筒在装料时保持位置固定；

② 按要求将拌好的混凝土拌合物试样用小铲分三层均匀地装入筒内，使捣实后每层试样高度为筒高的三分之一左右，每层用捣棒插捣 25 次。插捣时应沿螺旋方向由外围向中心进行，各次插捣应在截面上均匀分布。插捣筒边的混凝土试样时，捣棒可以稍稍倾斜；插捣底层时，捣棒应贯穿整个深度；插捣第二层和顶层时，捣棒应插透本层至下一层的表面。浇灌顶层时，应将混凝土拌合物灌至高出筒口。插捣过程中，如混凝土沉落到低于筒口，则应随时添加。顶层插捣完毕后，刮去多余的混凝土拌合物并用抹刀抹平；

③ 清除筒边底板上的混凝土后，在 5～10s 内垂直平稳地提起坍落度筒。从开始装料到提起坍落度筒的整个过程应不间断地进行，并应在 150s 内完成；

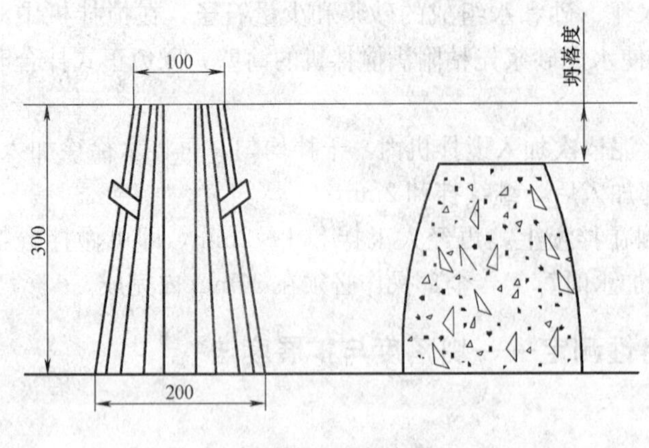

图 6-8　坍落度试验示意图（mm）

④ 提起坍落度筒后，立即量测筒高与坍落后混凝土拌合物试体最高点之间的高差，即为该混凝土拌合物的坍落度值（以 mm 为单位，读数精确至 5mm）。见图 6-8；

⑤ 坍落度筒提离后，如试体发生崩坍或一边剪坏现象，则应重新取样进行测定。如第二次仍出现这种现象，则表示该拌合物和易性不好，应予记录备查；

⑥ 测定坍落度后，观察拌合物的粘聚性和保水性，并做好记录；

⑦ 坍落度的调整：

在按初步计算备好试样的同时，另外还需备好两份为坍落度调整用的水泥与水。备用的水泥与水的比例应符合原定的水灰比，其数量可各为原来用量的 5％与 10％。

当测得拌合物的坍落度达不到要求，可保持水灰比不变，增加 5％或 10％的水泥和水；当坍落度过大时，可保持砂率不变，酌情增加砂和石子的用量；若粘聚性或保水性不好，则需适当调整砂率。每次调整后尽快拌和均匀，重新进行坍落度测定。

注意事项：

① 装料时，应使坍落度筒固定在拌和平板上，保持位置不动；

② 提起坍落度筒时应垂直平稳向上，避免坍落度筒触及混凝土拌合物。

（5）数据处理及结果评定

坍落前后的高差即为坍落度。根据坍落度的大小判定混凝土拌合物是否满足施工要求的流动性。

在进行坍落度试验的同时，应观察混凝土拌合物的黏聚性、保水性，以便全面地评定混凝土拌合物的和易性。

粘聚性的评定方法是：用捣棒在已坍落的混凝土锥体侧面轻轻敲打，若锥体逐渐下沉，则表示粘聚性良好；如果锥体倒塌，部分崩裂或出现离析现象，则表示粘聚性不好。

保水性是以混凝土拌合物中的稀水泥浆析出的程度来评定。坍落度筒提起后，如有较多稀水泥浆从底部析出，锥体部分混凝土拌合物也因失浆而骨料外露，则表明混凝土拌合物的保水性能不好。如坍落度筒提起后无稀水泥浆或仅有少量稀水泥浆自底部析出，则表示此混凝土拌合物保水性良好。

混凝土拌合物和易性评定，应按试验测定值和试验目测情况综合评议。其中，坍落度至少要测定两次，取两次的算术平均值作为最终的测定结果。两次坍落度测定值之差应不大于 20mm。

当坍落度大于 220 mm 时，坍落度不能准确反映混凝土的流动性，用混凝土扩展后的平均直径即坍落扩展度，作为流动性指标。用钢尺测量混凝土扩展后最终的最大直径和最小直径，在两个直径之差小于 50mm 的条件下，以算术平均值作为坍落度扩展度值。否则，试验无效。坍落度和扩展度值以 mm 为单位，精确至 1mm，修约至 5mm。

6.2.3 混凝土拌合物的和易性测定——维勃稠度法

（1）试验原理及方法

通过测定混凝土拌合物在外力作用下由圆台状均匀摊平所需要的时间，评定混凝土的流动性是否满足施工要求。

（2）试验目的及标准

测定混凝土拌合物的维勃值，用以评定坍落度在 10mm 以内的混凝土拌合物流动性，检验混凝土拌合物的和易性是否满足施工要求。

维勃稠度法适用于骨料最大粒径不大于 40mm，维勃稠度在 5～30s 之间的混凝土拌合物和易性测定。测定时需配制拌合物约 15L。

按《普通混凝土拌合物性能试验方法》（GB/T 50080—2002）进行测定。

（3）主要仪器设备

维勃稠度仪（见图 6-9），其他用具与坍落度测试法相同。

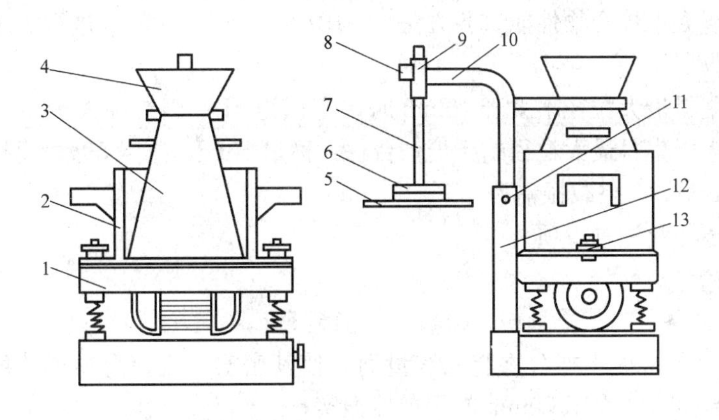

图 6-9 维勃稠度仪

1—振动台；2—容器；3—坍落度筒；4—喂料斗；5—透明圆盘；6—荷重；7—测杆；8—测杆螺丝；9—套筒；10—旋转架；11—定位螺丝；12—支柱；13—固定螺丝

（4）试验步骤及注意事项

试验步骤：

① 将维勃稠度仪放置在坚实水平的地面上，用湿布把容器、坍落度筒、喂料斗内壁及其他用具润湿；

② 将喂料斗提到坍落度筒上方扣紧，校正容器位置，使其中心与喂料斗中心重合，然后拧紧固定螺丝；

③ 把拌好的拌合物用小铲分三层经喂料斗均匀地装入坍落度筒内，装料及插捣的方法与坍落度测试时相同；

④ 把喂料斗转离，垂直地提起坍落度筒，此时应注意不使混凝土试体产生横向的扭动；

⑤ 把透明圆盘转到混凝土圆台体顶面，放松测杆螺丝，降下圆盘，使其轻轻地接触到混凝土顶面，拧紧定位螺丝并检查测杆螺丝是否已完全放松；

⑥ 在开启振动台的同时用秒表计时，当振动到透明圆盘的底部被水泥布满的瞬间停止计时，并关闭振动台电机开关。由秒表读出的时间（s）即为该混凝土拌合物的维勃稠度值，读数精确至1s。

注意事项：

① 试验前应检查秒表是否准确；

② 若维勃稠度值小于5s或大于30s，则此种混凝土拌合物所具有的稠度已超出维勃稠度法的适用范围。

6.2.4 普通混凝土拌合物体积密度测定

（1）试验原理及方法

测定混凝土拌合物捣实后的单位体积质量。

（2）试验目的及标准

测定混凝土拌合物体积密度，为核实（或调整）混凝土配合比中各材料用量提供依据。

按《普通混凝土拌合物性能试验方法》（GB/T 50080—2002）进行测定。

（3）主要仪器设备

容量筒：集料最大粒径不大于40mm时，容积为5L；当粒径大于40mm时，容量筒内径与高均应大于集料最大粒径的4倍；台秤：称量50kg，感量50g；捣棒；橡皮锤；振动台：频率50±3Hz，空载振幅为0.5±0.1mm。

（4）试验步骤及注意事项

试验步骤：

① 润湿容量筒，称其质量 m_1（kg），精确至50g；

② 将配制好的混凝土拌合物装入容量筒并使其密实。当拌合物坍落度不大于70mm时，可用振实台振实，大于70mm时用捣棒振实；

③ 用振动台振实时，将拌合物一次装满，振动时随时准备添料，振至表面出现水泥浆，没有气泡向上冒为止。用捣棒捣实时，混凝土分两层装入，每层插捣25次（对5L容量筒），每一层插捣完后用橡皮锤轻轻沿容器外壁敲打5～10次，进行振实，直至拌合物表面插捣孔消失并不见大气泡为止；

④ 用刮尺齐筒口将多余的混凝土拌合物刮去，表面如有凹陷应予填平。将容量筒外壁擦净，称出拌合物与筒总质量 m_2(kg)，精确至50g。

注意事项：

① 试验前应对容重筒容积进行校正（按5.2.3（4）③中的方法进行）；

② 混凝土拌合物体积密度可以利用制备混凝土抗压强度试件时进行，称量试模及试模与混凝土拌合物总重量（精确至0.1kg），以一组三个试件表观密度的平均值作为混凝土拌合物体积密度。

（5）数据处理及结果评定

混凝土拌合物的体积密度 ρ_{c0} 按下式计算（kg/m^3，精确至$10kg/m^3$）：

$$\rho_{c0}=\frac{m_2-m_1}{V_0}\times 1000 \tag{6-4}$$

式中 m_1——容量筒质量，kg；

m_2——试样与容量筒总质量，kg；

V_0——容量筒体积，L。

试验结果的计算精确到 10kg/m^3。

6.2.5 混凝土抗压强度检测

（1）试验原理及方法

将和易性满足施工要求的混凝土拌合物按规定方法制成标准立方体试件，经 28d 标准养护后，测其抗压破坏荷载，计算其抗压强度。

（2）试验目的及标准

通过测定混凝土立方体抗压强度，校验、调整混凝土配合比，确定混凝土强度等级，并为评定混凝土质量提供依据。

按《普通混凝土力学性能试验方法标准》（GB/T 50081—2002）进行测定。

（3）主要仪器设备

压力试验机：测量精度不低于±1%，试验时由试件最大荷载选择压力机量程，使试件破坏时的荷载位于全量程的 20%～80%范围内；振动台：频率（50±3）Hz，空载振幅约为 0.5mm；搅拌机；试模；捣棒；橡皮锤；抹刀等。

（4）试验步骤及注意事项

试验步骤：

1）试件的制作

① 每一组试件所用的混凝土拌合物应从同一批拌和而成的拌合物中取用；

② 制作前，应将试模擦拭干净并在其内表面涂以一薄层矿物油脂或隔离剂；

③ 坍落度不大于 70mm 的混凝土用振动台振实。将拌合物一次装入试模，并稍有富余，然后将试模放在振动台上，用固定装置予以固定。开动振动台至拌合物表面呈现出水泥浆状态时为止，刮去多余的拌合物并随即用镘刀将表面抹平；

④ 坍落度大于 70mm 的混凝土试样，装入试模后采用人工捣实方法。将混凝土拌合物分两层装入试模，每层厚度大致相等。插捣时按螺旋方向从边缘向中心均匀进行。插捣底层时，捣棒应达到试模底面；插捣上层时，捣棒应穿入下层深度约 20～30mm。插捣时捣棒应保持垂直，不得倾斜，并用抹刀沿试模内壁插入数次，以防止试件产生麻面。每层插捣次数按每 100cm^2 面积上不得少于 12 次，插捣后应用橡皮锤轻轻敲击试模四周，直至插捣棒留下的空洞消失为止。然后刮去多余的混凝土拌合物，将试模表面用镘刀抹平。

2）试件的养护

① 采用标准养护方法养护的试件成型后应用湿布覆盖其表面，防止水分蒸发，并应在温度为 20℃±5℃的条件下静置 1～2 昼夜，然后编号拆模。

② 拆模后的试件应立即放在温度为 20±2℃，湿度为 95%以上的标准养护室中养护。在标准养护室内试件应放在架上，彼此间隔为 10～20mm，并应注意避免用水直接冲淋试件以保持其表面特征。

③ 混凝土试件也可在温度为 20±2℃的不流动的 $Ca(OH)_2$ 饱和溶液中养护。

④ 与构件同条件养护的试件成型后，应将其表面覆盖并洒水。试件的拆模时间可以和实际构件的拆模时间相同。拆模后，试件仍需保持同条件养护。

3）混凝土立方体试块抗压强度测试

① 试件自养护室取出后，随即擦干并量出其尺寸（精确至 1mm），据此计算构件的受压面积 $A(mm^2)$。

② 将试件安放在下承压板上，试件的承压面应与试件成型时的顶面垂直；试件的中心应与试验机下承压板中心对准。开动试验机，当上压板与试件接近时，调整球座，使上、下压板与试件上、下表面实现均衡接触。

③ 测试时应保持连续而均匀地加荷，加荷速度应为：混凝土强度等级≥C30 且＜C60 时，取每秒钟 0.5～0.8MPa；混凝土强度等级＜C30 时，取每秒钟 0.3～0.5MPa。当试件接近破坏而开始迅速变形时，停止调整试验机油门，直至试件破坏。记录破坏荷载 P（N）。

注意事项：

① 不同骨料最大粒径选用的试件尺寸、插捣次数及尺寸换算系数，按表 6-7 规定；

不同骨料最大粒径选用的试件尺寸、插捣次数及尺寸换算系数　　表 6-7

试件尺寸(mm)	骨料最大粒径(mm)	每层插捣次数	尺寸换算系数
100×100×100	≤31.5	12	0.95
150×150×150	≤40	25	1
200×200×200	≤63	50	1.05

② 混凝土物理力学性能试验一般以 3 个试件为一组。每一组试件所用的拌合物应从同盘或同一车运送的混凝土中取出，或在试验室用机械或人工单独拌制用以检验现浇混凝土工程或预制构件质量；

③ 所有试件应在取样后立即制作。检验工程和构件质量的混凝土试件成型方法应尽可能与实际施工采用的方法相同。

（5）数据处理及结果评定

① 混凝土试件的立方抗压强度可按下式计算：

$$f_{cc}=\frac{P}{A} \tag{6-5}$$

式中　f_{cc}——混凝土立方体试块的抗压强度，MPa。精确至 0.1MPa；

P——破坏荷载，N；

A——试件承压面积，mm^2。

② 混凝土的抗压强度是以边长 150mm 的立方体试件的抗压强度为标准，其他尺寸试件测定结果均应乘以表 6-7 中所规定的尺寸换算系数换算为标准强度。

③ 以三个试件的抗压强度算术平均值作为该组混凝土试件的抗压强度值（精确至 0.1MPa）。如果三个测定值中的最小值或最大值有一个与中间值的差值超过中间值的 15%时，则计算时把最大值与最小值一并舍除，取中间值作为该组试件的抗压强度值。如最大值和最小值与中间值的差均超过中间值的 15%，则该组试件的试验结果无效。

6.2.6 混凝土抗渗性试验（逐级加压法）

试验依据：《普通混凝土长期性能和耐久性能试验方法标准》（GB/T 50082—2009）

（1）试验目的

通过试验测定普通混凝土的抗渗等级，以确定混凝土是否达到抗渗设计要求。

（2）主要仪器设备

混凝土抗渗仪：加水压力范围为（0.1～2.0）MPa；抗渗试模：上口内部直径为175mm，下口内部直径为185mm，高度为150mm的圆台体；烘箱；电炉；加热器及压力试验机等。

（3）试件制作及养护

① 试件制作

抗渗试验采用顶面直径为175mm，底面直径为185mm，高度为150mm的圆台体试件，以6个试件为一组。试件制作时不应采用憎水性脱模剂。

② 试件养护

试件成型后24h拆模，用钢丝刷刷去两端面水泥浆膜，并立即送入标准养护室养护。试件一般养护至28d龄期进行试验，如有特殊要求可在其他龄期进行。

（4）试验步骤

① 试件养护至试验前1d取出，将表面晾干，然后将试件侧面裹涂一层熔化的内加少量松香的石蜡。随即应用螺旋加压器将试件压入经烘箱预热过的试模中（试模的预热温度，应以石蜡接触试模即缓慢熔化但不流淌为准），使试件与试模底平齐，并应在试模变冷后解除压力。

② 试件准备好之后，启动抗渗仪，并开通6个试位下的阀门，使水从6个孔中渗出，水应充满试位坑，在关闭6个试位下的阀门后应将密封好的试件安装在抗渗仪上，检查密封情况。混凝土抗渗试验装置示意图见图6-10。

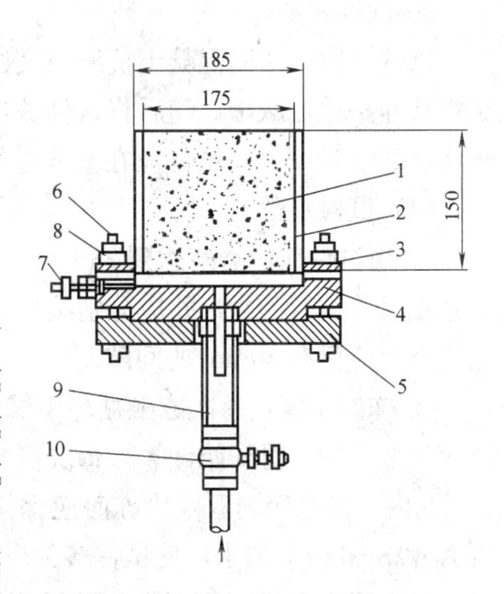

图6-10 混凝土抗渗试验装置示意

1—试件；2—套模；3—上法兰；4—固定法兰；5—底板；6—固定螺栓；7—排气阀；8—橡皮垫圈；9—分压水管；10—进水阀门

③ 试验时，水压应从0.1MPa开始，以后每隔8h增加0.1MPa水压，并应随时观察试件端面渗水情况。

④ 当6个试件中有3个试件端面出现渗水时，即停止试验。记下此时的水压 H。在试验过程中如发现水从试件周边渗出，则应停止试验，重新进行密封。

（5）结果评定

混凝土抗渗等级 P 以每组6个试件中4个试件未出现渗水时的最大水压力计算。按下式计算：

$$P = 10H - 1 \quad (6\text{-}6)$$

式中　P——抗渗等级；

H——6 个试件中 3 个试件渗水时的水压力，MPa。

6.2.7 混凝土抗冻性试验（慢冻法）

试验依据：《普通混凝土长期性能和耐久性能试验方法标准》(GB/T 50082—2009)。

(1) 试验目的

通过试验测定普通混凝土的抗冻等级，以确定混凝土是否达到抗冻设计要求。

(2) 主要仪器设备

冻融试验箱：在满载运转的条件下，冷冻期间冻融试验箱内空气的温度应能保持在(−20～−18)℃范围内；溶化期间冻融试验箱内浸泡混凝土试件的水温应能保持在(18～20)℃范围内；满载时冻融试验箱内各点温度极差不应超过 2℃。台称：称量 20kg，感量 5g；压力机等。

(3) 试件制作与养护

① 试件制作

试验采用边长 100mm 的立方体试件，制作方法同混凝土抗压强度试验，以三块试件为一组。抗冻等级低于 D100 时，需成型冻融及对比试件各一组；抗冻等级不低于 D100 时，需制作抗冻及对比试件各二组。另需制作鉴定 28d 强度试件一组。

② 试件养护

试件养护方法同混凝土抗压强度试验。冻融试验的试件应在养护龄期为 24d 时提前将试件从养护地点取出，随后将试件放在(20±2)℃水中浸泡 4d，浸泡时水面应高出试件顶面(20～30)mm。试件应在 28d 进行冻融试验。

(4) 试验步骤

① 当试件养护龄期达到 28d 时应及时取出冻融试验的试件，用湿布擦除表面水分后对外观尺寸进行测量，并应分别编号、称重，然后按编号置入试件架内，试件架中各试件之间至少应留有 30mm 的间隙。

② 冻融制度：每次冻融循环中试件的冷冻时间不应少于 4h。冷冻时间应从冻融箱内温度降至−18℃时开始计算。每次从装完试件到温度降至−18℃所需的时间应在(1.5～2.0)h 内。冻融箱内温度冷冻时应保持在(−20～−18)℃。冻结结束后，应立即加入温度为(18～20)℃的水，使试件转为融化状。冻融箱内的水面应至少高出试件表面 20mm。融化时间不应小于 4h。融化完毕视为该次冻融循环结束，可进入下一次冻融循环。

③ 每 25 次循环宜对试件进行一次外观检查。当冻融循环出现下列情况之一时，可停止试验：一是已达到规定的循环次数；二是抗压强度损失率已达到 25%；三是质量损失已达到 5%。

④ 混凝土试件达到规定的冻融循环次数时，取出冻融试件，擦干表面后称量，并立即测定其抗压强度。同时从养护室中取出对比试件测定其抗压强度。

(5) 结果评定

① 混凝土冻融试验后的强度损失率 Δf_c 按下式计算，精确至 1%：

$$\Delta f_c = \frac{f_{c0} - f_{cn}}{f_{c0}} \times 100\% \tag{6-7}$$

式中 f_{c0}、f_{cn}——分别为对比试件及经 n 次冻融循环后试件的抗压强度值，MPa。

② 混凝土冻融试件冻融循环后的质量损失率 Δm 按下式计算，精确至1%：

$$\Delta m=\frac{m_0-m_n}{m_0}\times 100\% \tag{6-8}$$

式中 m_n、m_0——分别为经 n 次循环后及对比试件的质量，kg。

③ 混凝土的抗冻等级以同时满足 $\Delta f_c \leqslant 25\%$，$\Delta m \leqslant 5\%$时的最大循环次数来表示。

6.3 混凝土质量的控制

混凝土的质量受多种因素的影响，如原材料的质量波动、施工配料的误差、环境温湿度变化等的影响。在正常施工条件下，这些影响因素都是随机的，因此，混凝土的质量也是随机的。为了使混凝土达到设计要求的和易性、强度、耐久性，除选择适宜的原材料及确定恰当的配合外，还应在施工过程中对各个环节进行质量检验和质量控制。

6.3.1 混凝土生产的质量控制

(1) 原材料质量控制

混凝土所用的原材料必须通过质量检验，满足相应的技术标准，且各组成材料的质量必须满足工程设计与施工的要求后方可使用。各种原材料应逐批检查出厂合格证和检验报告，同时，为了防止产生混料及错批，或由于时间效应引起的质量变化，材料在使用前最好进行复检。

(2) 计量控制

严格控制各组成材料的用量，做到称量准确，各组成材料的计量误差须满足《混凝土结构工程施工质量验收规范》(GB 50204—2002) 的规定，即水泥、掺合料、水、外加剂的误差控制在2%以内，粗、细骨料的计量误差控制在3%以内，搅拌时间通常控制在1～2.5min。此外，要经常测定骨料的含水率，若含水率出现变化，应及时调整混凝土的施工配合比。

(3) 施工过程控制

拌合物在运输时要尽量减少转运次数，缩短运输时间，采取正确装卸措施，防止在运输中出现离析、泌水、流浆等不良现象；浇筑时应采取适宜的入仓方法，并严格限制卸料高度，防止离析；对每层混凝土应按顺序振捣均匀，严禁漏振和过量振动；浇筑后必须在一定时间内进行养护，保持必要的温度及湿度，保证水泥正常凝结硬化，从而保证混凝土的强度发展，防止混凝土发生干缩裂缝。

6.3.2 混凝土质量评定的数理统计方法

由于混凝土质量的波动将直接反映到最终的强度上，而混凝土的抗压强度又与其他性能有较好的相关性，因此，在混凝土生产质量管理中，常以混凝土的抗压强度作为评定和控制其质量的主要指标。

工程实践证明，对同一强度等级的混凝土，在施工条件基本一致的情况下，其强度波动服从正态分布规律（见图 6-11)。

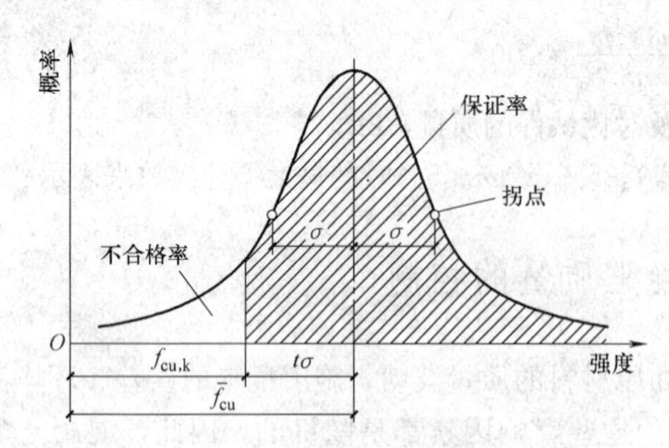

图 6-11　混凝土强度正态分布曲线及保证率

正态分布曲线是以平均强度为对称轴，距离对称轴越近，强度概率值越大；反之，距离对称轴越远，强度概率值越小。对称轴两侧曲线上各有一个拐点，拐点距对称轴的水平距离等于强度标准差（σ)；曲线与横轴之间的面积为概率的总和，等于 100%，对称轴两边出现的概率各为 50%。在数理统计方法中，常用强度平均值、强度标准差、变异系数和强度保证率等统计参数来综合评定混凝土质量。

混凝土强度保证率是指混凝土强度总体分布中大于设计强度等级的概率，用强度分布曲线上的阴影部分来表示（图 6-11)。强度保证率 P 与概率度 t 的对应关系见表 6-8。

不同 t 值的保证率 P　　**表 6-8**

t	0.00	0.50	0.80	0.84	1.00	1.04	1.20	1.28	1.40	1.50	1.60
P(%)	50.0	69.2	78.8	80.0	84.1	85.1	88.5	90.0	91.9	93.5	94.7
t	1.645	1.70	1.75	1.81	1.88	1.96	2.00	2.05	2.33	2.50	3.00
P(%)	95	95.5	96.0	96.5	97.0	97.5	97.7	98.0	99.0	99.4	99.87

6.3.3　混凝土的配制强度

在配制混凝土时，令混凝土的配制强度等于平均强度，即 $f_{cu,0}=\overline{f_{cu}}$。若直接按设计强度等级值配制混凝土，则由表 6-8 知强度保证率仅为 50%，即将有一半的混凝土达不到设计强度等级，显然这是不能接受的。为使混凝土强度具有足够的保证率，必须使混凝土配制时的强度高于强度等级值。由图 6-11 可得：

$$f_{cu,0}=f_{cu,k}+t\sigma \tag{6-9}$$

式中　$f_{cu,0}$——混凝土的配制强度，MPa；

$f_{cu,k}$——混凝土的设计强度等级，MPa；

t——与要求的强度保证率相对应的概率度，当强度保证率为 95% 时，$t=1.645$；

σ——混凝土强度标准差，MPa。σ 可根据施工单位以往的生产质量水平进行测算，如施工单位无历史统计资料时，可按表 6-9 选用。

σ 取值表　　**表 6-9**

混凝土强度等级	<C20	C20～C35	>C35
σ(MPa)	4.0	5.0	6.0

6.3.4 混凝土的强度评定

混凝土强度应分批进行检验评定。一个验收批的混凝土应由强度等级、龄期、生产工艺条件和配合比基本相同的混凝土组成。根据《混凝土强度检验评定标准》(GB 50107—2010)，混凝土强度评定方法分为统计方法和非统计方法两种。

(1) 统计方法评定

① 当连续生产的混凝土，生产条件在较长时间内保持一致，且同一品种、同一强度等级混凝土的强度变异性保持稳定时，一个验收批的样本容量应为连续的3组试件，其强度应同时满足下列要求：

$$m_{f_{cu}} \geqslant f_{cu,k} + 0.7\sigma_0 \tag{6-10}$$

$$f_{cu,min} \geqslant f_{cu,k} - 0.7\sigma_0 \tag{6-11}$$

检验批混凝土立方抗压强度的标准差应按下式计算：

$$\sigma_0 = \sqrt{\frac{\sum f_{cu,i}^2 - nm_{f_{cu}}^2}{n-1}} \tag{6-12}$$

当混凝土强度等级≤C20时，其强度最小值尚应满足下式要求：

$$f_{cu,min} \geqslant 0.85 f_{cu,k} \tag{6-13}$$

当混凝土强度等级>C20时，其强度最小值尚应满足下式要求：

$$f_{cu,min} \geqslant 0.90 f_{cu,k} \tag{6-14}$$

式中 $m_{f_{cu}}$——同一检验批混凝土立方体抗压强度的平均值，N/mm^2，精确到 $0.1N/mm^2$；

$f_{cu,min}$——同一检验批混凝土立方体抗压强度的最小值，N/mm^2，精确到 $0.1N/mm^2$；

$f_{cu,k}$——混凝土立方抗压强度标准值，N/mm^2；

σ_0——检验批混凝土立方体抗压强度的标准差，N/mm^2，精确到 $0.01N/mm^2$；当检验批混凝土立方体抗压强度的标准差 σ_0 计算值小于 $2.5\ N/mm^2$ 时，应取 $2.5\ N/mm^2$；

$f_{cu,i}$——前一个检验期内同一品种、同一强度等级的第 i 组混凝土试件的立方体抗压强度代表值，N/mm^2，精确到 $0.1N/mm^2$；该检验期不应少于60d，也不得大于90d；

n——前一检验期内的样本容量，在该期间内样本容量不应少于45。

② 当样本容量不少于10组时，其强度应同时满足下列要求：

$$m_{f_{cu}} \geqslant f_{cu,k} + \lambda_1 \cdot S_{f_{cu}} \tag{6-15}$$

$$f_{cu,min} \geqslant \lambda_2 \cdot f_{cu,k} \tag{6-16}$$

同一检验批混凝土立方体抗压强度的标准差应按下式计算：

$$S_{f_{cu}} = \sqrt{\frac{\sum_{i=1}^{n} f_{cu,i}^2 - nm_{f_{cu}}^2}{n-1}} \tag{6-17}$$

式中 $S_{f_{cu}}$——同一检验批混凝土立方体抗压强度的标准差，N/mm^2，精确到 0.01N/

mm²；当 $S_{f_{cu}}$ 计算值小于 2.5 N/mm² 时，应取 2.5 N/mm²；

λ_1、λ_2——合格评定系数，按表 6-10 取用；

n——本检验期内的样本容量。

（2）非统计方法评定

混凝土强度的合格性判定系数 **表 6-10**

试件组数	10～14	15～19	≥20
λ_1	1.15	1.05	0.95
λ_2	0.90	0.85	

当用于评定的样本容量小于 10 组时，应采用非统计方法评定混凝土强度。

按非统计方法评定混凝土强度时，其强度应同时符合下列规定：

$$m_{f_{cu}} \geqslant \lambda_3 \cdot f_{cu,k} \quad (6\text{-}18)$$

$$f_{cu,min} \geqslant \lambda_4 \cdot f_{cu,k} \quad (6\text{-}19)$$

式中 λ_3、λ_4——合格评定系数，按表 6-11 取用。

混凝土强度的非统计法合格评定系数 **表 6-11**

混凝土强度等级	<C60	≥C60
λ_3	1.15	1.10
λ_4	0.95	

（3）混凝土强度的合格性评定

当混凝土分批进行检验评定时，若检验结果能满足以上述规定要求，则该批混凝土强度应评定为合格；当不能满足上述规定时，该批混凝土强度应许定为不合格。对于评定为不合格的混凝土结构或构件，应进行实体鉴定，经鉴定仍未达到设计要求的结构或构件必须及时处理。当对混凝土试件强度的代表性有怀疑时，可采用从结构或构件中钻取试件的方法或采用非破损（回弹法、超声法）检验方法，按有关标准的规定对结构或构件中混凝土的强度进行评定。

6.4 普通混凝土的配合比设计

混凝土的配合比是指混凝土中水泥、粗细骨料和水等各组成材料用量之间的比例关系。常用的混凝土配合比表示方法有两种：一种是以 1m³ 混凝土中各项材料的质量来表示，如 1m³ 混凝土中水泥 300kg、水 186 kg、砂 693 kg、石子 1236 kg；另一种是以水泥质量为 1，砂、石依次以相对质量比及水灰比表达，如上例可写成水泥：砂子：石子＝1：2.31：4.12，水灰比 0.62。

6.4.1 配合比设计的基本要求

混凝土配合比设计就是要确定 1m³ 混凝土中各组成材料的用量，使得按此用量拌制出的混凝土能够满足工程所需的各项性能要求。混凝土配合比设计应满足以下四项基本要求：

（1）满足施工要求的和易性；

(2) 满足结构设计的强度等级;

(3) 满足工程所处环境和设计规定的耐久性;

(4) 在保证混凝土质量的前提下，尽可能节约水泥，降低混凝土成本。

6.4.2 配合比设计的资料准备

在设计混凝土配合比之前，必须要通过调查研究，预先掌握下列基本资料:

(1) 混凝土设计强度等级和强度的标准差;

(2) 施工方面要求的混凝土拌合物和易性;

(3) 工程所处环境对混凝土耐久性的要求;

(4) 结构构件的截面尺寸及钢筋配置情况;

(5) 混凝土原材料基本情况，包括：水泥的品种、强度等级、实际强度、密度；砂、石骨料的种类、级配、最大粒径、表观密度、含水率等；拌合用水的水质情况；是否掺外加剂，外加剂的品种、性能、掺量等。

6.4.3 混凝土配合比设计的三个重要参数

普通混凝土配合比设计，实质是确定水泥、水、砂子、石子用量间的三个比例关系。即水与水泥之间的比例关系——水灰比；砂子与石子之间比例关系——砂率；水泥浆与骨料之间的比例关系——单位用水量（$1m^3$ 混凝土的用水量）。水灰比、砂率、单位用水量是混凝土配合比设计的三个重要参数。这三个参数的确定原则如下:

(1) 水灰比确定原则

根据混凝土强度和耐久性确定水灰比。在满足混凝土设计强度和耐久性的前提下，选用较大水灰比，以节约水泥，降低混凝土成本。

(2) 单位用水量确定原则

根据坍落度要求和粗集料品种、最大粒径确定单位用水量。在满足施工和易性的基础上，尽量选用较小的单位用水量，以节约水泥。因为当 W/C 一定时，用水量越大，所需水泥用量也越大。

(3) 砂率确定原则

砂率对混凝土和易性、强度和耐久性影响很大，也直接影响水泥用量，故应尽可能选用最优砂率（表 6-3)，并根据砂的细度模数、混凝土坍落度要求等加以调整，有条件时宜通过试验确定。

6.4.4 普通混凝土配合比设计方法及步骤

在混凝土配合比设计时，一般先计算出基本满足强度和耐久性要求的“初步配合比”；然后经实配、检测，进行和易性的调整，对配合比进行修正得出“基准配合比”；再通过对水灰比的微量调整，在满足设计强度的前提下，确定水泥用量最少的配合比为“实验室配合比”；最后，再根据施工现场骨料的含水情况计算出“施工配合比”。

(1) 计算初步配合比

1) 确定配制强度 $f_{cu,0}$

$$f_{cu,0}=f_{cu,k}+1.645\sigma \tag{6-20}$$

2）确定水灰比（W/C）

由混凝土强度公式 6-2，可推导出满足强度要求的水灰比为：

$$\frac{W}{C}=\frac{\alpha_a f_{ce}}{f_{cu,0}+\alpha_a\alpha_b f_{ce}} \tag{6-21}$$

为了保证混凝土的耐久性，根据上式求得的水灰比同时还要满足表 6-5 中最大水胶比的规定，否则应按表中规定值选取。

3）确定 $1m^3$ 混凝土的用水量（m_{w0}）

根据混凝土施工要求的坍落度（表 6-1）及所用骨料的品种、最大粒径等因素，参考表 6-2 选用 $1m^3$ 混凝土的用水量。

对于流动性和大流动性混凝土，其用水量按下列步骤计算：

① 以表 6-12 中坍落度 90mm 的用水量为基础，按坍落度每增大 20mm 用水量增加 5kg，计算出未掺外加剂时混凝土的用水量；

② 掺外加剂时的混凝土用水量可按下式计算：

$$m_{wa}=m_{w0}(1-\beta) \tag{6-22}$$

式中 m_{wa}——掺外加剂混凝土每立方米混凝土中的用水量，kg；

m_{wo}——未掺外加剂混凝土每立方米混凝土中的用水量，kg；

β——外加剂的减水率，β 值应经试验确定。

4）确定 $1m^3$ 混凝土的水泥用量（m_{c0}）

根据水灰比（W/C）和 $1m^3$ 混凝土的用水量（m_{w0}），可求得水泥用量（m_{c0}）为：

$$m_{c0}=\frac{m_{c0}}{(W/C)} \tag{6-23}$$

为了保证混凝土的耐久性，由上式计算得出的水泥用量还要满足表 6-5 中胶凝材料用量的要求，否则应在表 6-5 规定的范围内取值。

5）选取合理的砂率（β_s）

由于影响砂率的因素较多，一般应通过试验找出合理砂率。具体方法是：根据粗骨料的种类、规格及混凝土的水灰比，参考表 6-3 给出的砂率范围选定几个砂率，在水泥用量及用水量相同的条件下，拌制几种不同砂率的拌合物，分别测定它们的坍落度值（粘聚性和保水性应良好），然后做出如图 6-2 所示的坍落度与砂率关系曲线，从中选出合理砂率值。

在未经试验的情况下选定砂率时，也可以直接从表 6-3 给出的砂率范围，按下面的情况适当选取：

① 当石子最大粒径较大、级配较好、表面较光滑时，可采用较小的砂率；

② 砂的细度模数较小时，可采用较小的砂率；

③ 水灰比较小，水泥浆稠度较大，可采用较小的砂率；

④ 施工要求的流动性较大时，因拌合物易出现离析现象，应采用较大的砂率；

⑤ 当掺用引气剂或塑化剂等外加剂时，可适当减小砂率。

另外，还可用计算方法来确定砂率。计算方法是假定混凝土中砂的用量应填满石子间的空隙并略有剩余。根据此原则可得出砂率计算公式如下：

$$\beta_s=\frac{m_{s0}}{m_{s0}+m_{g0}}\cdot\alpha=\frac{\rho'_{0s}\cdot V'_{0s}}{\rho'_{0s}\cdot V'_{0s}+\rho'_{0g}\cdot V'_{0g}}\cdot\alpha$$

将 $V'_{0s}=V'_{0g}\cdot P'$ 代入上式得：

$$\beta_s=\frac{\rho'_{0s}\cdot P'}{\rho'_{0s}\cdot P'+\rho'_{0g}}\cdot\alpha \tag{6-24}$$

式中 β_s——砂率（%）；

m_{s0}、m_{g0}——分别为 $1m^3$ 混凝土中砂子、石子的用量（kg）；

V'_{0s}、V'_{0g}——分别为砂子、石子的堆积体积（m^3）；

ρ'_{0s}、ρ'_{0g}——分别为砂子、石子的堆积密度（kg/m^3）；

P'——石子的空隙率（%）；

α——砂子剩余系数，又称拨开系数，一般取 1.1～1.4。

6）计算 $1m^3$ 混凝土中砂子（m_{s0}）、石子（m_{g0}）的用量

a. 体积法 体积法是假定混凝土拌合物的体积等于各组成材料的绝对体积和所含空气的体积之和，据此可列出下式：

$$\frac{m_{c0}}{\rho_c}+\frac{m_{s0}}{\rho_{0s}}+\frac{m_{g0}}{\rho_{0g}}+\frac{m_{w0}}{\rho_w}+\alpha=1 \tag{6-25}$$

式中 m_{co}、m_{wo}——分别为 $1m^3$ 混凝土中的水泥、水的用量（kg）；

m_{so}、m_{go}——分别为 $1m^3$ 混凝土中的砂子、石子的用量（kg）；

ρ_c、ρ_w——分别为水泥、水的密度，（kg/m^3）；

ρ_{0s}、ρ_{0g}——分别为砂子、石子的表观密度，（kg/m^3）；

α——混凝土含气百分数（%）。在不使用引气型外加剂时，α 可取 1.0。

又根据已知砂率的计算公式：

$$\beta_S=\frac{m_{s0}}{m_{s0}+m_{g0}}\times100\% \tag{6-26}$$

将式 6-24（或式 6-26）和式 6-25 联立，即可求出 $1m^3$ 混凝土中砂子（m_{s0}）和石子（m_{g0}）的用量。

b. 质量法

假定混凝土拌合物的体积密度 m_{cp} 为一个定值，可得出下式：

$$m_{c0}+m_{w0}+m_{s0}+m_{g0}=m_{cp} \tag{6-27}$$

式中 m_{cp}——混凝土拌合物的假定体积密度，可根据经验取 2350～2450kg/m^3。

将式 6-26 和式 6-27 联立，可求出 $1m^3$ 混凝土中砂子（m_{s0}）和石子（m_{g0}）的用量。

通过以上步骤即可将 $1m^3$ 混凝土中水泥、水、砂子和石子的用量全部求出，得到混凝土的“初步配合比”。需要注意的是，以上计算均以干燥状态集料为基准，如集料为其他含水状态，则应做相应的修正。

（2）基准配合比的确定

混凝土的初步配合比是根据经验公式、图表等估算而得出，因此不一定能满足实际工程的和易性要求，应进行试配与调整，直到混凝土拌合物的和易性满足要求为止，此时得出的配合比即混凝土的基准配合比，它可作为检验混凝土强度之用。

混凝土试配时，每盘混凝土的最小拌和量为：骨料最大粒径小于或等于 31.5mm 时为 15L；最大粒径为 40mm 时为 25L；同时，当采用机械搅拌时，搅拌量应不小于搅拌机额定搅拌量的 1/4。

按初步配合比称取试配材料的用量，将拌合物搅拌均匀后，测定其坍落度，并检验其粘聚性和保水性。

当坍落度比设计要求值大或小时，可以保持水灰比不变，相应地减少或增加水泥浆用量。对于普通混凝土每增加（减少）10mm 坍落度，需增加（减少）2%～5%的水泥浆；当坍落度比要求值大时，除上述方法外，还可以在保持砂率不变的情况下，增加集料用量；若坍落度值大，且拌合物粘聚性、保水性差时，可减少水泥浆、增大砂率（保持砂石总量不变，增加砂子用量，相应减少石子用量），这样反复测试，直至和易性满足要求为止。

当试拌工作完成后，记录好调整后的各种材料用量并测出混凝土拌合物实测湿体积密度 $\rho_{c,t}$，并计算出 $1m^3$ 混凝土中各拌合物的实际用量，即为和易性已满足要求的供检验混凝土强度用的“基准配合”。

（3）实验室配合比的确定

经过上述的试拌和调整所得出的基准配合比仅仅满足混凝土和易性要求，其强度是否符合要求，还需进一步进行强度检验。

检验混凝土强度时，应采用三组不同的配合比，其中一组为基准配合比，另外两组配合比的水灰比值较基准配合比分别增加和减少 0.05，而用水量、砂用量、石用量与基准配合比相同（必要时，可适当调整砂率，砂率可分别增减 1%）。需要说明的是，另两组配合比也需试拌、检验、调整和易性，保证三组配合比都满足和易性要求。

三组不同配合比的混凝土标准试件经标准养护 28d 进行抗压强度试验，从三个抗压强度的代表值中选择一个大于试配强度、水泥用量又少的配合比，作为满足强度要求所需的配合比，并按下列原则确定每立方米混凝土各材料用量：

① 用水量 m_w——在基准配合比用水量的基础上，根据制作强度试件时测得的坍落度或维勃稠度进行调整确定；

② 水泥用量 m_c——应以用水量 m_w 乘以选定的灰水比计算确定；

③ 粗、细骨料用量 m_g、m_s——应在基准配合比的粗、细骨料用量的基础上，按选定的水灰比进行调整后确定；

④ 经强度复核之后的配合比，还应根据实测的混凝土拌合物的体积密度和计算体积密度进行校正。

计算体积密度：

$$\rho_{c,c}=m_c+m_s+m_g+m_w \tag{6-28}$$

校正系数为：

$$\delta=\frac{\rho_{c,t}}{\rho_{c,c}} \tag{6-29}$$

当混凝土体积密度实测值 $\rho_{c,t}$ 与计算值之差 $\rho_{c,c}$ 的绝对值不超过计算值的 2%时，由以上定出的配合比即为确定的“实验室配合比”；当两者之差超过计算值的 2%时，应将配合比中的各项材料用量乘以校正系数 δ，即为确定的混凝土“实验室配合比”。

（4）换算施工配合比

混凝土配合比是以干燥材料为基准得出的。现场材料的实际称量应按工地砂子、石子的含水情况进行修正，修正后的配合比称为“施工配合比”。

假定工地上砂的含水率为 a%，石子的含水率为 b%，则施工配合比中 $1m^3$ 混凝土中各项材料实际称量应为：

$$\begin{cases} m_c' = m_c \\ m_s' = m_s(1+a\%) \\ m_g' = m_g(1+b\%) \\ m_w' = m_w - m_s \times a\% - m_g \times b\% \end{cases} \tag{6-30}$$

式中 m_c'、m_s'、m_g'、m_w'——分别为施工配合比中 $1m^3$ 混凝土中的水泥、水、砂子、石子的实际称量（kg）。

6.4.5 普通混凝土配合比设计实例

[例 6-1] 某教学楼现浇钢筋混凝土梁（室内干燥环境），混凝土设计强度等级为C30，要求强度保证率为 95%，施工要求坍落度为 30～50mm。采用 42.5 硅酸盐水泥，水泥密度为 $3.10g/cm^3$；砂子为中砂，表观密度为 $2.65g/cm^3$，堆积密度为 $1500kg/m^3$，施工现场含水率为 3%；石子为碎石（最大粒径 40mm），表观密度为 $2.70g/cm^3$，堆积密度为 $1560kg/m^3$，施工现场含水率为 1%；混凝土采用机械搅拌、振捣，施工单位无历史统计资料。试设计该混凝土的初步配合比、实验室配合比和施工配合比。

解：(1) 初步配合比的计算

① 确定配制强度 $f_{cu,0}$

由于施工单位无历史统计资料，查表 6-9 得：$\sigma=5.0MPa$

$$f_{cu,0}=30+1.645\times5.0=38.23\ (MPa)$$

② 确定水灰比（W/C）

水泥实际强度 $f_{ce}=1.13f_c=1.13\times42.5=48.03MPa$；$\alpha_a=0.46$，$\alpha_b=0.07$（碎石）。

$$\frac{W}{C}=\frac{\alpha_a f_{ce}}{f_{cu,0}+\alpha_a\alpha_b f_{ce}}=\frac{0.46\times48.03}{38.23+0.46\times0.07\times48.03}=0.53$$

查表 6-5 得，满足耐久性要求的最大水胶比为 0.55。0.55>0.53，故取设计水灰比 $W/C=0.53$。

③ 确定 $1m^3$ 混凝土的用水量（m_{w0}）

查表 6-2，根据石子最大粒径及施工所需的坍落度，选用 $m_{w0}=175kg$。

④ 确定 $1m^3$ 混凝土的水泥用量（m_{c0}）

$$m_{c0}=\frac{m_{w0}}{(W/C)}=\frac{175}{0.53}=330\ (kg)$$

查表 6-5，本工程要求的最小水泥用量为 280kg，最大水泥用量为 400kg，故取 $C_0=330kg$ 满足要求。

⑤ 选取合理的砂率（β_s）

查表 6-3，合理砂率范围为 $\beta_s=31\%\sim36\%$。

也可利用砂率公式来计算，$\beta_s=\frac{\rho_{0s}'\cdot P'}{\rho_{0s}'\cdot P'+\rho_{0g}'}\cdot\alpha$

其中 $P'=1-\frac{\rho_{0g}'}{\rho_{0g}}=\frac{1560}{2700}=0.42$，$\alpha$ 取 1.2，代入上式得：

$$\beta_s=\frac{1500\times0.42}{1500\times0.42+1560}\times1.2=35\%$$

与表6-3的结果一致，故取$\beta_s=35\%$

⑥ 计算$1m^3$混凝土中砂子（m_{s0}）、石子（m_{g0}）的用量

采用体积法（取$\alpha=1.0$）计算，可列出以下两个方程：

$$\frac{330}{3100}+\frac{m_{s0}}{2650}+\frac{m_{g0}}{2700}+\frac{175}{1000}+0.01=1$$

$$\frac{m_{s0}}{m_{s0}+m_{g0}}\times100\%=35\%$$

解方程组得：$m_{s0}=665kg$；$m_{g0}=1235kg$

混凝土的初步配合比为：$1m^3$混凝土中水泥330kg，水175kg，砂子665kg，石子1235kg。

（2）确定实验室配合比

假设按上述计算的初步配合比拌制混凝土，经实验室检验后，和易性、强度和耐久性均满足要求。因此配合比不需要调整，即实验室配合比同初步配合比。

（3）确定施工配合比

根据现场砂的含水率为3%，石子的含水率为1%，可得到$1m^3$混凝土中各项材料的实际称量为：

水泥　$m'_c=330kg$

砂子　$m'_s=665\times(1+3\%)=685.0kg$

石子　$m'_g=1235\times(1+1\%)=1247.4kg$

水　　$m'_w=175-665\times3\%-1235\times1\%=142.7kg$

质量比　　水泥：砂：石=1：2.08：3.60；$W/C=0.43$

6.5　混凝土外加剂

混凝土外加剂是指在拌制混凝土过程中掺入，用以改善混凝土性能的物质。在混凝土中掺入外加剂，具有投资少、见效快、技术经济效益显著的特点。目前，外加剂在工程中的应用比例越来越大，已成为混凝土除四种基本组分以外的必不可少的第五种组分。《混凝土外加剂定义、分类、命名与术语》（GB/T 8075—2005）中将混凝土外加剂按其主要使用功能为以下四类：

（1）改善混凝土拌合物流变性能的外加剂，如各种减水剂、泵送剂等；

（2）调节混凝土凝结时间、硬化性能的外加剂，如缓凝剂、早强剂、速凝剂等；

（3）改善混凝土耐久性的外加剂，如引气剂、防水剂、阻锈剂、矿物外加剂等；

（4）改善混凝土其他性能的外加剂，如膨胀剂、防冻剂、着色剂等。

6.5.1　减水剂

减水剂是指在混凝土坍落度基本相同的条件下，能显著减少拌合用水量的外加剂。减水剂是混凝土外加剂中最重要的品种。

减水剂按其性能特点，可分为普通减水剂（以木质素磺酸盐类为代表）、高效减水剂（包括萘系、密胺系、氨基磺酸盐系、脂肪族系等）和高性能减水剂（以聚羧酸系高性能

减水剂为代表）。普通减水剂是指在保证混凝土坍落度不变的情况下，能减少拌合水量不超过10%的减水剂；高效减水剂的减水率多在15%～30%；高性能减水剂的减水率在18%以上，最高可达45%。

（1）减水剂的技术经济效果

① 增大流动性。在保持水灰比和水泥用量不变的情况下，可提高混凝土拌合物的流动性；

② 节约水泥。在保持混凝土强度（W/C）和坍落度不变的情况下，可节约水泥用量；

③ 提高强度。在保证混凝土拌合物和易性和水泥用量不变的条件下，可减少用水量，使水灰比降低，从而提高混凝土的强度；

④ 改善其他性能。掺入减水剂，还可减少拌合物的泌水离析现象，延缓拌合物的凝结时间，降低水泥水化放热速度，提高混凝土的抗渗性、抗冻性、耐久性等。

（2）减水剂的作用机理

水泥加水拌合后，由于水泥颗粒间具有分子引力作用形成絮凝结构，使10%～30%的游离水被包裹在其中，从而降低了混凝土拌合物的流动性。当加入适量减水剂后，减水剂使水泥的颗粒表面带上电性相同的电荷，产生静电斥力使水泥颗粒分开（图6-12a），从而导致絮状结构解体释放出游离水，增加了混凝土拌合物的流动性。当水泥颗粒表面吸附足够的减水剂后，在水泥颗粒表面形成一层稳定的溶剂化水膜（图6-12b），这层水膜，有助于水泥颗粒的滑动，从而使混凝土的流动性进一步提高。

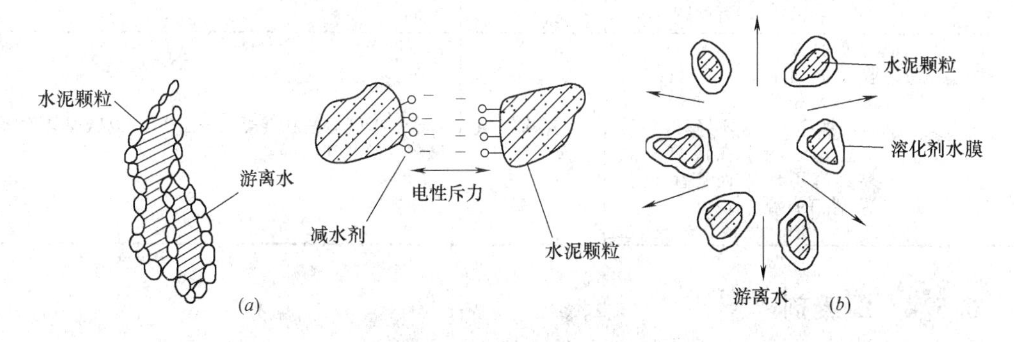

图6-12 减水剂作用机理

6.5.2 早强剂

早强剂是指能加速混凝土早期强度发展的外加剂。早强剂可在常温和负温（不低于－5℃）条件下加速混凝土硬化过程，多用于冬季施工和抢修工程。常用早强剂的品种有氯盐类、硫酸盐类、有机氨类及以它们为基础组成的复合早强剂，见表6-12。

6.5.3 防冻剂

防冻剂是指能降低混凝土拌合物的液相冰点，使混凝土在相应负温下免受冻害，并在规定条件下达到预期强度的外加剂。防冻剂适用于负温条件下施工的混凝土。

常用的防冻剂有以下几种：

(1) 氯盐类，主要是氯化钙和氯化钠。具有降低冰点作用，但对钢筋有锈蚀作用，适用于无筋混凝土，一般掺量为0.5%～1%。

(2) 氯盐除锈类，以氯盐与亚硝酸钠阻锈剂复合而成。具有降低冰点、早强、阻锈等作用，适用于钢筋混凝土，一般掺量为1%～8%。

(3) 无氯盐类，以硝酸盐、亚硝酸盐、碳酸盐、乙酸钠或尿素复合而成。在实际工程中，使用的防冻剂一般都是复合性的，具有防冻、早强、减水等作用，可用于钢筋混凝土工程和预应力钢筋混凝土工程。

常用早强剂品种 表6-12

类别	氯盐类	硫酸盐类	有机氨类	复合类
常用品种	氯化钙	硫酸钠(元明粉)	三乙醇胺	①三乙醇胺(A)+氯化钠(B) ②三乙醇胺(A)+亚硝酸钠(B)+氯化钠(C) ③三乙醇胺(A)+亚硝酸钠(B)+二水石膏(C) ④硫酸盐复合早强剂(NC)
适宜掺量(占水泥质量)(%)	0.5～1.0	0.5～2.0	0.02～0.05 一般不单独用,常与其他早强剂复合用	①(A)0.05+(B)0.5 ②(A)0.05+(B)0.5+(C)0.5 ③(A)0.05+(B)1.0+(C)2.0 ④(NC)2.0～4.0
早强效果	显著 3d强度可提高50%～100%,7d强度可提高20%～40%	显著 掺1.5%时达到混凝土设计强度70%的时间可缩短一半	显著 早期强度可提高50%左右,28d强度不变或稍有提高	显著 3d强度可提高70%,28d强度可提高20%
注意事项	便混凝土收缩值明显增大,对钢筋有锈蚀作用;不能用于集料具有不成活性的混凝土	掺量过大或养护条件不好时,容易在混凝土表面产生返碱现象	遇碱释放出氨气	①、②、③容易在混凝土表面产生"返碱现象"④遇碱释放出氨气

6.5.4 缓凝剂

缓凝剂是指能延缓混凝土凝结时间，并对混凝土后期强度发展无不利影响的外加剂。缓凝剂具有缓凝、减水、降低水化热等多种功能，适用于大体积混凝土、炎热气候条件下施工的混凝土、长期停放及远距离运输的商品混凝土。

缓凝剂的品种及掺量应根据混凝土的凝结时间、运输距离、停放时间以及强度要求来确定。主要品种有糖类、木质素磺酸盐类、羟基羧酸盐类及无机盐类，见表6-13。

常用缓凝剂 表6-13

类 别	品种	掺量(占水泥质量)(%)	延缓凝结时间(h)
糖类	糖蜜等	0.2～0.5(水剂) 0.1～0.3(粉剂)	2～4
木质素磺酸盐类	木质素磺酸钙(钠)等	0.2～0.3	2～3
羟基羧酸盐类	柠檬酸、酒石酸钾(钠)等	0.03～0.1	4～10
无机盐类	锌盐、硼酸盐、磷酸盐等	0.1～0.2	

6.5.5 引气剂

引气剂是指在混凝土中，能引入大量分布均匀、稳定而封闭的微小气泡（直径在10～100μm）的外加剂。引气剂的掺量十分微小，适宜掺量仅为水泥质量的0.005%～0.012%。

引气剂能有效减少混凝土拌合物的泌水离析，明显改善混凝土拌合物的和易性，提高硬化混凝土的抗冻性和抗渗性。引气剂主要用于抗冻混凝土、防渗混凝土、泌水严重的混凝土、抗硫酸盐混凝土及对饰面有要求的混凝土等，不宜用于蒸汽养护的混凝土和预应力混凝土。

目前常用的引气剂主要有松香热聚物、松香皂和烷基苯磺酸盐等。其中，以松香热聚物效果最好、最常使用，松香热聚物是由松香与硫酸、苯酚起聚合反应，再经氢氧化钙中和而得到的憎水性表面活性剂。

6.5.6 矿物外加剂

矿物外加剂亦称矿物掺合料，是在混凝土搅拌过程中加入具有一定细度和活性的用于改善新拌和硬化混凝土性能（特别是混凝土耐久性）的某些矿物类的产品。矿物外加剂与水泥混合材料的最大不同点是具有更高的细度（比表面积为350～15000m^2/kg）。

矿物外加剂按其矿物组成分为磨细矿渣、磨细粉煤灰、磨细天然沸石、硅灰四类。由两种或两种以上矿物外加剂复合的产品称为复合矿物外加剂。

磨细矿渣简称矿粉，是粒化高炉矿渣经干燥、粉磨等工艺达到规定细度的产品。粉磨时可添加适量的石膏或助磨剂一起粉磨。磨细矿渣按性能指标分为Ⅰ、Ⅱ、Ⅲ三级。

磨细粉煤灰是干燥的粉煤灰经粉磨达到规定细度的产品。粉磨时可添加适量的水泥粉磨用工艺外加剂。磨细粉煤灰按性能指标分为Ⅰ、Ⅱ两级。

磨细天然沸石是以一定品位纯度的天然沸石为原料，经粉磨至规定细度的产品。粉磨时可添加适量的水泥粉磨用工艺外加剂。磨细天然沸石粉按性能指标分为Ⅰ、Ⅱ两级。

硅灰是在冶炼硅铁合金或工业硅时，通过烟道排出的硅蒸气氧化后，经收尘器收集得到的以无定形二氧化硅为主要成分的产品。

矿物外加剂不仅能节约水泥，更重要的是能改善混凝土的综合性能，特别是在改善混凝土微观结构和提高混凝土耐久性方面具有重要的作用。从现代混凝土技术的发展来看，矿物外加剂已成为继水泥、砂、石、水、化学外加剂后混凝土不可缺少的第六种组分。矿物外加剂的技术要求应符合表6-14的规定。

6.5.7 外加剂的选择和使用

在混凝土中掺入外加剂，可显著改善混凝土的性能，取得良好的经济技术效果。但若对外加剂的选择和使用不当，不仅起不到显著的效果，甚至会造成工程事故。因此，应合理选择和使用混凝土外加剂。

（1）外加剂品种的选择

混凝土外加剂品种很多，效果各异。即使选择同一品种的外加剂用于不同品种水泥或不同生产厂家的水泥时，其效果也可能相差很大，即外加剂与水泥之间存在相容性问题。因此，在选择外加剂时，必须先了解不同外加剂的性能，再根据工程需要、现场的材料条件等进行全面考虑，通过试验确定减水剂的品种、掺法与掺量，然后再使用。外加剂品种选用可参考表6-15。

矿物外加剂的技术要求　　　　表 6-14

试验项目			指标							
			磨细矿渣			磨细粉煤灰		磨细天然沸石粉		硅灰
			Ⅰ	Ⅱ	Ⅲ	Ⅰ	Ⅱ	Ⅰ	Ⅱ	
化学性能	MgO(%)≤		14			—	—	—	—	—
	SO_3(%)≤		4			3		—	—	—
	烧失量(%)≤		3			5	8	—	—	6
	Cl (%)≤		0.02			0.02		0.02		0.02
	SiO_2(%)≥		—	—		—	—	—	—	85
	吸收值(mmol/100g)≥		—	—		—	—	130	100	—
物理性能	比表面积(m^2/kg) ≥		750	550	350	600	400	700	500	15000
	含水率(%)≤		1.0			1.0		—	—	3.0
胶砂性能	需水量比(%)≤		100			95	105	110	115	125
	活性指数	3d(%)≥	85	70	55	—	—	—	—	—
		7d(%)≥	100	85	75	80	75	—	—	—
		28d(%)	115	105	100	95	85	90	85	85

各种混凝土对外加剂的选用　　　　表 6-15

序号	混凝土种类	外加剂类别	外加剂名称
1	一般混凝土	普通减水剂	木钙、糖蜜、腐植酸等
2	夏季施工混凝土	缓凝减水剂 缓凝剂	木钙、糖蜜、腐植酸等 木钙、糖蜜、柠檬酸等
3	冬季施工混凝土	复合早强剂 早强减水剂	氯化钠-亚硝酸钠-三乙醇胺 NF、UNF、FDN、NC 等
4	大体积混凝土	缓凝剂 缓凝减水剂	木钙、糖蜜、柠檬酸等 木钙、糖蜜、腐植酸等
5	泵送混凝土	高效减水剂	NF、AF、MF、UNF、FDN、建工等
6	预拌混凝土	高效减水剂 普通减水剂	NF、UNF、FDN 等 木钙等
7	自密实混凝土	非引气型高效减水剂	NF、UNF、FDN 等
8	高强混凝土(C60～C100)	非引气型高效减水剂	NF、UNF、FDN、CRS、SM 等
9	喷射混凝土	速凝剂	782 型、711 型、红星一型、阳泉Ⅰ型等
10	防水混凝土： 引气型防水混凝土 减水剂防水混凝土 三乙醇胺防水混凝土 氧化铁防水混凝土	 引气剂 减水剂 引气减水剂 早强剂(起密实作用) 防水剂	 松香热聚物、松香酸钠等 NF、MF、NNO、木钙、糖蜜等 三乙醇胺 氧化铁、氧化亚铁等

(2) 外加剂掺量的选择

外加剂一般掺入量都很少，有的只占水泥质量的万分之几，且外加剂掺量对混凝土性能影响较大，所以必须严格而准确地加以控制。掺量过小，往往达不到预期效果；掺量过大，则会影响混凝土质量，甚至造成严重事故。在没有可靠的资料为依据时，尽可能通过试验来确定最佳掺量。

(3) 外加剂的掺入方法

外加剂一般掺入量都很少，必须保证其均匀分散，一般不能直接加入到混凝土搅拌机内。对于可溶于水的外加剂，应先配成合适浓度的溶液，使用时按所需掺量加入拌合水中，再连同拌合水一起加入搅拌机内；对于不溶于水的外加剂，可先与适量的水泥、砂子混合均匀后再加入搅拌机中。

此外，外加剂的掺入时间对其效果的发挥也有影响，为保证减水剂的减水效果，减水剂有同掺法、后掺法、分次掺入三种方法。

6.6 预拌混凝土

国家标准《预拌混凝土》(GB/T 14902—2003) 规定，水泥、骨料、水以及根据需要掺入的外加剂、矿物掺合料等组分按一定比例，在搅拌站经计量、拌制后出售的并采用运输车，在规定的时间内运至使用地点的混凝土拌合物称为预拌混凝土。预拌混凝土俗称商品混凝土，因为它是按用户需要指定生产的工艺性产品，不能储存和自由交易，不具备商品属性，所以建设部在正式文件中一律称预拌混凝土。

由于预拌混凝土从原材料选择、混凝土配合比设计、外加剂与掺合料的选用到产品生产、运输过程都有严格的控制，使得预拌混凝土的质量得以保证。在建筑工程中采用预拌混凝土已成为建筑业必然趋势。

6.6.1 预拌混凝土的分类

预拌混凝土根据其组成和性能要求分为通用品和特制品两类。

通用品是指强度等级不大于 C50、坍落度不大于 180mm、粗骨料最大公称粒径为 20、25、31.5、40mm，无其他特殊要求的预拌混凝土。

特制品是指任一项指标超出通用品规定范围或有特殊要求的预拌混凝土。

6.6.2 预拌混凝土的标记

(1) 用于预拌混凝土标记的符号

① 通用品用 A 表示，特制品用 B 表示；

② 混凝土强度等级用 C 和强度等级值表示；

③ 坍落度用所选定以毫米为单位的混凝土坍落度值表示；

④ 粗骨料最大公称粒径用 GD 和粗骨料最大公称粒径值表示；

⑤ 水泥品种用其代号表示；

⑥ 当有抗冻、抗渗及抗折强度要求时，应分别用 F 及抗冻强度值、P 及抗渗强度值、Z 及抗折强度等级值表示。抗冻、抗渗及抗折强度直接标记在强度等级之后。

(2) 预拌混凝土标记方法

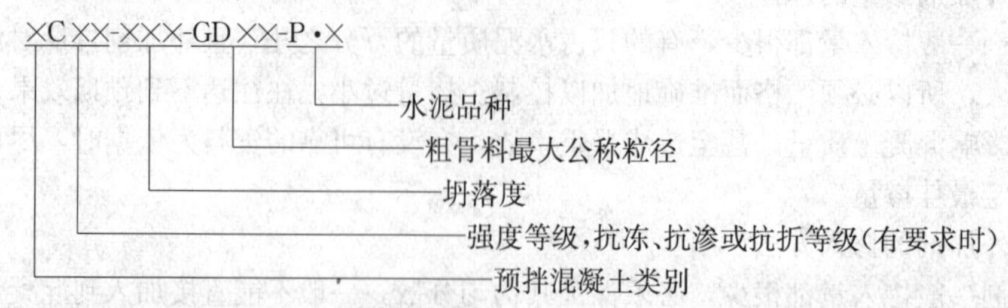

示例：预拌混凝土强度等级为C30，坍落度为160mm，粗骨料最大公称粒径为25mm，采用普通硅酸盐水泥，抗渗等级为P8，其标记为：

B C30P8-160-GD25-P·O

6.6.3 预拌混凝土的配合比设计

工程上采用预拌混凝土时，均采用混凝土输送泵（托泵或汽车泵）进行施工；因此，预拌混凝土的配合比设计应满足泵送混凝土的性能要求。

预拌混凝土的配合比设计原理及方法与普通混凝土相同。只是在进行预拌混凝土的配合比设计时，要考虑预拌混凝土应有较高的流动性以及良好的粘聚性和保水性，具有良好的可泵性。还应充分考虑运送、等待浇筑时间等情况的坍落度损失问题。因此，预拌混凝土拌合物的生产坍落度应比施工要求的坍落度高一些，并应根据具体条件通过试验确定。

[例6-2] 某框剪结构高层住宅，建筑物总高82m。其梁板混凝土设计强度等级为C30。其中，最小的梁断面尺寸为200mm×450mm，钢筋的最小净距为46mm。采用混凝土拖泵输送混凝土，已知输送泵管道直径为125mm。根据输送泵的性能说明，适宜输送坍落度为140～160mm的流态混凝土。预拌混凝土的运送距离约10km，施工时的气温约25℃。试进行配合比设计。

解：(1) 混凝土原材料的确定

① 水泥的选定　泵送混凝土应选用硅酸盐水泥、普通硅酸盐水泥、矿渣硅酸盐水泥和粉煤灰硅酸盐水泥，不宜采用火山灰质硅酸盐水泥。故本例选用P·O 42.5级水泥；现已测得该水泥的28d的强度是48.7MPa。

② 粗骨料的选定　据表6-14粗骨料最大粒径为25mm。同时，对于泵送的混凝土来说，还应满足《混凝土泵送施工技术规程》JGJ/T 10—1995的规定：泵送高度在50～100m时，粗骨料最大粒径与输送管径之比宜在1∶3～1∶4，且应级配良好，其针、片状颗粒含量不宜大于10%。本例根据输送泵管道直径为125mm，选最大粒径选25mm的碎石，满足泵送要求。

③ 细骨料的选用　拌制泵送混凝土宜选用中砂。在砂中通过0.315mm筛孔的砂含量不应少于15%。且应级配良好。

④ 外加剂的选用　泵送混凝土应掺用泵送剂或减水剂。本例选用NF高效减水剂，掺入量为水泥用量的1.5%，减水率为15%。

⑤ 对于泵送混凝土还宜掺用粉煤灰或其他活性矿物掺合料，其质量应符合国家现行标准的规定（本例暂不考虑掺用粉煤灰或其他活性矿物掺合料）。

(2) 混凝土拌合物坍落度的确定

施工方法采用输送泵输送，因此施工时的混凝土坍落度应为140～160mm。考虑各种原因可能造成的坍落度损失，将混凝土拌合物的出厂坍落度定为180mm。

(3) 确定混凝土配制强度

$$f_{cu,0}=f_{cu,k}+1.645\sigma=30+1.645\times5=38.23\text{MPa}$$

(4) 初步配合比计算

1) 混凝土水灰比 (W/C) 的计算与确定

① 按混凝土强度经验公式进行计算

$$\frac{W}{C}=\frac{\alpha_a f_{ce}}{f_{cu,0}+\alpha_a\alpha_b f_{ce}}=\frac{0.46\times48.7}{38.23+0.46\times0.07\times49.5}=0.56$$

② 将根据强度要求计算得到的水灰比，进行耐久性核对

查表6-5，对于C30混凝土，其最大水胶比为0.55。

0.56>0.55，故应取水灰比为0.55。

《普通混凝土配合比设计规程》JCJ 55—2000中规定，泵送混凝土的用水量与水泥和矿物掺合料的总量之比不宜大于0.60。故取水灰比为0.55满足要求。

2) 确定每立方米混凝土用水量 (m_{w0})

根据混凝土坍落度的要求和骨料情况，查表6-2，应取210kg。但表6-2是以坍落度90mm的用水量为基础，若使用坍落度为180mm，由于坍落度每增加20mm，用水量约增加5kg，则每立方米混凝土用水量应为：

$$m_{w0}=210+5\times(180-90)/20\approx233\text{kg}$$

由于加入减水率为15%的减水剂，则用水量应为

$$m_{w0}=233\times(1-15\%)=198\text{kg}$$

3) 计算每立方米混凝土水泥用量 (m_{c0})

$$m_{c0}=\frac{m_{c0}}{W/C}=\frac{198}{0.55}=360\text{kg}$$

计算得出的水泥用量应满足该工程的耐久性要求。查表6-5得胶凝材料最小用量为280kg，360>280，符合耐久性要求。

对泵送混凝土，其水泥和矿物掺合料的总量不宜小于300kg，故取水泥用量为360kg满足要求。

4) 选定砂率 β_s(%)

当混凝土坍落度为10～60mm时，根据粗骨料的品种、粒径及水灰比查表6-3选取砂率为35%。

使用坍落度为180mm，由于坍落度每增加20mm，砂率约增加1，砂率应为：

$$\beta_s=35\%+1\%\times(180-60)/20=41\%$$

依据《普通混凝土配合比设计规程》(JGJ 55—2000)，泵送混凝土的砂率宜为35%～45%，因此，β_s取41%是否适宜，可通过试验进行验证。

5) 计算粗、细骨料的用量 (m_{s0}、m_{g0})

粗、细骨料的用量可按重量法（或体积法）确定。

采用重量法时，按下式进行计算：

$$m_{c0}+m_{s0}+m_{g0}+m_{w0}=m_{cp}$$

与下式联立

$$\beta_s=\frac{m_{s0}}{m_{s0}+m_{g0}}\times100\%$$

取 $m_{cp}=2400kg/m^3$。解方程组得：$m_{s0}=755kg$；$m_{g0}=1087kg$

经以上计算，该混凝土的初步配合比为：

$$m_{c0}:m_{s0}:m_{g0}:m_{w0}=360:755:1087:198$$
$$=1:2.10:3.02:0.55$$

外加剂 NF 掺量为 $m_a=360\times1.5\%=5.40kg$

（5）基准配合比的确定　略（参见本章［例 6-1］内容）

（6）混凝土施工配合比的确定　略（参见本章［例 6-1］内容）

6.6.4　外加剂在预拌混凝土中应用的注意事项

（1）多聚磷酸钠等缓凝剂应严格掌握用量，不得超量；

（2）木钙做缓凝剂，一般用量不得超过水泥量的 0.25%；

（3）混凝土泵送剂配方应随季节调整，采用糖类更要严格控制掺量；

（4）预拌混凝土采用泵送剂时，应预先做水泥与外加剂相容性试验，不宜采用掺硬石膏、磷石膏配制的水泥；

（5）钢筋混凝土结构冬期施工不应采用氯盐型防冻剂；

（6）自行复合配方的外加剂必须事先经过试验尤其注意胺类防冻液与硝酸钙等的交互作用；

（7）掺外加剂应有计量容器，不得失控掺用；

（8）搅拌站操作工应注意观察坍落度的变化；

（9）预拌混凝土宜采用保湿养护（水膜养护）；

（10）掺膨胀剂混凝土必须尽早进行湿养护。

6.7　其他品种混凝土

普通混凝土虽然广泛应用于建筑工程，但随着工程的需要和科学技术的不断发展，各种新品种混凝土不断涌现。这些新品种混凝土都有着特殊的性能及施工方法，适用于某些特殊领域，它们的出现扩大了混凝土的使用范围，在国内外得到了广泛的应用。

6.7.1　高强混凝土

目前，一般把强度等级为 C60 及其以上的混凝土称为高强混凝土；强度等级超过 C100 的混凝土称为超高强混凝土。高强混凝土作为一种新的建筑材料，以其抗压强度高、抗变形能力强、孔隙率低、耐久性好的优越性，在高层建筑结构、大跨度桥梁结构、水工结构以及某些特种结构中得到广泛的应用。但高强混凝土的脆性比普通混凝土大，拉压强度比和剪压强度比降低。

提高混凝土强度的途径很多，通常是同时采用几种技术措施，增加效果显著。配制高强混凝土主要控制以下几个方面：

(1) 原材料的选用

配制高强混凝土，必须对本地区所能得到的所有原材料进行优选，它们除了要有比较好的性能指标外，还必须质量稳定，即在施工期内主要性能不能有太大的变化。

配制高强混凝土时，应选用质量稳定、强度等级不低于42.5的硅酸盐水泥或普通硅酸盐水泥；应掺用优质或超细矿物掺合料，且宜复合使用矿物掺合料；应掺用高效减水剂或缓凝高效减水剂。

配制高强混凝土时，应选用致密坚硬、级配良好的硬质骨料。粗骨料的最大粒径要小，对强度等级为C60的混凝土，粗骨料的最大粒径不应大于31.5mm，对强度等级高于C60的混凝土，粗骨料的最大粒径不应大于25mm；其中，针、片状颗粒含量不宜大于5.0%；含泥量不应大于0.5%，泥块含量不宜大于0.2%。细骨料宜采用中砂，细度模数宜大于2.6；含泥量不应大于2.0%，泥块含量不宜大于0.5%。此外，还可以用各种短纤维代替部分骨料，以改善胶结材料的韧性。

(2) 配合比的控制

高强混凝土按经验选取基准配合比中的水灰比；水泥用量不应大于550kg/m^3，水泥和矿物掺合料的总量不应大于600kg/m^3；砂率应通过试验确定。在试配与确定配合比时，其中一个基准配合比可根据试验资料选取，另外两个配合比的水灰比宜较基准配合比分别增加或减少0.02～0.03，并用不少于6次的重复试验验证，其平均值不应低于配制强度。最后将试验结果中略超过配制强度的配合比确定为混凝土设计配合比。

(3) 施工时的质量控制和管理

一般来说，在试验室配制符合要求的高强混凝土相对比较容易，但是要在整个施工过程中，混凝土都要稳定在要求的质量水平功能上就比较困难了。一些在普通情况下不太敏感的因素，在低水灰比的情况下会变得相当敏感，而对高强混凝土，设计时所留的强度富余度又不可能太大，可供调节的余量较小，这就要求在整个施工过程中必须注意各种条件、因素的变化，并且要根据这些变化随时调整配合比和各种工艺参数。对于高强混凝土，一般检测技术如回弹、超声等在强度大于50MPa后已不能采用。唯一能进行检测的钻心取样法来检验高强混凝土也有一定的困难。这说明加强现场施工质量控制和管理的必要性。

高强混凝土最大的优点是抗压强度高，一般为普通强度混凝土的4～6倍，故可减小构件的截面，最适宜用于高层建筑和大跨度工程。高强混凝土的密实性能好，抗渗、抗冻性能均优于普通混凝土，大量用于海洋和港口工程，它们耐海水侵蚀和海浪冲刷的能力大大优于普通混凝土，可以提高工程使用寿命。此外，高强混凝土材料为预应力技术提供了有利条件，可采用高强度钢材和人为控制应力，从而大大地提高了受弯构件的抗弯刚度和抗裂度。因此世界范围内越来越多地采用施加预应力的高强混凝土结构，应用于大跨度房屋和桥梁中。

6.7.2 高性能混凝土

随着混凝土强度等级的提高，其脆性增加，韧性下降，同时由于高强度混凝土的水泥用量较多，使得水化热增大，收缩变大，容易产生裂缝。因此，为了适应土木工程发展对混凝土材料性能要求的提高，人们开始了高性能混凝土的研究和开发。

目前各个国家对高性能混凝土还没有一个统一的定义，不同的技术人员的解释也不尽相同。但综合国内外一些学者的观点，其基本含义主要包括具有良好的工作性、较高的抗压强度、较高的体积稳定性和良好的耐久性的混凝土。高性能混凝土既是高强混凝土（强度等级≥C60），也是流态混凝土（坍落度>200mm）。因为高强混凝土强度高、耐久性好、变形小；流态混凝土具有大的流动性，混凝土拌合物不离析，施工方便。高性能混凝土比高强度混凝土具有更为有利于工程长期安全使用和便于施工的优异性能，具有更广阔的应用前景。

配制高性能混凝土时应注意以下几个方面：

(1) 必须掺入高效减水剂。高效减水剂可减小水灰比，获得高流动性，提高抗压强度。高效减水剂的选用及掺入技术是决定高性能混凝土各项性能的关键，需经试验确定。

(2) 必须掺入一定量的活性磨细矿物掺合料，如硅灰、磨细矿渣、优质粉煤灰等。可利用活性磨细掺合料的微粒效应和火山灰活性，以增加混凝土的密实性，提高强度。

(3) 选择优质的原材料。应采用优质、高强度的水泥；选用级配良好、致密坚硬的骨料。粗骨料粒径不宜过大，在配置 C60～C100 的高性能混凝土时，粗骨料的最大粒径不宜大于 20mm；在配制 C100 以上的高性能混凝土时，粗骨料的最大粒径不宜大于 12mm。

(4) 优化配合比。普通混凝土配合比设计方法在这里不再适用，必须通过试配优化后确定配合比。在满足设计要求的前提下，尽可能降低水泥用量，减小水灰比，并限制水泥浆体的体积。

(5) 加强生产质量管理，严格控制每个施工环节。高性能混凝土是水泥混凝土的发展方向之一，广泛应用于高层建筑、工业厂房、桥梁工程、港口及海洋工程、水工结构等工程中。目前，高性能混凝土的研究与应用已日益得到国内外的重视，随着科学技术的发展，高性能混凝土必将会得到更加广泛的应用和推广。

6.7.3 泵送混凝土

泵送混凝土是指可用混凝土泵通过管道输送拌合物的混凝土。泵送混凝土要求流动性好，混凝土拌合物的坍落度一般不应低于 100mm。由于目前建筑物的高度越来越高，因此泵送混凝土的用量越来越多，泵送混凝土的应用更加广泛。

泵送混凝土是混凝土经过输送泵到达浇筑地点。因为混凝土要经过输送泵，所以对混凝土有特殊要求。配制泵送混凝土应符合下列要求：

(1) 原材料的选用

水泥宜选用硅酸盐水泥、普通硅酸盐水泥、矿渣硅酸盐水泥和粉煤灰硅酸盐水泥，不宜采用火山灰质硅酸盐水泥；粗骨料宜优先选用连续粒级的卵石，粒径一般不大于管径的四分之一，针片状颗粒含量不宜大于 10%；砂宜采用中砂，通过 0.315mm 筛孔的颗粒含量不应少于 15%。

泵送混凝土应掺用防止混凝土拌合物在泵送管道中离析和堵塞的泵送剂或减水剂，并宜掺入适量的活性矿物掺合料（如粉煤灰等），可避免混凝土施工中拌和料分层离析、泌水和堵塞输送管道。

(2) 配合比的要求

泵送混凝土配合比的计算和试配步骤除应满足普通混凝土的规定外，还应符合下列规定：水泥和矿物掺合料的总量不宜小于 300kg/m³；用水量与水泥和矿物掺合料的总量之比不宜大于 0.6；砂率宜为 35%～48%，这是因为泵送混凝土要有足够的砂浆量，在泵送压力下裹着石子向前运动。如果砂子变少，砂浆量减少，流动性变差，但如果砂子过多，混凝土变稠，又会增加用水量，也不利于强度发展；掺用引气型外加剂时，其混凝土含气量不宜大于 4%。

6.7.4 轻混凝土

轻混凝土是指干表观密度小于 1900kg/m³ 的混凝土。轻混凝土包括轻骨料混凝土、多孔混凝土和无砂大孔混凝土。

（1）轻骨料混凝土

凡用轻粗集料、轻砂（或普通砂）、水泥和水配制成的，干表观密度不大于 1900kg/m³的混凝土，称为轻集料混凝土。轻集料混凝土具有表观密度小、强度高、保温隔热性好、耐久性好等优点，特别适用于高层建筑、大跨度建筑和有保温要求的建筑。

轻骨料常分为轻细骨料和轻粗骨料。粒径不大于 5mm，堆积密度小于 1200kg/m³ 的骨料称为轻细骨料；粒径大于 5mm，堆积密度小于 1100kg/m³ 的骨料称为轻粗骨料。轻骨料按其来源可分为天然轻骨料（浮石、火山渣等）、人造轻骨料（黏土陶粒、页岩陶粒、膨胀珍珠岩等）和工业废料轻骨料（粉煤灰陶粒等）。

轻骨料混凝土对轻骨料的技术性质和指标要求主要有以下几个方面：

① 颗粒尺寸和级配

对轻粗骨料最大粒径的要求如下：承重混凝土用轻骨料最大粒径不宜大于 20mm，非承重混凝土用轻骨料最大粒径不宜大于 40mm。对轻细骨料，粒径也应适中，大于 5mm 的颗粒不宜超过 10%。轻骨料也要求有良好的级配，轻粗骨料的空隙率应不大于 50%，以确保混凝土的强度和耐久性，减少水泥用量。

② 强度

在轻骨料混凝土中，骨料的强度相对较低，它是决定混凝土强度的主要因素。表示轻骨料强度的指标是筒压强度。一般轻骨料的筒压强度值为 0.3～6.5MPa，对应的混凝土实际强度约为 3.5～40MPa。

③ 吸水率

轻骨料内部为多孔结构，吸水能力较强。轻骨料的吸水主要集中在开始 1h 内，24h 后几乎不再吸水，因此轻骨料的吸水率是指其 1h 的吸水率。骨料过多的吸水会影响混凝土的和易性及早期性能，一般要求轻骨料的吸水率宜不大于 22%，黏土陶粒、页岩陶粒的吸水率不应大于 10%。工程中要求使用轻骨料前，应先使骨料吸水达到 1h 的吸水率，避免骨料在混凝土初期吸水影响混凝土的性能。

轻骨料混凝土按其立方体抗压强度标准值划分为 11 个强度等级，即 CL5.0、CL7.5、CL10、CL15、CL20、CL25、CL30、CL35、CL40、CL45、CL50。轻骨料的筒压强度是比较低的，但往往却能配制出强度比筒压强度高几倍的轻骨料混凝土。这是由于轻粗骨料表面粗糙而多孔，骨料的吸水作用使其表面局部呈低水灰比，从而提高了骨料表面附近水泥石的密度，同时，粗糙的骨料表面也促使轻骨料与水泥石的粘结力得以提高，在骨料周围形成坚硬的水泥石外壳，使混凝土受压破坏从骨料本身开始，而不是起始于沿骨料与水泥石的界面破坏。

(2) 多孔混凝土

多孔混凝土是一种不用骨料，内部均匀分布着微小气泡的轻混凝土。常用的多孔混凝土有加气混凝土和泡沫混凝土。

加气混凝土是用含钙材料（水泥、石灰）、含硅材料（石英砂、粉煤灰等）和发气剂（铝粉）作为原料，经过磨细、配料、搅拌、浇筑、发气、成型、切割和蒸压养护等工序生产而成的轻质混凝土材料。加气混凝土适用于框架结构、高层建筑、地震设防的建筑、保温隔热要求高的建筑及软土地基地区的建筑，可用作承重墙、非承重墙，也可作保温材料使用。

泡沫混凝土又名发泡混凝土，是采用机械的方法将发泡剂制成泡沫，再将已制得的泡沫和硅钙质材料、菱镁材料或石膏材料所制成的料浆均匀搅拌制成。它的特点就是在混凝土内形成泡沫孔，使混凝土轻质化和保温隔热。它具有重量轻、导热系数小、抗震性能优异、吸声隔音、可调节室内湿度等特点。按使用功能可分为保温型、保温结构型和结构型三类。

由于泡沫混凝土内部含有大量气泡和微孔，因而有良好的绝热性能。干体积密度为400～700kg/m^3 的泡沫混凝土其热导率通常为 0.09～0.17W/(m·K)，较黏土砖和普通混凝土要好得多。实践证明，我国北方地区用 20cm 厚的泡沫混凝土外墙，其保温效果与49cm 的黏土砖墙相当，从而增加了建筑物的使用面积。由于我国政府大力推广建筑节能，泡沫混凝土因其优异的保温隔热性能大显身手，主要应用于屋面保温隔热、墙体保温隔热、地面保温等。

(3) 无砂大孔混凝土

无砂大孔混凝土是由水泥、粗骨料和水拌制而成的一种不含砂的轻混凝土。无砂大孔混凝土的水泥用量一般为 200～300kg/m^3，水灰比为 0.4～0.6，选用 10～20mm 颗粒均匀的碎石或卵石。水泥浆在其中不起填充粗骨料空隙作用，仅起将粗骨料胶结在一起的作用。配制时要严格控制用水量，若用水量过多，水泥浆会沿骨料向下流淌，使混凝土强度不匀，容易在强度弱的地方折断。

普通大孔混凝土的表观密度 1500～1900kg/m^3，抗压强度为 3.5～10MPa。大孔混凝土的导热系数小，保温性能好，吸湿性小，收缩较普通混凝土小 20%～50%，适宜做墙体材料。另外，大孔混凝土还具有透气、透水性大等特点，在水工建筑中可用作排水暗道。

6.7.5 防水混凝土

防水混凝土也称抗渗混凝土，是指抗渗等级大于或等于 P6 的混凝土。防水混凝土是靠本身的密实性和抗渗性达到防水抗渗的作用，不需附加任何防水措施。防水混凝土主要是在普通混凝土的基础上通过调整配合比、改善骨料级配、选择水泥品种以及掺入外加剂等方法，改善混凝土自身的密实性，从而达到防水抗渗的目的。目前常用的防水混凝土有普通防水混凝土、外加剂防水混凝土和膨胀水泥防水混凝土。

(1) 普通防水混凝土

普通防水混凝土主要是通过严格控制骨料级配、水灰比、水泥用量等方法，提高混凝土密实性以满足抗渗要求的混凝土。为此，普通防水混凝土所用的材料除应满足普通混凝土对原材料的要求外，配合比还应符合以下要求：

① 按设计要求合理选择水泥品种，水泥强度等级不低于42.5，1m^3 混凝土水泥用量（含掺合料）不小于320kg。

② 粗骨料最大粒径不宜大于40mm，表面不得黏附泥土，含泥量小于1.0%，泥块含量小于0.5%；细骨料宜采用级配良好的中砂，含泥量小于3.0%，泥块含量小于1.0%，砂率宜为35%～45%。

③ 水灰比应限制在0.6以下，灰砂比宜为0.4～0.5，坍落度宜为30～40mm。

（2）外加剂防水混凝土

外加剂防水混凝土是在混凝土中掺入适当品种和数量的外加剂，隔断或堵塞混凝土中的各种孔隙、裂缝及渗水通道，以提高抗渗性能的一种混凝土。常用的外加剂有引气剂和密实剂。

引气剂防水混凝土是在混凝土中加入极微量的引气剂，可产生大量均匀的、孤立的和稳定的小气泡，它们填充了混凝土的孔隙，隔断了渗水通道。此外，引气剂还能使还能使水泥石中的毛细管由亲水性变为憎水性，阻碍了混凝土的吸水和渗水作用，也有利于提高混凝土的抗渗性。引气剂防水混凝土具有良好的和易性、抗渗性、抗冻性和耐久性，技术经济效果好，在国内外普遍采用。

密实剂防水混凝土是在搅拌混凝土时，加入一定数量的氢氧化铝或氢氧化铁溶液。这些溶液与氢氧化钙反应生成不溶于水的胶体，能堵塞混凝土内部的毛细管及孔隙，从而提高混凝土的密实性和抗冻性。密实剂防水混凝土常用于对抗渗性要求较高的混凝土，其缺点是造价高，当掺量过多时，对钢筋锈蚀及干缩影响较大。

（3）膨胀水泥防水混凝土

膨胀水泥防水混凝土是用膨胀水泥配制成的混凝土，它是依靠膨胀水泥水化产生的钙矾石、氢氧化钙等大量结晶体，填充孔隙空间，并改善混凝土的收缩变形性能，提高混凝土的抗渗和抗裂性能。

防水混凝土主要应用于各种基础工程、水工构筑物、地下工程、屋面或桥面工程等，是一种经济可靠的防水材料。为获得更好的效果，工程中还应根据综合条件，选择适当的防水混凝土类型，以满足耐久性要求，达到结构自防水的目的。

6.7.6 喷射混凝土

喷射混凝土是将预先配好的水泥、砂、石子和一定数量的速凝剂装入喷射机，利用压缩空气将其送至喷头与水混合后，以很高的速度喷向岩石或混凝土表面所形成的混凝土。喷射混凝土需要掺加速凝剂，是为了保证混凝土在几分钟内就凝结，并能提高混凝土的早期强度，减少回弹量，但会使后期强度有所降低，所以要控制速凝剂的掺量并通过试配确定。

喷射混凝土对原材料的要求：宜采用普通硅酸盐水泥；为了减少混合料搅拌中产生粉尘和干料拌合时水泥飞扬及损失，要求骨料宜有一定的含水率，砂子含水率宜为5%～7%，石子含水率宜为1%～2%；石子粒径不宜太大，以免发生堵管，石子最大粒径不应大于15mm；砂子不宜使用细砂，因细砂会增加混凝土的收缩变形，也会影响操作人员的身体健康。

喷射混凝土的抗压强度为25～40MPa，抗拉强度为2.0～2.5MPa，与岩石的粘结力为1.0～1.5MPa，完全能满足地下建筑结构的要求。喷射混凝土广泛应用于锚喷暗挖隧道施工、岩石地下工程和矿井支护工程。

6.7.7 纤维混凝土

纤维混凝土是一种以普通混凝土为基材，外掺各种短切纤维材料而制成的纤维增强混凝土。常用的短切纤维材料有尼龙纤维、聚乙烯纤维、聚丙烯纤维、钢纤维、玻璃纤维、碳纤维等。

众所周知，普通混凝土虽然抗压强度较高，但其抗拉、抗裂、抗弯、抗冲击等性能较差。在普通混凝土加入纤维制成纤维混凝土可有效地降低混凝土的脆性，提高混凝土的抗拉、抗裂、抗弯、抗冲击等性能。

目前纤维混凝土已用于屋面板、墙板、路面、桥梁、飞机跑道等方面，并取得了很好的效果，预计在今后的土木建筑工程中将得到更广泛的应用。

技能训练题

一、选择题（有一个或多个正确答案）

1. 石子的最大粒径要求不大于截面最小尺寸的（　　），不大于钢筋最小净距的（　　）。

A. 3/4　　B. 2/5　　C. 1/4　　D. 1/2

2. 原材料品种完全相同的3组混凝土试件，他们的体积密度分别为2360kg/m³、2420kg/m³和2440kg/m³，通常（　　）组的强度最高。

A. 2360kg/m³　　B. 2420kg/m³　　C. 2440kg/m³

3. 影响混凝土强度的主要因素有（　　）。

A. 水泥强度等级　　B. 水灰比　　C. 龄期　　D. 粗集料最大粒径

4. 当采用相同配合比拌制混凝土时，用卵石代替碎石拌制混凝土，会使混凝土的和易性（　　），强度（　　）。

A. 降低　　B. 提高　　C. 不变　　D. 不能确定

5. 提高混凝土耐久性的措施有（　　）。

A. 合理选择水泥品种　　B. 增大水灰比　　C. 选用级配好的集料　　D. 振捣密实

6. 混凝土配合比设计的基本要求有（　　）。

A. 满足和易性要求　　B. 满足强度要求　　C. 满足耐久性要求　　D. 满足经济性要求

二、填空题

1. 混凝土用砂要求细度模数在________之间。

2. 普通混凝土的四项基本组成材料是______、______、______和______。

3. 混凝土拌合物的和易性包含______、______和______三方面含义。用坍落度法评定和易性主要是测定________，辅以观察______和______。

4. 当混凝土的流动性太小，可保持__________不变，增加__________和__________的用量。

5. 一般情况下，混凝土的龄期越长，强度越__________。

6. 在混凝土配合比设计中，需要确定的三个基本参数分别是__________、__________和__________。

7. 在配制混凝土时，若砂率过小，则会影响混凝土拌合物的__________。

8. 雨后现场配制混凝土时，若不考虑骨料的含水率，将会使混凝土的强度__________。

9. 碳化使混凝土的__________降低，减弱对混凝土中钢筋的保护作用。

10. 混凝土中掺入引气剂，则混凝土的密实度__________，抗冻性__________。

三、简答题

1. 普通混凝土的基本组成材料有哪几种？在混凝土中各起什么作用？

2. 普通混凝土中如何选择水泥的强度等级？

3. 配制普通混凝土选择石子的最大粒径应考虑哪些因素？

4. 影响混凝土和易性的主要因素有哪些？

5. 当混凝土拌合物流动性太大或太小，可采取什么措施进行调整？

6. 什么是合理砂率？采用合理砂率有何意义？

7. 提高混凝土强度的主要措施有哪些？

8. 什么是混凝土的抗渗性？P8 表示什么含义？

9. 常用的外加剂有哪些？使用时应注意哪些事项？

10. 在拌制混凝土时掺入减水剂可起到什么作用？

四、计算题

1. 现浇钢筋混凝土板式楼梯，混凝土强度等级为 C25。现提供有普通硅酸盐水泥 42.5 和 52.5，备有粒级为 5～20mm 的卵石。问：(1) 选用哪一强度等级水泥最好？(2) 取卵石烘干，称取 5kg，经筛分得筛余量如下表所示，试判断卵石级配是否合格？

筛孔尺寸/(mm)	26.5	19.0	16.0	9.50	4.75	2.36
筛余量(/kg)	0	0.30	0.90	1.70	1.90	0.20

2. 用强度等级为 42.5 的普通水泥、河砂及卵石配制混凝土，使用的水灰比分别为 0.60 和 0.53，试估算混凝土 28d 的抗压强度分别为多少？

3. 某教学楼的钢筋混凝土柱（室内干燥环境），施工要求坍落度为 30～50mm。混凝土设计强度等级为 C30，采用 52.5 级普通硅酸盐水泥（$\rho_c=3.1g/cm^3$）；砂子为中砂，表观密度为 $2.65g/cm^3$，堆积密度为 $1450kg/m^3$；石子为碎石，粒级为 5～40mm，表观密度为 $2.70g/cm^3$，堆积密度为 $1550kg/m^3$；混凝土采用机械搅拌、振捣，施工单位无混凝土强度标准差的统计资料。

(1) 根据以上条件，用绝对体积法求混凝土的初步配合比。

(2) 假如用计算出的初步配合比拌和混凝土，经检验后混凝土的和易性、强度和耐久性均满足设计要求。又已知现场砂的含水率为2%，石子的含水率为1%，求该混凝土的施工配合比。

4. 假定混凝土的表观密度为2500kg/m³，用假定表观密度法计算上题的混凝土初步配合比。

5. 混凝土的表观密度为2400kg/m³，1m³ 混凝土中水泥用量为280kg，水灰比为0.5，砂率为40%。计算此混凝土的质量配合比。

7 建筑砂浆

建筑砂浆是由无机胶凝材料、细集料、掺合料、水以及根据性能确定的各种组分按适当比例配合、拌制并经硬化而成的工程材料。

建筑砂浆种类较多，按功能和用途不同，分为砌筑砂浆、抹面砂浆和特种砂浆；按砂浆中所用胶凝材料不同分为水泥砂浆、石灰砂浆、混合砂浆（如水泥石灰砂浆、石灰黏土砂浆、水泥黏土砂浆等）。水泥砂浆强度较高，但和易性较差，适用于潮湿环境、水中以及要求砂浆强度等级较高的工程；石灰砂浆和易性较好，但强度很低，又由于石灰是气硬性胶凝材料，故石灰砂浆不宜用于潮湿环境和水中，一般用于地上强度要求不高的低层建筑或临时性建筑；水泥石灰混合砂浆由水泥、石灰、砂子和水组成，其强度、和易性、耐水性介于水泥砂浆和石灰砂浆之间，一般用于地面以上的工程。

7.1 砂浆的基本组成与性质

7.1.1 砂浆的组成材料

（1）胶凝材料

胶凝材料在砂浆中起着胶结作用，它是影响砂浆和易性、强度等技术性质的主要组分。建筑砂浆常用的胶凝材料有水泥、石灰等。砂浆应根据所使用的环境和部位来合理选择胶凝材料种类，如处于潮湿环境中的砂浆只能选用水泥作为胶凝材料，而处于干燥环境中胶凝材料可选用水泥或石灰。

① 水泥

配制砂浆可采用普通硅酸盐水泥、矿渣硅酸盐水泥、火山灰硅酸盐水泥等常用品种的水泥。应根据工程所处的环境，合理选择水泥的品种。为了合理利用资源、节约材料，应尽量选用低强度等级的水泥。一般砂浆所用水泥强度等级宜为砂浆强度等级的4～5倍，采用的水泥强度等级一般不宜超过42.5级。若水泥强度等级过高则可加入适量掺合料，以节约水泥用量。对于特殊用途的砂浆，可采用特种水泥和有机胶凝材料。如修补裂缝、预制构件的接缝、结构加固等应采用膨胀水泥，配制装饰砂浆应采用白水泥或彩色水泥。

② 石灰

为了改善砂浆的和易性和节约水泥，可在砂浆中掺入适量石灰配制成石灰砂浆或水泥石灰混合砂浆。砂浆中使用石灰的技术要求详见第3章。为了保证砂浆的质量，除磨细生石灰外，石灰需经充分熟化成石灰膏，陈伏两周以上再掺入到砂浆中搅拌均匀。在满足工程要求的前提下，也可使用工业废料，如电石灰膏等。

（2）砂子

砂子在砂浆中起着骨架和填充作用。性能良好的细骨料可提高砂浆的和易性和强度，尤其对砂浆的收缩开裂有较好的抑制作用。

砂浆中所用的砂子应符合混凝土用砂的技术要求，优先选用优质河砂。由于砂浆层较薄，对砂子的最大粒径应有所限制，用于砌筑石材的砂浆，砂子的最大粒径不应大于砂浆层厚度的 1/4～1/5；砖砌体所用的砂浆宜采用中砂或细砂，且砂子的粒径不应大于 2.5mm；用于各种构件表面的抹面砂浆及勾缝砂浆，宜采用细砂，且砂子的粒径不应大于 1.2mm；用于装饰的砂浆，可采用彩砂、石渣等。

此外，为了保证砂浆的质量，应选用洁净的砂，砂中黏土杂质的含量不宜过大。《建筑砂浆配合比设计规程》（JGJ 98—2000）规定：对强度等级≥M5 的砂浆，砂的含泥量应不超过 5%；对强度等级为 M2.5 的砂浆，砂的含泥量应不超过 10%。砂中硫化物（折合 SO_3 计）含量应小于 2%。

（3）拌合水

砂浆拌合用水的技术要求与混凝土拌合用水的技术要求相同，应选用洁净、无杂质的饮用水来拌制砂浆。为了节约用水，经化验分析或试拌验证合格的工业废水也可用于拌制砂浆。

（4）掺加料和外加剂

在砂浆中掺入掺加料可改善砂浆的和易性，节约水泥，降低成本。常用的掺加料有石灰膏、粉煤灰、沸石粉等。

为了改善砂浆的某些性能，可在砂浆中掺入外加剂，如防水剂、增塑剂、早强剂等。外加剂的品种与掺量应通过试验确定。

7.1.2 砂浆的基本性质

砂浆的技术性质主要是新拌砂浆的和易性和硬化后砂浆的强度，另外还有砂浆的粘结力、变形、耐久性等性能。

（1）新拌砂浆的和易性

新拌砂浆应具有良好的和易性，以便使砂浆能较容易地铺成均匀的薄层，且与基面紧密粘结。砂浆的和易性包括流动性和保水性两个方面。

① 流动性

砂浆的流动性又称稠度，是指在自重或外力作用下流动的性质。砂浆稠度的大小用沉入度（单位为 mm）表示，用砂浆稠度仪测定。沉入度越大，砂浆流动性越好。

砂浆稠度的选择要考虑砌体材料的种类、气候条件等因素。一般基底为多孔吸水材料或在干热条件下施工时，砂浆的流动性应大一些；而对于密实的、吸水较少的基底材料，或在湿冷条件下施工时，砂浆的流动性应小一些。砂浆的流动性可参考表 7-1 选用。

砂浆流动性（沉入度）选用参考表（mm） **表 7-1**

砌体种类	干燥气候或多孔吸水材料	寒冷气候或密实材料	抹灰工程	机械施工	手工操作
砖砌体	80～100	60～80	底层	80～90	100～120
普通毛石砌体	60～70	40～50	中层	70～80	70～90
振捣毛石砌体	20～30	10～20	面层	70～80	90～100
炉渣混凝土砌体	70～90	50～70	灰浆面层	—	90～120

② 保水性

砂浆保水性是指砂浆保持水分的能力，也指砂浆中各项组成材料不易分层离析的性质。若砂浆的保水性不好，在运输和使用过程中会发生泌水、流浆现象，使砂浆的流动性下降，难以铺成均匀、密实的砂浆薄层；并且由于水分流失会影响胶凝材料的凝结硬化，造成砂浆强度和粘结力下降。所以在工程中应选用保水性良好的砂浆，以保证工程质量。

砂浆保水性的大小用分层度（单位为 mm）表示，用砂浆分层度仪测定。分层度越大，砂浆保水性越差。砂浆分层度大，保水性差，容易发生离析；分层度过小，砂浆虽然保水性好，但砂浆过于黏稠，不便于施工，且硬化后容易产生干缩裂缝。

工程中一般砂浆的分层度以 10～30mm 为宜。通过大量试验验证，水泥砂浆的分层度不宜超过 30mm，水泥石灰混合砂浆的分层度不宜超过 20mm。

（2）硬化后砂浆的强度和强度等级

砂浆的强度通常指立方体抗压强度，是将砂浆制成 70.7mm×70.7mm×70.7mm 的立方体标准试件，一组三块，在标准条件下养护 28d，用标准试验方法测得的抗压强度平均值，用 f_m表示。《砌筑砂浆配合比设计规程》（JGJ 98—2000）的规定，根据砂浆的抗压强度，将砂浆划分为 M2.5、M5.0、M7.5、M10、M15、M20 六个强度等级。如 M10 表示砂浆的抗压强度不小于 10MPa。

砂浆的强度除与砂浆本身的组成材料和配合比有关，还与基层材料的吸水性有关。对于普通水泥配制的砂浆可参考以下两种方法计算其强度：

① 不吸水基层（如致密石材）

当基层为不吸水材料时，影响砂浆强度的因素与普通混凝土相似，主要为水泥强度等级和水灰比。砂浆强度可采用下式计算：

$$f_{m,0}=0.29f_{ce}\left(\frac{C}{W}-0.40\right) \tag{7-1}$$

式中 $f_{m,0}$——砂浆 28d 的抗压强度，MPa；

f_{ce}——水泥 28d 的实测抗压强度，MPa；

$\frac{C}{W}$——灰水比。

② 吸水基层（如砖或其他多孔材料）

当基层为吸水材料时，砂浆中一部分水分会被基层吸收。经基层吸水后，留在砂浆中水分的多少取决于砂浆的保水性，而与砂浆初始水灰比关系不大。因此砂浆的强度主要与水泥用量和水泥强度等级有关，与水灰比关系不大。砂浆强度可采用下式计算：

$$f_{m,0}=\frac{\alpha\cdot f_{ce}Q_C}{1000}+\beta \tag{7-2}$$

式中 $f_{m,0}$——砂浆 28d 的抗压强度，MPa；

f_{ce}——水泥 28d 的实测抗压强度，MPa；

Q_C——每立方米砂浆中的水泥用量，kg；

α、β——砂浆特征系数，可按表 7-2 选用。

砂浆特征系数 α、β 参考数值　　表 7-2

砂浆种类	α	β
水泥砂浆	1.03	3.50
水泥混合砂浆	3.03	−15.09

（3）砂浆的粘结力

由于砌体是靠砂浆把块状材料粘结成为一个整体的，因此要求砂浆要有一定的粘结力。砂浆粘结力的大小影响砌体的强度、耐久性、稳定性、抗震性等，与工程质量有密切关系。一般砂浆的抗压强度越高，粘结力越大。此外，砂浆的粘结力还与基层材料的表面状态、润湿情况、清洁程度及施工养护等条件有关，在粗糙的、润湿的、清洁的基层上使用且养护良好的砂浆与基层的粘结力较好。因此，砌筑墙体前应将块材表面清理干净，浇水润湿，必要时凿毛，砌筑后应加强养护，从而提高砂浆与块材之间的粘结力，保证砌体的质量。

（4）砂浆的变形

砂浆在承受荷载、温度变化或湿度变化时，均会产生变形。变形过大或不均匀会降低砌体的整体性，引起沉降或裂缝。砂浆中混合料掺量过多或使用轻骨料，会产生较大的收缩变形。为了减少收缩，可在砂浆中加入适量的膨胀剂。

7.2 砌筑砂浆

用于砌筑砖、砌块、石材等各种块材的砂浆称为砌筑砂浆。砌筑砂浆起着粘结块材、传递荷载、协调变形的作用，同时砂浆还填实块材之间的缝隙，提高砌体的保温、隔声等性能。因此，砌筑砂浆是砌体的重要组成部分。

7.2.1 砌筑砂浆的技术要求

（1）必须符合设计要求的种类和强度等级。

（2）水泥砂浆拌和物的体积密度不宜小于 1900kg/m³；水泥混合砂浆拌和物的体积密度不宜小于 1800kg/m³。砂浆的保水性能良好，分层度不得大于 30mm。稠度应按表 7-3 规定选取。

砌筑砂浆的稠度　　表 7-3

砌体种类	砂浆稠度(mm)	砌体种类	砂浆稠度(mm)
烧结普通砖砌体	70～90	空斗墙、筒拱	
轻集料混凝土小型空心砖砌体	60～90	普通混凝土小型空心砌块砌体	50～70
烧结多孔砖、空心砖砌体	60～80	加气混凝土砌体	
烧结普通砖平拱式过梁	50～70	石砌体	30～50

（3）水泥砂浆中水泥用量不应小于 200kg/m³；水泥混合砂浆中水泥与掺和料总量宜为 300～350kg/m³。

（4）有冻融循环次数要求的砌筑砂浆，经冻融试验后，质量损失率不得大于 5%，抗压强度损失率不得大于25%。

（5）试配时应采用机械搅拌。搅拌时间，应自投料结束算起，水泥砂浆和水泥混合砂浆不得小于120s，掺用粉煤灰和外加剂的砂浆不得小于180s。

7.2.2 砌筑砂浆配合比设计

在确定砂浆配合比时，一般可根据工程类别及砌体部位的设计要求从砂浆配合比速查手册中选择相应的配合比，再经过试配、调整来确定施工用的配合比。也可以按《砌筑砂浆配合比设计规程》（JGJ 98—2000）中的设计方法进行配合比设计。

石灰砂浆一般根据保水性来确定石灰和砂的比例，配合比一般取石灰膏：砂＝1：2～5（体积比）。水泥砂浆配合比按表7-4选用。

每立方米水泥砂浆材料用量　　表7-4

强度等级	水泥(kg)	砂(kg)	水(kg)
M2.5～M5.0	200～230	$1m^3$ 砂的堆积密度值	270～330
M7.5～M10	230～280		
M15	280～340		
M20	340～400		

注：1. 此表水泥强度等级为32.5级，大于32.5级水泥用量宜取下限。
2. 根据施工水平合理选择水泥用量。
3. 当采用细砂或粗砂时，用水量分别取上限或下限。
4. 稠度小于70mm时，用水量可小于下限。
5. 施工现场气候炎热或干燥季节，可酌量增加用水量。

根据《砌筑砂浆配合比设计规程》（JGJ 98—2000），用于吸水基层的水泥混合砂浆配合比的计算步骤如下：

（1）确定砂浆配制强度

为了保证砂浆具有95%的保证率，砂浆的配制强度应高于设计强度。配制强度按下式计算：

$$f_{m,0}=f_2+0.645\sigma \tag{7-3}$$

式中 $f_{m,0}$——砂浆的试配强度，精确至0.1MPa；

f_2——砂浆抗压强度平均值，精确至0.1MPa；

σ——砂浆现场强度标准差，精确至0.1MPa。

砂浆现场强度标准差 σ 应通过有关资料统计得出，当有统计资料时，应按下式计算：

$$\sigma=\sqrt{\frac{\sum_{i=1}^{n} f_{m,i}{}^2-n\mu_{fm}{}^2}{n-1}} \tag{7-4}$$

式中 $f_{m,i}$——统计周期同一品种砂浆第 i 组试件的强度，MPa；

μ_{fm}——统计周期同一品种砂浆 n 组试件强度的平均值，MPa；

n——统计周期同一品种砂浆试件的总组数，$n\geqslant25$。

当无近期统计资料时，砂浆现场强度标准差 σ 可按表7-5取用。

σ 取值表 **表 7-5**

施工水平 \ 砂浆强度等级	M2.5	M5	M7.5	M10	M15	M20
优良	0.50	1.00	1.50	2.00	3.00	4.00
一般	0.62	1.25	1.88	2.50	3.75	5.00
较差	0.75	1.50	2.25	3.00	4.50	6.00

（2）确定水泥用量

根据式 7-2，可得出每立方米砂浆的水泥用量为：

$$Q_C=\frac{1000(f_{m,0}-\beta)}{\alpha\cdot f_{ce}} \tag{7-5}$$

式中 Q_C——每立方米砂浆的水泥用量，精确至 kg/m³；

$f_{m,0}$——砂浆的试配强度，精确至 0.1MPa；

α、β——砂浆特征系数，可参考表 7-2 选用；

f_{ce}——水泥 28d 的实测抗压强度，精确至 0.1MPa。

水泥的实测强度 f_{ce}可通过试验确定。在无法取得水泥 28d 的实测强度时，可按下式计算：

$$f_{ce}=\gamma_c\cdot f_{ce,g} \tag{7-6}$$

式中 $f_{ce,g}$——水泥强度等级对应的强度值，MPa；

γ_c——水泥强度等级值的富余系数，该值应按实际统计资料确定。无统计资料时，γ_c可取 1.0。

当计算出的水泥用量不足 200kg/m³ 时，应取 $Q_C=200$kg/m³。

（3）确定掺加料用量

为保证砂浆具有良好的流动性和保水性，每立方米砂浆中胶凝材料和掺加料的总量 Q_A应控制在 300～350kg/m³ 之间。则砂浆中掺加料的用量为：

$$Q_D=Q_A-Q_C \tag{7-7}$$

式中 Q_D——每立方米砂浆的掺加料用量，精确至 1kg/m³（石灰膏、黏土膏和电石膏的稠度为 120±5mm。当石灰膏的稠度为其他值时，其用量应乘以换算系数，换算系数见表 7-6）；

Q_C——每立方米砂浆的水泥用量，精确至 1kg/m³；

Q_A——每立方米砂浆中水泥和掺加料的总用量，精确至 1kg/m³。Q_A 的值宜在 300～350kg/m³之间。

石灰膏不同稠度时的用量换算系数 **表 7-6**

石灰膏稠度(mm)	120	110	100	90	80	70	60	50	40
换算系数	1.00	0.99	0.97	0.95	0.93	0.92	0.90	0.88	0.87

（4）确定砂的用量

砂浆中的胶凝材料、掺合料和水是用来填充砂子中的空隙的，因此，每立方米砂浆含有堆积体积为 1m³ 的砂子。因此，每立方米砂浆中砂子的用量，应按砂子干燥状态的堆积密度值作为计算值，单位以 kg/m³ 计。

（5）确定用水量

每立方砂浆中的用水量，根据砂浆稠度等要求可选用240～310kg/m^3。混合砂浆中的用水量，不包括石灰膏或黏土膏中的水；当采用细砂或粗砂时，用水量分别取上限或下限；施工现场气候炎热或干燥季节，可酌量增加用水量；稠度小于70mm时，用水量可小于下限。

（6）配合比的试配、调整与确定

试配时应采用工程中实际使用的材料，砂浆试配时应采用机械搅拌。搅拌时间自投料结束算起，对水泥砂浆和水泥混合砂浆，不得少于120s；对掺用粉煤灰和外加剂的砂浆，不得少于180s。

试配分以下两个步骤：

① 试拌调整

按计算或查表所得配合比进行试拌时，测定其拌合物的稠度和分层度。若不能满足要求，应调整材料用量，直到满足稠度和分层度要求为止。此配合比为试配时砂浆的基准配合比。

② 校核强度

试配时至少应采用3个不同的配合比，其中一个为上述试拌调整所得的基准配合比，另外两个配合比的水泥用量按基准配合比分别增加和减少10%。在保证稠度和分层度合格的条件下，可将用水量或掺加料用量作相应调整。对3个不同的配合比调整后，按照《建筑砂浆基本性能试验方法》（JGJ 70—1990）的规定成型试件，测定砂浆强度，并选定符合强度要求的水泥用量较少的配合比作为砂浆的配合比。

7.2.3 砌筑砂浆配合比设计实例

[例7-1] 某工程砌筑砖墙采用M10的水泥石灰混合砂浆。所用原材料：强度等级为32.5的普通硅酸盐水泥；中砂，干燥堆积密度为1450kg/m^3，含水率为3%；石灰膏的稠度为100mm。此工程施工水平一般，试计算此砂浆的配合比。

解：（1）确定砂浆试配强度 $f_{m,0}$

$$f_{m,0}=f_2+0.645\sigma=10+0.645\times2.5=11.6\text{MPa}$$

（2）确定水泥用量 Q_C

$$f_{ce}=1.0\times32.5=32.5\text{MPa},\ \alpha=3.03,\ \beta=-15.09,$$

$$Q_C=\frac{1000\times(11.6+15.09)}{3.03\times32.5}=271\text{kg}$$

（3）确定石灰膏用量 Q_D

取每立方米砂浆中胶凝材料和掺加料的总量 $Q_A=320\text{kg/m}^3$，则石灰膏的用量为：

$$Q_D=Q_A-Q_C=320-271=49\text{kg}$$

查表7-6得，稠度为100mm的石灰膏用量应乘以换算系数0.97，则应掺加石灰膏的用量为49×0.97=47.5kg。

（4）确定砂子用量 Q_S

$$Q_S=1450\times(1+3\%)=1493.5\text{kg}$$

（5）确定用水量 Q_W

选取用水量 Q_W＝300 kg。

故此砂浆的设计配合比为：

水泥∶石灰膏∶砂∶水＝271∶47.5∶1493.5∶300＝1∶0.18∶5.51∶1.11

7.3 抹面砂浆

抹面砂浆是指涂抹在建筑物或建筑构件表面的砂浆的总称，又称为抹灰砂浆。抹面砂浆的作用是保护结构主体免遭各种侵蚀，提高结构的耐久性，改善结构的外观。抹面砂浆按其功能的不同分为普通抹面砂浆、装饰抹面砂浆和特种砂浆（如防水砂浆、保温砂浆等）。

抹面砂浆对砂浆的强度要求不高，一般不需进行砂浆配合比的设计，通常根据施工经验来选择配合比，用水泥和砂的体积比来表示，如 1∶1、1∶2.5 等。但抹面砂浆要求具有良好的和易性，容易抹成均匀平整的薄层；与基层有足够的粘结力，长期使用不致开裂和脱落。

7.3.1 普通抹面砂浆

(1) 抹面砂浆的组成材料

为了提高抹面砂浆的和易性和粘结力，砂浆中胶凝材料用量比砌筑砂浆多，并可在其中加入适量的有机聚合物（占水泥质量的 10%），如聚乙烯醇缩甲醛胶（俗称 107 胶）等。由于抹面砂浆的面积较大，干缩大，易开裂，故常在砂浆中加入麻刀、纸筋、稻草等纤维材料来增加抗拉强度，防止砂浆层开裂。

(2) 常用抹面砂浆的种类

常用抹面砂浆有水泥砂浆、石灰砂浆、水泥混合砂浆、麻刀石灰砂浆、纸筋石灰砂浆等。常用抹面砂浆的配合比及应用范围可参考表 7-7。

为了保证砂浆抹灰层表面平整，避免砂浆脱落和出现裂缝，常采用分层薄涂的方法，一般分两层（中级抹灰）或三层（高级抹灰）施工。底层抹灰的作用是使砂浆与基层粘结牢固，要求砂浆具有较高的粘结力和良好的和易性；中层抹灰起抹平作用，中级抹灰可省去不用；面层抹灰起保护装饰作用，要求光洁平整，宜采用细砂。底层及中层抹灰多采用水泥混合砂浆或石灰砂浆，面层多采用水泥混合砂浆、麻刀石灰砂浆、纸筋石灰砂浆等。

用于室外、潮湿环境或容易碰撞等部位的砂浆，如外墙、地面、踢脚、水池、墙裙、窗台等，均应采用水泥砂浆。

常用抹面砂浆的配合比及应用范围 　　表 7-7

材料	体积配合比	应用范围
水泥∶砂	(1∶3)～(1∶2.5)	潮湿房间的墙裙、踢脚、地面基层
水泥∶砂	(1∶2)～(1∶1.5)	地面、墙面、顶棚
水泥∶砂	(1∶0.5)～(1∶1)	混凝土地面压光
石灰∶砂	(1∶2)～(1∶4)	干燥环境中砖、石墙表面
石灰∶水泥∶砂	(1∶0.5∶4.5)～(1∶1∶5)	勒脚、檐口、女儿墙及较潮湿部位

续表

材料	体积配合比	应用范围
石灰：黏土：砂	(1：1：4)～(1：1：8)	干燥环境墙表面
石灰：石膏：砂	(1：0.4：2)～(1：1：3)	干燥环境墙及顶棚
石灰：石膏：砂	(1：2：2)～(1：2：4)	干燥环境的线脚及装饰
石灰膏：麻刀	100：2.5(质量比)	木板条顶棚面层
石灰膏：纸筋	100：3.8(质量比)	木板条顶棚面层
石灰膏：纸筋	1m^3 灰膏掺 3.6kg 纸筋	较高级墙板、顶棚
石灰：石膏：砂：锯末	1：1：3：5	用于吸声粉刷

7.3.2 装饰砂浆

装饰砂浆是涂抹在建筑物室内外表面，主要起装饰作用的砂浆。装饰砂浆与普通抹面砂浆的主要区别在面层。装饰砂浆面层要选用一定颜色的胶凝材料和染料，并采用特殊的施工操作方法，以使表面呈现出各种不同的色彩线条和花纹等装饰效果。装饰砂浆面层的胶凝材料常采用普通水泥、白水泥、彩色水泥、石灰、石膏等，骨料可采用普通砂、石英砂、彩釉砂、彩色瓷粒、玻璃珠以及大理石或花岗岩破碎成的石渣等，也可根据装饰需要加入一些矿物颜料。

7.4 预拌砂浆

预拌砂浆是指由专业生产厂生产的湿拌砂浆或干混砂浆。

湿拌砂浆是指由水泥、细集料、保水增稠材料、外加剂和水以及根据需要掺入的矿物掺合料等组分按一定比例，在搅拌站经计量、拌制后，采用搅拌运输车运送至使用地点，放入专用容器储存，并在规定时间内使用完毕的砂浆拌合物。

干混砂浆又称干拌砂浆或干粉砂浆，是经干燥筛分处理的细集料与水泥、保水增稠材料以及根据需要掺入的外加剂、矿物掺合料等组分按一定比例在专业生产厂混合而成的固态混合物，在使用地点按规定比例加水或配套液体拌合使用。预拌砂浆分为干拌和湿拌砂浆。干混砂浆可以分为两大类：一是普通干拌砂浆，包括砌筑砂浆、抹灰砂浆和地平砂浆；二是特种干拌砂浆，包括瓷砖胶粘剂和填缝剂、保温配套砂浆、腻子、自流平砂浆、界面剂、防水砂浆、饰面砂浆及耐磨砂浆、灌浆料和修补砂浆等众多品种。

预拌砂浆的特点是集中生产，生产效率高，质量有保证，扬尘少，有利于施工人员身体健康和环境保护。随着我国建筑业技术进步和文明施工要求的提高，取消现场拌制砂浆、采用工业化生产的预拌砂浆势在必行。2007 年 6 月 6 日，商务部、原建设部等六部委联合发布了《关于在部分城市限期禁止现场搅拌砂浆工作的通知》，要求自 2007 年 9 月 1 日起，全国 127 个城市分三批实现禁止施工现场使用水泥搅拌砂浆。行业标准《预拌砂浆》(JG/T 230—2007) 已于 2008 年 2 月 1 日起实施。

7.5 特种砂浆

7.5.1 防水砂浆

防水砂浆是指用于防水层的抗渗性高的砂浆。防水砂浆层又称刚性防水层，适用于不受振动和具有一定刚度的混凝土或砖石砌体表面。对于变形较大或可能产生不均匀沉降的建筑物，均不宜采用刚性防水层。

防水砂浆可用普通水泥砂浆制作，也可在水泥砂浆中掺入适量防水剂来提高砂浆的抗渗能力。防水剂的掺量，一般为水泥质量的3%～5%，常用的防水剂有氯化物金属盐类防水剂、水玻璃防水剂、金属皂类防水剂等。

防水砂浆配合比，一般采用水泥：砂子＝1：(2.5～3)；水灰比应控制在0.50～0.55；水泥宜选用微膨胀水泥或普通硅酸盐水泥，适当增加水泥用量；砂子应选用级配良好的中砂。

防水砂浆的施工对操作技术要求较高，必须保证砂浆的密实性，否则难以获得理想的防水效果。防水砂浆应分4～5层分层涂抹在基面上，每层厚度约5mm，总厚度20～30mm。每层在初凝前压实一遍，最后一层要压光，抹完后要加强养护。

7.5.2 保温砂浆

保温砂浆是以水泥、石灰膏、石膏等胶凝材料与膨胀珍珠岩、膨胀蛭石、陶粒、火山渣等轻质多孔骨料按一定比例配制成的砂浆。常用的绝热砂浆有水泥玻化微珠（膨胀珍珠岩）砂浆、水泥膨胀蛭石砂浆、水泥石灰膨胀蛭石砂浆等。保温砂浆质量轻，且具有良好的绝热保温性能，其导热系数约为0.07～0.10W/(m·K)，可用于屋面及楼地面保温层、墙壁保温隔热层、供热管道的保温隔热层、冷库和工业窑炉等。如在保温砂浆中掺入或在其表面喷涂憎水剂，则会进一步提高砂浆的保温隔热效果。

7.5.3 聚合物水泥砂浆

聚合物水泥砂浆是指在水泥砂浆中添加聚合物粘结剂，从而使砂浆性能得到很大改善的一种新型建筑砂浆。聚合物水泥砂浆中的聚合物粘结剂作为有机粘结材料与砂浆中的水泥或石膏等无机粘结材料完美地组合在一起，大大提高了砂浆与基层的粘结强度、砂浆的可变形性（即柔性）、砂浆的内聚强度等性能。

聚合物砂浆中聚合物的种类和掺量在很大程度上决定了聚合物砂浆的性能。常用的聚合物粘接剂有丁苯橡胶乳液、氯丁橡胶乳液、丙烯酸树脂乳液等。

聚合物砂浆具有黏结力强、干燥收缩小、脆性低、耐腐蚀性好等优点，可用于修补和防护工程。

7.6 砂浆性能检测

试验依据：《建筑砂浆基本性能试验方法》(JCJ/T 70—2009)。

7.6.1 取样及试样制备

（1）现场取样

① 建筑砂浆试验用料应从同一盘砂浆或同一车砂浆中取样。取样量应不少于试验所需量的 4 倍。

② 施工中取样进行砂浆试验时，其取样方法和原则按相应的施工验收规范执行。一般在使用地点的砂浆槽、砂浆运送车或搅拌机出料口，至少从三个不同部位取样。现场取来的试样，试验前应人工搅拌均匀。

③ 从取样完毕到开始进行各项性能试验不宜超过 15min。

（2）试样制备

① 试验室拌制砂浆进行试验时，所用材料要求提前 24h 运入室内，拌和时试验室的温度应保持在（20±5)℃；

② 试验用原材料应与现场使用材料一致。砂应通过公称粒径 5mm 筛；

③ 拌制砂浆时，所用材料应称重计量。称量精度：水泥、外加剂、掺合料等为±0.5%；砂为±1%；

④ 在试验室搅拌砂浆时应采用机械搅拌，搅拌的用量宜为搅拌机容量的 30%～70%，搅拌时间不应少于 120s。掺有掺合料和外加剂的砂浆，其搅拌时间不应少于 180s。

7.6.2 稠度检测

（1）试验原理及方法

通过测定一定重量的锥体自由沉入砂浆中的深度，反映砂浆抵抗阻力的大小。

（2）试验目的

确定配合比或施工过程中控制砂浆的稠度，达到控制用水量的目的。

（3）主要仪器设备

砂浆稠度测定仪（见图 7-1)；钢制捣棒：直径 10mm、长 350mm，端部磨圆；台秤；秒表等。

（4）试验步骤及注意事项

试验步骤：

① 用少量润滑油轻擦滑杆，再将滑杆上多余的油用吸油纸擦净，使滑杆能自由滑动；

② 用湿布擦净盛浆容器和试锥表面，将砂浆拌合物一次装入容器，使砂浆表面低于容器口约 10mm 左右。用捣棒自容器中心向边缘均匀地插捣 25 次，然后轻轻地将容器摇动或敲击 5～6 下，使砂浆表面平整，然后将容器置于稠度测定仪的底座上；

③ 拧松制动螺丝，向下移动滑杆，当试锥尖端与砂浆表面刚接触时，拧紧制动螺丝，使齿条侧杆下端刚接触滑杆上端，读出刻度盘上的读数（精确至 1mm)；

④ 拧松制动螺丝，同时计时间，10s 时立即拧紧螺

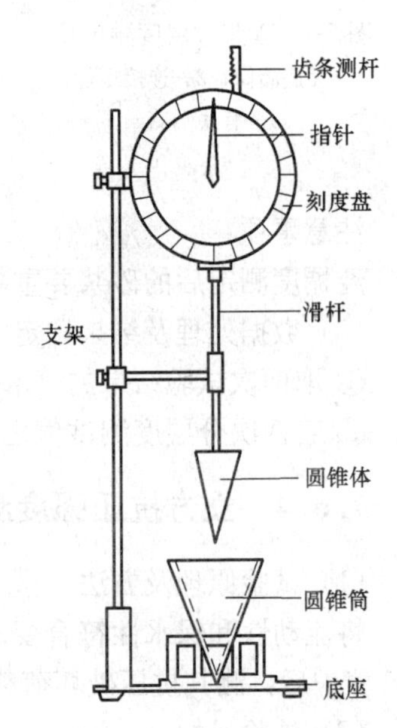

图 7-1　砂浆稠度测定仪

丝，将齿条测杆下端接触滑杆上端，从刻度盘上读出下沉深度（精确至1mm），两次读数的差值即为砂浆的稠度值。

注意事项：

盛样容器内的砂浆，只允许测定一次稠度，重复测定时，应重新取样。

（5）结果评定

① 取两次试验结果的算术平均值，精确至1mm；

② 如两次试验值之差大于10mm，应重新取样测定。

7.6.3 分层度测试（标准法）

（1）试验原理及方法

测定相隔一定时间后沉入度的损失，反映砂浆失水程度及内部组分的稳定性。

（2）试验目的

测定砂浆拌合物在运输及停放时内部组分的稳定性。

（3）主要仪器设备

分层度测定仪（即分层度筒，见图7-2）；稠度仪；木锤等。

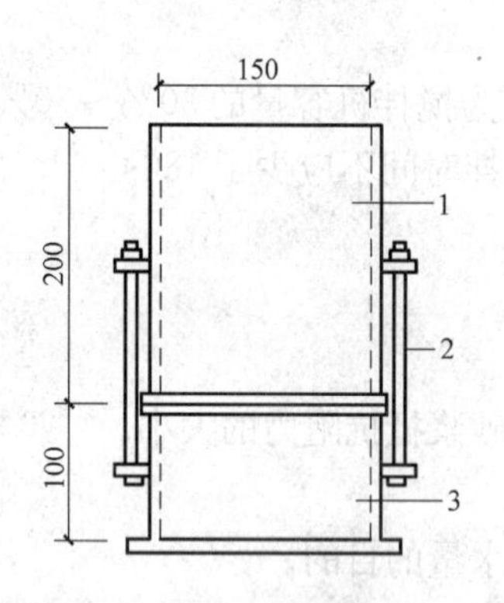

图7-2 砂浆分层度测定仪
1—无底圆筒；2—连接螺栓；3—有底圆筒

（4）试验步骤及注意事项

① 首先将砂浆拌合物按7.6.2稠度试验方法测定稠度；

② 将砂浆拌合物一次装入分层度筒内，待装满后，用木锤在容器周围距离大致相等的四个不同部位轻轻敲击1～2下，如砂浆沉落到低于筒口，则应随时添加，然后刮去多余的砂浆并用抹刀抹平；

③ 静置30min后，去掉上层200mm砂浆，剩余的100mm砂浆倒出放在拌合锅内拌2min，再按7.6.2稠度试验方法测其稠度。前后测得的稠度之差即为该砂浆的分层度值（mm）。

注意事项：

经稠度测定后的砂浆要重新拌和均匀后测定分层度。

（5）数据处理及结果评定

① 取两次试验结果的算术平均值作为该批砂浆的分层度值；

② 若两次分层度测试值之差大于10mm，应重新取样测定。

7.6.4 立方抗压强度测定

（1）试验原理及方法

将流动性和保水性符合要求的砂浆拌合物按规定成形，制成标准的立方体试件，经28d养护后，测其抗压破坏荷载，依此计算其抗压强度。

（2）试验目的

通过砂浆试件抗压强度的测定，检验砂浆质量，确定、校核配合比是否满足要求，并确定砂浆强度等级。

（3）主要仪器设备

试模：70.7mm×70.7mm×70.7mm 的带底试模；钢制捣棒：直径 10mm、长 350mm，端部磨圆；压力试验机：精度为 1%，试件破坏荷载应不小于压力机量程的 20%，且不大于全量程的 80%；垫板等。

（4）试验步骤及注意事项

试验步骤：

1）试件成型及养护

① 采用立方体试件，每组试件 3 个；

② 用黄油等密封材料涂抹试模的外接缝，试模内涂刷薄层机油或脱模剂，将拌制好的砂浆一次性装满砂浆试模，成型方法根据稠度而定。当稠度≥50mm 时采用人工振捣成型，当稠度＜50mm 时采用振动台振实成型；

a. 人工振捣：用捣棒均匀地由边缘向中心按螺旋方式插捣 25 次，插捣过程中如砂浆沉落低于试模口，应随时添加砂浆，可用油灰刀插捣数次，并用手将试模一边抬高 5～10mm各振动 5 次，使砂浆高出试模顶面 6～8mm。

b. 机械振动：将砂浆一次装满试模，放置到振动台上，振动时试模不得跳动，振动 5～10s 或持续到表面出浆为止；不得过振。

③ 待表面水分稍干后，将高出试模部分的砂浆沿试模顶面刮去并抹平；

④ 试件制作后应在室温为（20±5)℃的环境下静置（24±2)h，当气温较低时，可适当延长时间，但不应超过两昼夜，然后对试件进行编号、拆模。试件拆模后应立即放入温度为（20±2)℃，相对湿度为 90%以上的标准养护室中养护。养护期间，试件彼此间隔不小于 10mm，混合砂浆试件上面应覆盖以防有水滴在试件上。

2）抗压强度测定

① 试验前将试件表面擦拭干净，测量尺寸，并据此计算试件的承压面积，如实测尺寸与公称尺寸之差不超过 1mm，可按公称尺寸进行计算；

② 将试件安放在试验机的下压板（或下垫板）上，试件的承压面应与成型时的顶面垂直，试件中心应与试验机下压板（或下垫板）中心对准。开动试验机，当上压板与试件（或上垫板）接近时，调整球座，使接触面均衡受压。承压试验应连续而均匀地加荷，加荷速度应为每秒钟 0.25～1.5kN（砂浆强度不大于 5MPa 时，宜取下限；砂浆强度大于 5MPa 时，宜取上限），当试件接近破坏而开始迅速变形时，停止调整试验机油门，直至试件破坏，然后记录破坏荷载 N_u。

注意事项：

① 养护期间，试件彼此间隔不小于 10mm；

② 试件从养护地点取出后应及时进行试验。

（5）数据处理及结果评定

砂浆立方抗压强度由下式计算（精确至 0.1MPa）：

$$f_{m,cu}=\frac{N_u}{A} \tag{7-8}$$

式中 $f_{m,cu}$——砂浆立方体抗压强度，MPa；

N_u——立方体试件破坏荷载，N；

A——试件承压面积，mm^2。

砂浆立方体试件抗压强度应精确至 0.1MPa。

以三个试件测值的算术平均值的 1.3 倍（f_2）作为该组试件的砂浆立方体试件抗压强度平均值（精确至 0.1MPa）。

当三个测值的最大值或最小值中如有一个与中间值的差值超过中间值的 15%时，则把最大值及最小值一并舍除，取中间值作为该组试件的抗压强度值；如有两个测值与中间值的差值均超过中间值的 15%时，则该组试件的试验结果无效。

技能训练题

一、填空题

1. 建筑砂浆按功能和用途不同，分为______、______和______；按所用胶凝材料不同分为______、______和______。

2. 砂浆的和易性包括______和______两方面的含义。

3. 砂浆保水性的大小用______表示，水泥砂浆要求其值不大于______，混合砂浆要求其值不大于______。

4. 表示砂浆流动性的指标是______，其值越大，说明流动性越______。

5. 砂浆的强度等级是根据______划分的，共划分为______个强度等级。砂浆强度等级的符号是______。

6. 防水砂浆中防水剂的掺量一般为水泥质量的______。在防水砂浆中，一般水泥：砂为______，砂子应选用______砂。

7. 在砌筑砂浆中掺入石灰膏是为了改善砂浆的______。

二、判断题

1. 砌筑潮湿环境和地面以下的砌体，可采用水泥砂浆或石灰砂浆。（ ）

2. 砂浆的分层度越大，说明保水性越好。（ ）

3. 测定砂浆抗压强度标准试件的尺寸为 100mm×100mm×100mm。（ ）

4. 一般砂浆的抗压强度越高，粘结力越大。在粗糙的、清洁基层上的砂浆与基层的粘结力较好。（ ）

5. 石灰砂浆中的石灰必须充分熟化后才能使用。（ ）

6. 通常在抹面砂浆中加入麻刀、纸筋、稻草等纤维材料来增加抗拉强度，防止砂浆层开裂。（ ）

7. 对于变形较大或可能产生不均匀沉降的建筑物，不宜采用防水砂浆做防水层。（ ）

三、简答题

1. 建筑砂浆的组成材料有哪几种？各有什么要求？

2. 建筑砂浆的主要技术性质有哪些？

3. 什么是砂浆的保水性？为什么要选用保水性良好的砂浆？

4. 普通抹面砂浆的技术要求包括哪几方面？它与砌筑砂浆的技术要求有什么异同？

5. 影响用于吸水基层和不吸水基础的砌筑砂浆强度的因素是否相同？为什么？

四、计算题

某工程砌筑砖墙所用强度等级为 M5 的水泥石灰混合砂浆。采用强度等级为 32.5 的矿渣水泥；砂子为中砂，含水率为 2%，干燥堆积密度为 1500kg/m^3；石灰膏的稠度为 120mm。此工程施工水平优良，试计算此砂浆的配合比。

8 墙体及屋面材料

墙体具有承重、围护和分隔作用，墙体材料是建筑工程中用量较大的材料，因此，合理地选择墙体材料对建筑物的安全、功能及造价等均具有重要意义。目前所用的墙体材料主要有砖、砌块和板材三大类。

8.1 砌 墙 砖

砖按生产工艺可分为烧结砖和非烧结砖。烧结砖是经焙烧工艺制得，非烧结砖通常是通过蒸汽养护或蒸压养护制得。烧结砖按其孔洞率（砖面上孔洞总面积占砖面积的百分率）的大小分为烧结普通砖、烧结多孔砖、烧结空心砖和花格砖。

8.1.1 烧结普通砖

烧结普通砖是指以黏土、页岩、粉煤灰、煤矸石等为原料，经成型、干燥、焙烧而制得的实心砖。

焙烧是生产全过程中最重要的环节，砖坯在焙烧过程中，应严格控制窑内的温度及温度分布的均匀性。若焙烧温度过低，出现欠火砖；焙烧温度过高，会出现过火砖。欠火砖孔隙率大，色浅、声哑、强度低、耐久性差；过火砖色深、声脆、强度高，但有弯曲变形，尺寸不规整。欠火砖和过火砖均属不合格产品。

（1）分类

烧结普通砖按主要原料分为烧结黏土砖（N）、烧结页岩砖（Y）、烧结煤矸石砖（M）、粉煤灰砖（F）。

当砖坯在氧化气氛中烧成出窑，则制得红砖。若砖坯在氧化气氛中烧成后，再经浇水闷窑，使窑内形成还原气氛，促使砖内的红色高价氧化铁（Fe_2O_3）还原成青灰色的低价氧化铁（FeO），即制得青砖。青砖的强度比红砖高，耐久性好，但价格较贵。

按焙烧方法不同，烧结砖又可分为内燃砖和外燃砖。内燃砖是将劣质煤或含热值的工业灰渣（如煤矸石、炉渣、粉煤灰等）破碎后混入泥料中制坯，当砖焙烧到一定温度时，内燃料在坯体内也进行燃烧，这样烧成的砖叫内燃砖。这项工艺有助于节约商品煤、提高焙烧速度，内燃砖强度（特别是抗折强度）提高，表观密度减小，导热系数降低，但条面易有深色压印。

（2）技术要求

国家标准《烧结普通砖》（GB/T 5101—2000）对砖的主要技术要求有：尺寸偏差、外观质量、强度、抗风化性能、泛霜和石灰爆裂等六个方面。

强度和抗风化性能合格的砖，根据尺寸偏差、外观质量、泛霜和石灰爆裂等分为优等品（A）、一等品（B）、合格品（C）三个质量等级。各项技术指标应满足下列要求：

① 尺寸偏差

烧结普通砖尺寸规格为 240mm×115mm×53mm，如图 8-1 所示。其中 240mm×115mm 面称为大面，240mm×53mm 面称为条面，115mm×53mm 面称为顶面。在砌筑时，4 块砖长、8 块砖宽、16 块砖厚，再分别加上砌筑灰缝，其长度均为 1m。

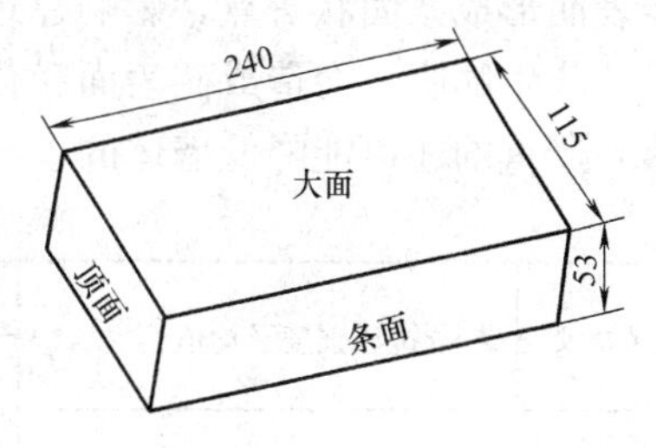

图 8-1 普通砖尺寸及平面名称

烧结普通砖尺寸允许偏差应符合表 8-1 的规定。

烧结普通砖尺寸允许偏差（mm） **表 8-1**

公称尺寸	优等品		一等品		合格品	
	样本平均偏差	样本极差，≤	样本平均偏差	样本极差，≤	样本平均偏差	样本极差，≤
240	±2.0	8	±2.5	8	±3.0	8
115	±1.5	6	±2.0	6	±2.5	7
53	±1.5	4	±1.6	5	±2.0	6

② 外观质量

烧结普通砖的外观质量应符合表 8-2 的规定。

烧结普通砖外观质量要求 **表 8-2**

项 目	优等品	一等品	合格品
两条面高度差(mm)，≤	2	3	5
弯曲(mm)，≤	2	3	5
杂质凸出高度(mm)，≤	2	3	5
缺棱掉角的三个破坏尺寸不得同时大于(mm)	15	20	30
裂纹长度(mm)，≤ a. 大面上宽度方向及延伸到条面的长度 b. 大面上宽度方向延伸到顶面的长度或条面上水平裂纹的长度	 70 100	 70 100	 110 150
完整面不得少于	一条面和一顶面	一条面和一顶面	
颜色	基本一致	—	—

③ 强度等级

取 10 块砖试样进行抗压强度试验，烧结普通砖根据抗压强度分为 MU30、MU25、MU20、MU15、MU10 五个强度等级。如 10 块砖抗压强度的变异系数 $\delta \leqslant 0.21$，按强度平均值和标准值评定砖的强度，当 $\delta > 0.21$ 时，按强度平均值和单块最小强度评定砖的强度等级。

烧结普通砖的强度等级应符合表 8-3 的规定。

④ 泛霜

泛霜是砖使用过程中的一种盐析现象。砖内过量的可溶性盐（如硫酸钠）受潮吸水而溶解，随水分蒸发迁移至砖表面，在过饱和状态下结晶析出，形成白色粉末状附着物，常在砖表面形成絮团状斑点，影响建筑物的美观。如果溶盐为硫酸盐，当水分蒸发呈晶体析出时，产生膨胀，会造成砖表面粉化与脱落，破坏砖与砂浆的粘结，使建筑物墙体抹灰层剥落，严重的还可能降低墙体的承载力。

烧结普通砖强度等级（MPa） 表 8-3

强度等级	抗压强度平均值 $\bar{f}$≥	变异系数 δ≤0.21	变异系数 δ>0.21
		强度标准值 f_k≥	单块最小抗压强度值 f_{min}≥
MU30	30.0	22.0	25.0
MU25	25.0	18.0	22.0
MU20	20.0	14.0	16.0
MU15	15.0	10.0	12.0
MU10	10.0	6.5	7.5

GB/T 5101—2000 规定：优等品无泛霜，一等品不允许出现中等泛霜，合格品不允许出现严重泛霜。

⑤ 石灰爆裂

当生产烧结普通砖的原料含有石灰质时，焙烧砖时石灰质会被煅烧成生石灰，使用过程中这些生石灰会吸收外界水分熟化并产生体积膨胀，导致砖发生膨胀性破坏，这种现象称为石灰爆裂。石灰爆裂对墙体的危害很大，轻者影响外观，缩短使用寿命，重者会使砖砌体强度下降，危及建筑物的安全。

烧结普通砖对泛霜和石灰爆裂的要求应符合表 8-4 的规定。

烧结普通砖对石灰爆裂的要求 表 8-4

项 目	优等品	一等品	合格品
石灰爆裂	不允许出现最大破坏尺寸＞2mm 的爆裂区域	①最大破坏尺寸＞2mm，且≤10mm 的爆裂区域，每组样砖不得多于 15 处 ②不允许出现最大破坏尺寸＞10mm 的爆裂区域	①最大破坏尺寸＞2mm，且≤15mm 的爆裂区域，每组样砖不得多于 15 处，其中＞10mm 的不得多于 7 处 ②不允许出现最大破坏尺寸＞15mm 的爆裂区域

⑥ 抗风化性能

抗风化性能是指在干湿变化、温度变化、冻融变化等物理因素作用下，材料不破坏并长期保持原有性质的能力。通常以抗冻性、吸水率和饱和系数（砖在常温下浸水 24h 后的吸水率与 5h 沸煮吸水率之比）等指标判定。

此外，烧结普通砖中不允许有欠火砖、酥砖和螺旋纹砖。其中酥砖是由于生产中砖坯淋雨、受潮、受冻，或焙烧中预热过急、冷却太快等原因，致使成品砖产生大量程度不等的网状裂纹，严重降低砖的强度和抗冻性。螺旋纹砖是因为生产中挤泥机挤出的泥条上存有螺旋纹，它在烧结时难于被消除而使成品砖上形成螺旋状裂纹，导致砖的强度降低，并且受冻后会产生层层脱皮现象。

（3）应用

烧结普通砖是传统的墙体材料，应用历史悠久，有“秦砖汉瓦”之说。烧结普通砖生产工艺简单，价格低廉，既有一定的强度，又有较好的隔热、隔声性能，在建筑工程中主要用作承重墙体材料。

烧结砖由于含有一定的孔隙，在砌筑墙体时会吸收砂浆中的水分，影响砂浆中水泥的正常凝结硬化，使墙体的强度下降。因此，在砌筑烧结普通砖时，必须预先使砖充分吸水湿润，才能使用。

需要指出的是，烧结普通砖中的黏土砖，因其毁田取土严重，能耗大，国家建材工业“十一五”发展规划纲要中指出：到“十一五”末，所有城市禁止使用实心黏土砖。重视烧结多孔砖、烧结空心砖的推广使用，因地制宜地发展新型墙体材料。随着我国墙体材料改革的深入，为适应现代建筑的轻质高强、多功能的需要，实现建筑节能，相继出现了许多新型材料。利用工农业废料生产的砖（粉煤灰砖、煤矸石砖、炉渣砖等）以及砌块、墙用板材正在迅速发展起来，并将逐步取代普通黏土砖。

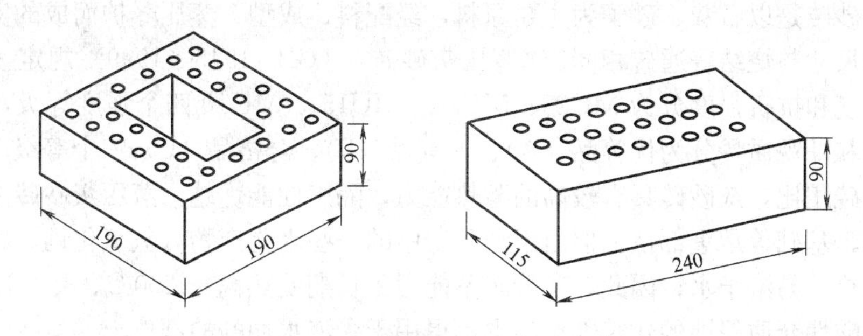

图 8-2　烧结多孔砖

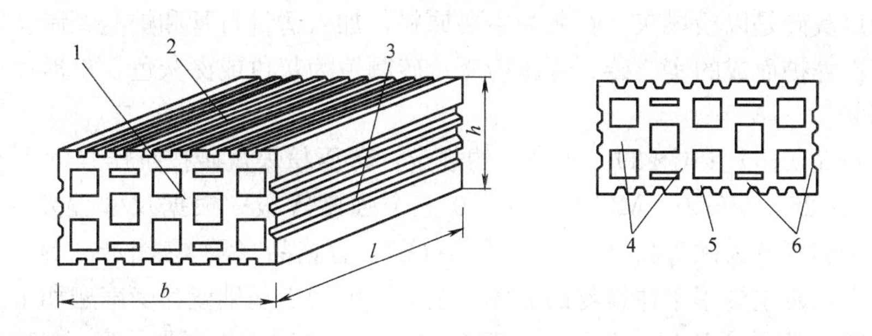

图 8-3　烧结空心砖

1—顶面；2—大面；3—条面；4—肋；5—凹线槽；6—外壁

l—长度；b—宽度；h—高度

8.1.2 烧结多孔砖和烧结空心砖

烧结多孔砖和空心砖的原料及生产工艺与烧结普通砖基本相同，所不同的是对原料的可塑性要求较高。生产时在挤泥机的出口处设有成孔芯头，以使挤出的坯体中形成孔洞。多孔砖为大面有孔洞的砖，孔多而小，如图 8-2，使用时孔洞垂直于承压面。空心砖为顶面有孔洞的砖，孔大而少，如图 8-3，使用时孔洞平行于承压面。

与普通砖相比，生产多孔砖和空心砖，可节省黏土 20%～30%，节约燃料 10%～20%，采用多孔砖或空心砖砌筑墙体，可减轻自重 1/3 左右，工效提高约 40%，同时还能改善墙体的热工性能。鉴于此，国家和各地方政府的有关部门都制定了限制生产和使用实心砖的政策，鼓励生产和使用多孔砖及空心砖。

烧结多孔砖作为烧结普通砖的替代产品，主要用于六层以下建筑物的承重墙体。M型砖符合建筑模数，使设计规范化、系列化，提高施工速度，节约砂浆；P型砖便于与普通砖配套使用。烧结空心砖自重轻，强度较低，多用作非承重墙，如框架结构的填充墙、围墙。

8.1.3 非烧结砖

不经过焙烧而制成的砖均为非烧结砖，如蒸养蒸压砖、免烧免蒸砖、混凝土多孔砖、碳化砖等。

(1) 蒸压灰砂砖

蒸压灰砂砖是以石灰、砂子为主要原料，经配料、成型、蒸压养护而成的实心砖。灰砂砖的外形尺寸与烧结普通砖相同。《蒸压灰砂砖》(GB 11945—1999) 规定，蒸压灰砂砖按抗压强度和抗折强度分为MU25、MU20、MU15 、MU10四个强度等级，根据产品的尺寸偏差和外观质量分为优等品 (A)、一等品 (B)、合格品 (C) 三个等级。

同其他砖相比，灰砂砖具有较高的蓄热能力，隔声性能优越。蒸压灰砂砖主要用于建筑物的墙体、基础等承重部位。但由于灰砂砖中的一些水化产物 (氢氧化钙、碳酸钙) 不耐酸、不耐热、易溶于水，因此，灰砂砖不能用于长期受热高于200℃、受急冷急热作用的部位和有酸性介质侵蚀的建筑部位，也不得用于受流水冲刷的部位。

(2) 蒸压粉煤灰砖

蒸压粉煤灰砖是以粉煤灰、石灰为主要原料，加入适量石膏和炉渣经制坯、成型、高压或常压蒸汽养护而成的实心砖。蒸压粉煤灰砖颜色为灰色或深灰色，外形尺寸与烧结普通砖完全相同。

根据《粉煤灰砖》(JC 239—2001) 的规定，蒸压粉煤灰砖按抗压强度和抗折强度分为MU30、MU25、MU20、MU15、MU10五个强度等级；根据尺寸偏差、外观质量、强度等级、干缩率分为优等品 (A)、一等品 (B)、合格品 (C) 三个产品等级。

蒸压粉煤灰砖主要用于建筑物的墙体和基础，但用于基础或易受冻融和干湿交替作用的建筑部位时，必须采用MU15及以上等级的砖，不得用于长期受热高于200℃、受急冷急热交替作用和有酸性介质侵蚀的建筑部位。粉煤灰砖的收缩较大，用蒸压粉煤灰砖砌筑的建筑物，为了减少收缩裂缝，应适当增设圈梁和伸缩缝。

8.1.4 混凝土砖

混凝土砖是以水泥为胶结材料，以砂、石等为主要集料，加水搅拌、成型、养护制成的混凝土制品。分为混凝土实心砖和混凝土多孔砖。

根据《混凝土实心砖》(GB/T 21144—2007) 的规定，混凝土实心砖按混凝土自身的密度分为A级 ($\geqslant$2100kg/m^3)、B级 (1681～2090kg/m^3)、C级 ($\leqslant$1680kg/m^3) 三个密度等级，抗压强度分为MU40、MU35、MU30、MU25、MU20、MU15六个强度等级。混凝土实心砖外形尺寸与烧结普通砖完全相同，可替代烧结普通砖应用于建筑工程。

混凝土多孔砖外观及各部位名称如图8-4所示，孔洞率$\geqslant$30%，其长度、宽度、高度应符合如下要求：290，240，190，180；240，190，115，90；115，90。产品主规格尺寸为240mm×115mm×90mm，砌筑时可配合使用半砖 (120mm×115mm×90mm)、七分砖（180mm×115mm×90mm）等。根据建材行业标准《混凝土多孔砖》(JC 943—2004)，混凝土多孔砖按其尺寸偏差、外观质量分为一等品（B）及合格品（C）。按强度等级分为：MU10、MU15、MU20、MU25、MU30。

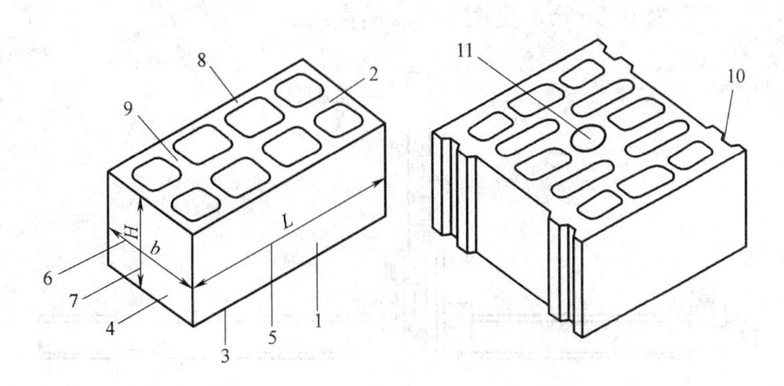

图 8-4 混凝土多孔砖

1—条面；2—坐浆面（外壁、肋的厚度较小的面）；3—铺浆面（外壁、肋的厚度较大的面）；4—顶面；5—长度（L）；6—宽度（b）；7—高度（H）；8—外壁；9—肋；10—槽；11—手抓孔

混凝土砖受潮后会产生湿胀，上墙干燥后会产生不同程度的干缩，进而引发墙体的干缩裂缝，因此要求施工现场采取防水、防潮措施。混凝土多孔砖不能像烧结黏土砖那样在砌筑前进行浇水湿润，否则砌筑时还易发生"游砖"现象，造成墙体歪斜，灰缝厚度偏小等不利现象。

混凝土砖的吸水率远低于烧结普通砖，因此其砌筑砂浆稠度也应低于黏土烧结多孔砖的砌筑砂浆。在实际施工中应结合施工现场的季节、温度等环境情况做适当的调整。

混凝土砖的干缩率大大高于烧结普通砖，因此，为防止和减少因温差及砌体干缩引起的墙体裂缝，应采取相应的构造措施。

8.1.5 砌墙砖的检测方法

试验依据：《砌墙砖试验方法》(GB/T 2542—2003)、《烧结多孔砖》(GB 13544—2000)、《烧结普通砖》(GB 5101—2003)。

(1) 一般规定

① 砌墙砖检验批的批量宜在 3.5 万～15 万块范围内，但不得超过一条生产线的日产量。抽样数量由检验项目确定，必要时可增加适当的备用砖样。有两个以上的检验项目时，非破损检验项目（外观质量、尺寸偏差、表观密度、空隙率等）的砖样，允许在检验后继续用作它项，此时抽样数量可不包括重复使用的样品数。

② 外观质量检验的试样采用随机抽样法，在每一检验批的产品堆垛中抽取；尺寸偏差检验的样品用随机抽样法从外观质量检验后的样品中抽取；其他检验项目的样品用随机抽样法从外观质量检验合格后的样品中抽取。抽样数量见表 8-5。

抽样数量表 **表 8-5**

检验项目	外观质量	尺寸偏差	强度等级	泛霜	石灰爆裂	冻融	吸水率和饱和系数	放射性
抽样砖块(块)	50	20	10	5	5	5	5	4

（2）尺寸偏差测量

通过对烧结普通砖外观尺寸的检查、测量，为评定其质量等级提供依据。

① 主要仪器设备

砖用卡尺：分度值为 0.5mm，见图 8-5；钢直尺。

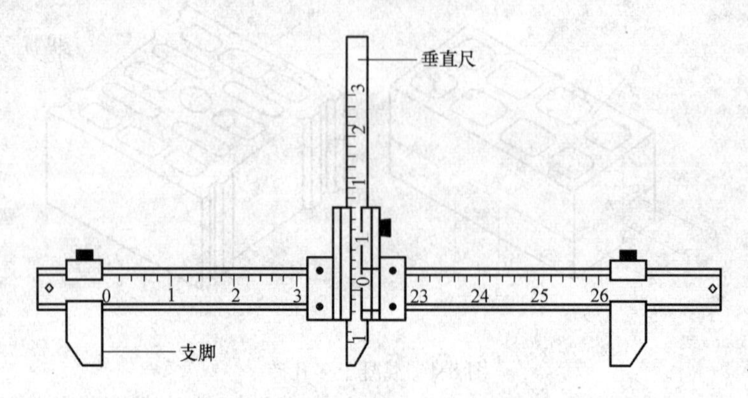

图 8-5 砖用卡尺

② 测量方法

砖样的长度：在砖的两个大面的中间处分别测量两个尺寸。

砖样的宽度：在砖的两个顶面的中间处分别测量两个尺寸。

砖样的高度：在砖的两个条面的中间处分别测量两个尺寸，当被测处缺损或凸出时，可在其旁边测量，但应选择不利的一侧进行测量。

③ 结果评定

结果分别以长度、宽度和高度的最大偏差值表示，不足 1mm 者按 1mm 计。样本平均偏差是 20 块试样同一方向测量尺寸的算术平均值与其公称尺寸的差值，样本极差是抽检的 20 块试样中同一方向最大测量值与最小测量值的差值。

（3）外观质量检查

通过对烧结普通砖外观质量（是否有缺棱掉角、弯曲、裂纹等现象）的检查、测量，为评定其质量等级提供技术依据。

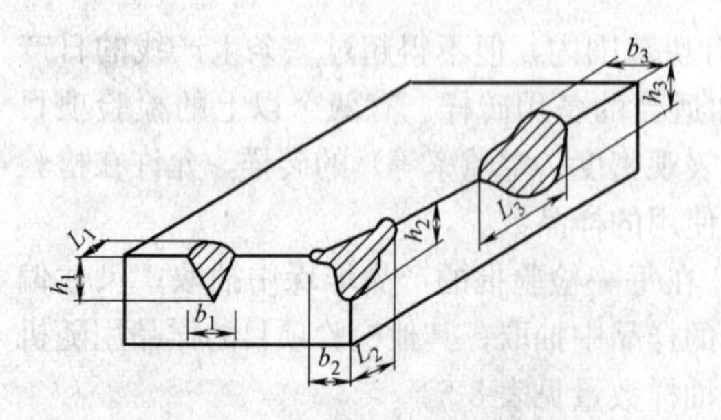

图 8-6 缺棱掉角砖测量示意
l—长度方向的投影尺寸；h—高度方向的投影尺寸；b—宽度方向的投影尺

1）主要仪器设备

砖用卡尺：分度值为 0.5mm；钢直尺：分度值为 1mm。

2）检测方法

① 缺损

缺棱掉角在砖上造成的破损程度，以破损部分对长、宽、高三个棱边的投影尺寸来度量，称为破坏尺寸，如图 8-6 所示。缺损造成的破坏面，系指缺损部分对条、顶面的投影面积。

空心砖内壁残缺及肋残缺尺寸，以长度

方向的投影尺寸来度量。

② 裂纹

裂纹分为长度方向、宽度方向和水平方向三种，以被测方向上的投影长度表示。如果裂纹从一个面延伸至其他面上时，则累计其延伸的投影长度，裂纹长度以在三个方向上分别测得的最长裂纹作为测量结果，如图 8-7 所示。

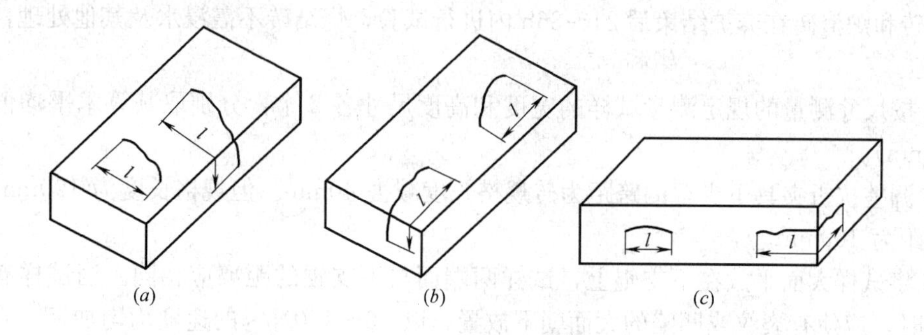

图 8-7　裂纹长度量法

(a) 宽度方向裂纹长度；(b) 长度方向裂纹长度；(c) 水平方向裂纹长度

多孔砖的孔洞与裂纹相通时，则将孔洞包括在裂纹内一并测量，如图 8-8 所示。

③ 弯曲

弯曲分别在大面和条面上测量，测量时将砖用卡尺的两个支脚沿棱边两端放置，择其弯曲最大处将垂直尺推至砖面，如图 8-9 所示。但不应将因杂质或碰伤造成的凹陷计算在内。以弯曲测量中测得的较大者作为测量结果。

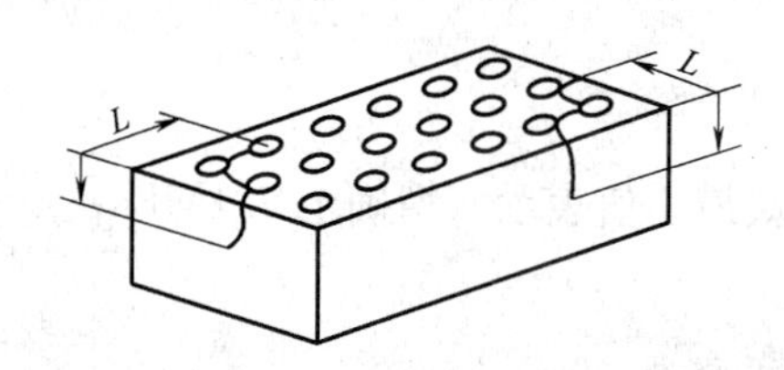

图 8-8　多孔砖裂纹通过孔洞时的裂纹长度量法

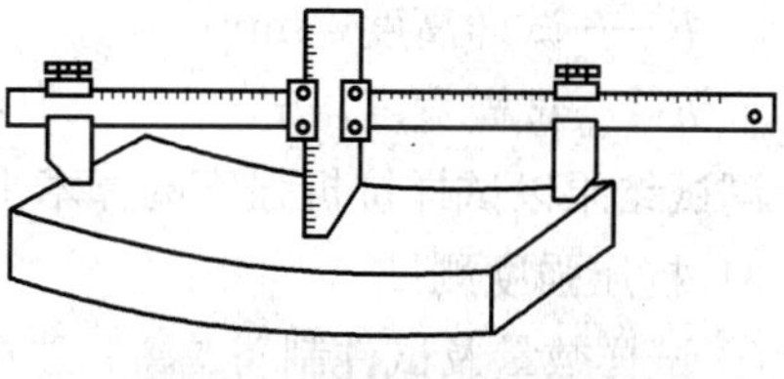

图 8-9　砖的弯曲度量法

④ 砖杂质凸出高度

杂质在砖面上造成的凸出高度，以杂质距砖面的最大距离表示。

测量时将专用卡尺的两个支脚置于杂质凸出部分两侧的砖平面上，以垂直尺测量，如图 8-10 所示。

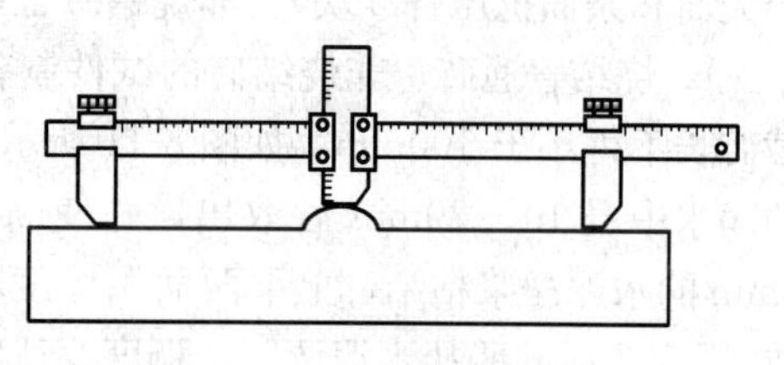

图 8-10　砖的杂物凸出量法

⑤ 结果处理

外观测量以 mm 为单位，不足 1mm 者均按 1mm 计。

(4) 抗折强度及抗压强度测试

通过测定烧结砌墙砖的抗折强度、抗压强度，来检验砖的质量，为确定其强度等级提供依据。

1）主要仪器设备

压力机：300～500kN；砖瓦抗折试验机；锯砖机或切砖机；直尺；镘刀等。

2）抗折强度测试

① 试样数量及处理：烧结砖和蒸压灰砂砖为5块，其他砖为10块。蒸压灰砂砖应放在温度为（20±5）℃的水中浸泡24h后取出，用湿布拭去其表面水分进行抗折强度试验。粉煤灰砖和炉渣砖在养护结束后24～36h内进行试验，烧结砖不需浸水及其他处理，直接进行试验。

② 按尺寸测量的规定测量试样的宽度和高度尺寸各2个，分别取其算术平均值（精确至1mm）。

③ 调整抗折夹具下支辊的跨距为砖规格长度减去40mm。但规格长度为190mm的砖样其跨距为160mm。

④ 将试样大面平放在下支辊上，试样两端面与下支辊的距离应相同。当试样有裂纹或凹陷时，应使有裂纹或凹陷的大面朝下放置，以50～150N/s的速度均匀加荷，直至试样断裂，记录最大破坏荷载P。

⑤ 结果计算与评定：每块多孔砖试样的抗折荷重以最大破坏荷载乘以换算系数计算（精确到0.1kN）。其他品种每块砖样的抗折强度f_c按下式计算，精确至0.1MPa：

$$f_c=\frac{3PL}{2bh^2} \tag{8-1}$$

式中 f_c—— 砖样试块的抗折强度，MPa；

P——最大破坏荷载，N；

L——跨距，mm；

b——试样高度，mm；

h——试样宽度，mm。

测试结果以试样抗折强度的算术平均值和单块最小值表示（精确至0.1MPa）。

3）抗压强度测试

① 试样数量及试件制备

a. 试样数量：烧结普通砖、烧结多孔砖和蒸压灰砂砖为5块，其他砖为10块（空心砖大面和条面抗压各5块）。非烧结砖也可用抗折强度测试后的试样作为抗压强度试样。

b. 烧结普通砖、非烧结砖的试件制备：将试样切断或锯成两个半截砖，断开后的半截砖长不得小于100mm，如图8-11所示。在试样制备平台上将已断开的半截砖放入室温的净水中浸10～20min后取出，并使断口以相反方向叠放，两者中间抹以厚度不超过5mm的水泥净浆粘结，上下两面用厚度不超过3mm的同种水泥浆抹平。水泥浆用32.5或42.5普通硅酸盐水泥调制，稠度要适宜。制成的试件上、下两面须相互平行，并垂直于侧面，如图8-12所示。

c. 多孔砖、空心砖的试件制备：多孔砖以单块整砖沿竖孔方向加压。空心砖以单块整砖沿大面和条面方向分别加压。试件制作采用坐浆法操作。即用玻璃板置于试件制备平台上，其上铺一张湿的垫纸，纸上铺一层厚度不超过5mm的，用32.5或42.5级普通硅酸盐水泥制成的稠度适宜的水泥净浆，再将经水中浸泡10～20min的试样平稳地将受压面坐放在水泥浆上，在另一受压面上稍加压力，使整个水泥层与砖的受压面相互粘结，砖的侧面应垂直于玻璃板。待水泥浆适当凝固后，连同玻璃板翻放在另一铺纸放浆的玻璃板上，再进行坐浆，其间用水平尺校正玻璃板的水平。

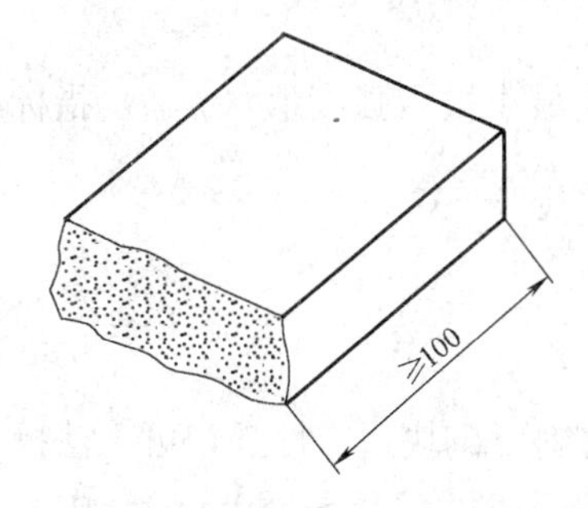

图 8-11　半截砖尺寸要求

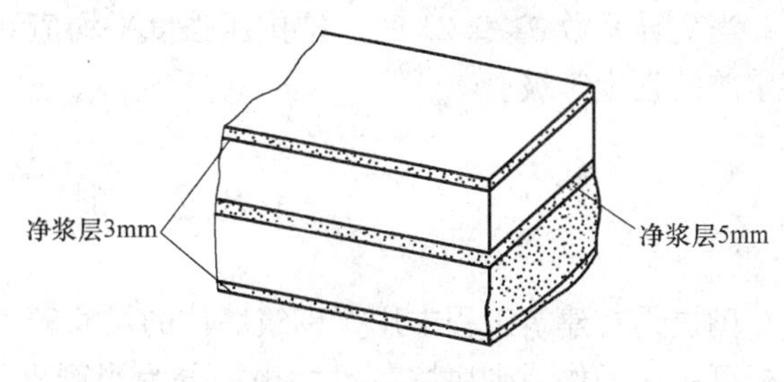

图 8-12　砖抗压试件

② 试件养护

制成的抹面试件应置于温度不低于 10℃的不通风室内养护 3d，再进行强度测试。非烧结砖不需要养护，可直接进行测试。

③ 施力测定

测量每个试件连接面或受压面的长、宽尺寸各 2 个，分别取其平均值（精确至 1mm）。将试件平放在加压板的中央，垂直于受压面加荷，加荷过程应均匀平稳，不得发生冲击或振动，加荷速度以 4～6kN/s 为宜。直至试件破坏为止，记录最大破坏荷载 P。

④ 数据处理

每块试样的抗压强度按下式计算（精确至 0.1MPa）：

$$f_i=\frac{P}{Lb} \tag{8-2}$$

式中　f_i——单块试件的抗压强度，MPa；

P——最大破坏荷载，N；

L——试件受压面（连接面）的长度，mm；

b——试件受压面（连接面）的宽度，mm。

⑤ 结果评定

强度变异系数 δ 按下式计算：

$$\delta=\frac{S}{\overline{f}} \tag{8-3}$$

标准差 S 按下式计算：

$$S=\sqrt{\frac{1}{9}\sum_{i=1}^{n}(f_i-\overline{f})^2} \tag{8-4}$$

式中　δ——砖强度变异系数；

S——10 块试样的抗压强度标准差，MPa；

$\overline{f}$——10 块试样的抗压强度平均值，MPa；

f_i——单块试样抗压强度测定值，MPa。

当变异系数 $\delta \leqslant 0.21$ 时，按抗压强度平均值 $\overline{f}$、强度标准值 f_k 指标评定砖的强度等级。样本量 $n=10$ 时的强度标准值按下式计算：

$$f_k=\overline{f}-1.8S \tag{8-5}$$

式中 f_k——强度标准值，MPa。

当变异系数 $\delta>0.21$ 时，按抗压强度平均值（$\overline{f}$）、单块最小抗压强度值（f_{min}）指标评定砖的强度等级。

8.2 砌 块

砌块是在建筑工程中用于砌筑墙体的尺寸较大的块状材料。砌块适应性强，可干法操作也可湿法操作。砌块按其尺寸规格分为小型砌块（主规格高度为115～380mm）、中型砌块（主规格高度为380～980mm）和大型砌块（主规格高度大于980mm）；按用途分为承重砌块和非承重砌块。目前，我国以中、小型砌块使用较多，砌块所用的原料主要是混凝土、轻骨料混凝土和加气混凝土。

8.2.1 蒸压加气混凝土砌块

蒸压加气混凝土砌块是以钙质材料（水泥、石灰等）或硅质材料（砂、矿渣、粉煤灰等）为主要原料，经过磨细，并加入铝粉为加气剂，经配料、搅拌、浇注、发气（通过化学反应形成孔隙）、预养切割、蒸压养护等工艺制成的多孔轻质块体材料，简称为加气混凝土砌块。蒸压加气混凝土砌块的规格尺寸见表8-6。

蒸压加气混凝土砌块的规格尺寸（GB/T 11968—2006）　　表8-6

长度 L(mm)	宽度 B(mm)	高度 H(mm)
600	100,120,125 150,180,200 240,250,300	200,240,250,300

注：若需要其他规格，可由供需双方协商解决。

《蒸压加气混凝土砌块》（GB 11968—2006）规定，砌块按外观质量、体积密度和抗压强度分为优等品（A）、合格品（C）两个等级；砌块按抗压强度分为A1.0、A2.0、A2.5、A3.5、A5.0、A7.5、A10七个强度级别。各级别强度应符合表8-7规定。

蒸压加气混凝土砌块按体积密度分为六个级别：B03、B04、B05、B06、B07、B08。各级别体积密度应符合表8-8规定。

蒸压加气混凝土砌块的抗压强度　　表8-7

强度等级		A1.0	A2.0	A2.5	A3.5	A5.0	A7.5	A10.0
立方体抗压强度(MPa)	平均值≥	1.0	2.0	2.5	3.5	5.0	7.5	10.0
	最小值≥	0.8	1.6	2.0	2.8	4.0	6.0	8.0

蒸压加气混凝土砌块表观密度级别　　表8-8

表观密度级别		B03	B04	B05	B06	B07	B08
干表观密度(kg/m³)	优等品(A)≤	300	400	500	600	700	800
	合格品(C)≤	325	425	525	625	725	825

蒸压加气混凝土砌块具有自重小（约为普通黏土砖的1/3）、绝热性能好、吸声、加工方便和施工效率高等优点，但强度不高、干燥收缩率大，在建筑物中主要用于低层建筑的承重墙、钢筋混凝土框架结构的填充墙、其他非承重墙以及作为保温隔热材料。蒸压加气混凝土砌块应用于外墙时，应进行饰面处理或憎水处理。在无可靠的防护措施时，加气混凝土砌块不得用于水中或高湿度环境、有侵蚀作用的环境和温度长期高于80℃的建筑部位。

8.2.2 混凝土小型空心砌块

混凝土小型空心砌块是以水泥、砂、碎石和砾石为原料，加水搅拌、振动加压或冲击成型，再经养护制成的一种墙体材料，其空心率不小于25%。常用普通混凝土小型空心砌块的形状见图8-13。

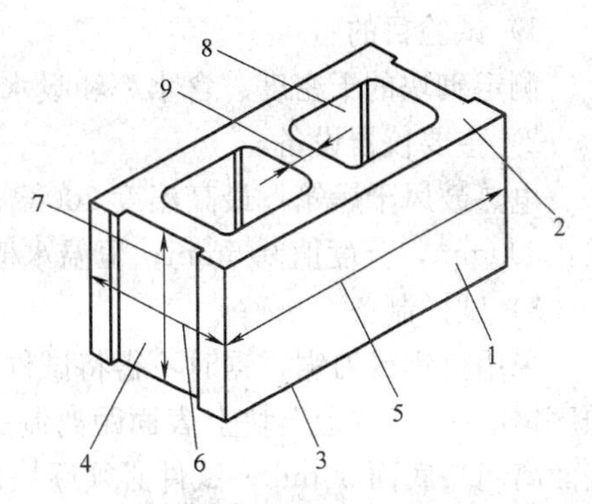

图8-13 普通混凝土小型空心砌块
1—条面；2—坐浆面（肋厚较小的面）；3—铺浆面（肋厚较大的面）；4—顶面；5—长度；6—宽度；7—高度；8—壁；9—肋

混凝土小型空心砌块按其抗压强度分为MU3.5、MU5.0、MU7.5、MU10.0、MU15.0和MU20.0六个等级。按其尺寸偏差，外观质量分为：优等品（A）、一等品（B）及合格品（C）。其主规格尺寸为390mm×190mm×190mm，其他规格尺寸可由供需双方协商。砌块产品标记按产品名称（代号NHB）、强度等级、外观质量等级和标准编号的顺序。用于承重墙和外墙的砌块，要求其干缩率小于0.5mm/m；非承重墙或内墙的砌块其干缩率应小于0.6mm/m。

混凝土小型空心砌块可用于多层建筑的内墙和外墙。在砌块的空洞内可浇注配筋芯柱，能提高建筑物的延性。这种砌块在砌筑时一般不宜浇水，但在气候特别干燥炎热时，可在砌筑前稍喷水湿润。

8.2.3 蒸养粉煤灰砌块

蒸养粉煤灰砌块是以粉煤灰、石灰、石膏和骨料（炉渣、矿渣）等为原料，经配料、加水搅拌、振动成型、蒸汽养护而制成的密实砌块。其主要规格尺寸有880mm×380mm×240mm和880mm×430mm×240mm两种。

蒸养粉煤灰砌块按抗压强度分为MU10和MU13级两个强度等级；根据外观质量、尺寸偏差及干缩值分为一等品（A）、合格品（C）两个质量等级，其中一等品要求干缩值≤0.75mm，合格品要求干缩值≤0.90mm。

蒸养粉煤灰砌块干缩值比水泥混凝土大，弹性模量低于同强度等级的水泥混凝土制品。适用于一般建筑物的墙体和基础，但不宜用于长期受高温影响和潮湿环境的承重墙，也不宜用于有酸性介质侵蚀的部位。

8.2.4 石膏空心砌块

以石膏粉或高强石膏粉为主要原料，掺入增强材料和外加剂浇筑而成的砌块。

现有规格：厚度：80、100、120；长度：500；高度：500。

石膏空心砌块轻质、吸声、绝热，具有一定的耐火性并可钉可锯，广泛用于高层建筑、框架轻板结构、房屋加层等非承重墙。

8.2.5 蒸压加气混凝土砌块的检测方法

试验依据：《蒸压加气混凝土性能试验方法》(GB/T 11969—2008)。

(1) 干密度、含水率和吸水率的测定

1) 试验目的

测定砌块的干密度、含水率和吸水率，评定蒸压加气混凝土砌块的质量。

2) 主要仪器设备

电热鼓风干燥箱：最高温度200℃；托盘天平或磅秤：称量2000g，感量1g；钢板直尺：300mm，分度值0.5mm；恒温水槽：温度控制在15~25℃范围内。

3) 试样制备

采用机锯或刀锯，锯时不得将试件弄湿。试件应沿制品发气方向中心部分上、中、下顺序锯取一组，“上”块上表面距离制品顶面30mm，“中”块在制品正中处，“下”块下表面离制品底面30mm。试件必须逐块加以编号，并标明锯取部位和发气方向；试件表面必须平整，不得有裂缝或明显缺陷，尺寸允许偏差为±2mm；试件尺寸为边长100mm的立方体，共两组6块。

4) 试验步骤

① 干密度和含水率：取试件一组3块，逐块量取长、宽、高三个方向的轴线尺寸，精确至1mm，计算试件的体积；并称取试件的质量m，精确至1g。将试件放入电热鼓风干燥箱内，在(60±5)℃下保温24h，然后在(80±5)℃下保温24h，再在(105±5)℃下烘干至恒质(m_0)。恒质是指在烘干过程中间隔4h，前后两次质量差不超过试件质量的0.5%。

② 吸水率：取另一组3块试件放入电热鼓风干燥箱内，在(60±5)℃下保温24h，然后在(80±5)℃下保温24h，再在(100±5)℃下烘干至恒质(m_0)。

试件冷却至室温后，放入水温为(20±5)℃的恒温水槽内，然后加水至试件高度的1/3，保持24h，再加水至试件高度的2/3，经24h后，加水高出试件30mm以上，保持24h。

将试件从水中取出，用湿布抹去表面水分，立即称取每块质量m_g，精确至1g。

5) 结果评定

① 干密度ρ_0按下式计算(kg/m³，精确至1kg/m³)：

$$\rho_0=\frac{m_0}{V}\times 10^6 \tag{8-6}$$

式中 ρ_0——试件的干密度，kg/m³；

m_0——试件烘干后的质量，g；

V——试件体积，mm³。

② 含水率w'_m按下式计算(精确至0.1%)：

$$w'_m=\frac{m-m_0}{m_0}\times 100\% \tag{8-7}$$

式中　w'_m——含水率；

m_0——试件烘干后的质量，g；

m——试件烘干前的质量，g。

③ 吸水率 w_m 按下式计算（精确至 0.1%）：

$$w_m=\frac{m_g-m_0}{m_0}\times 100\% \tag{8-8}$$

式中　w_m——吸水率；

m_0——试件烘干后的质量，g；

m_g——试件吸水后的质量，g。

结果按 3 块试件试验的算术平均值进行评定，干密度的计算精确至 $1kg/m^3$，含水率和吸水率的计算精确至 0.1%。

(2) 抗压强度检验

1) 主要仪器设备

材料试验机：精度不应低于±2%，其量程的选择应能使试件的预期最大破坏荷载处在全量程的 20%～80%范围内；托盘天平或磅秤：称量 2000g，感量 1g；电热鼓风干燥箱：最高温度 200℃；钢板直尺：规格为 300mm，分度值为 0.5mm。

2) 试验目的

测定砌块的抗压强度，为评定蒸压加气混凝土砌块的强度等级提供依据。

3) 试件

抗压强度检验采用边长为 100mm 的立方体试件一组 3 块。试件的制备方法同 8.2.5 (1)。试件承压面的不平度应为每 100mm 不大于 0.1mm，承压面与相邻面的不垂直度不大于±1°。抗压强度试件在含水率 8%～12%下进行试验。如果含水率超过上述规定范围，则在 (60±5)℃下烘至所要求的含水率。

4) 试验步骤

① 检查试件外观；

② 测量试件的尺寸，精确至 1mm，并计算试件的受压面积 (A_1)；

③ 将试件放在材料试验机的下压板的中心位置，试件的受压方向应垂直于制品的发气方向；

④ 开动试验机，当上压板与试件接近时，调整球座，使接触均衡；

⑤ 以 (2.0±0.5)kN/s 的速度连续而均匀地加载，直至试件破坏，记录破坏荷载 (p_1)；

⑥ 将检验后的试件全部或部分立即称量质量，然后在 (105±5)℃下烘至恒量，计算其含水率。

5) 结果计算

抗压强度按下式计算：

$$f_{cc}=\frac{p_1}{A_1} \tag{8-9}$$

式中　f_{cc}——试件的抗压强度，MPa；

p_1——破坏荷载，N；

A_1——试件受压面积，mm^2。

6) 结果评定

抗压强度的试验结果，按3块试件试验值的算术平均值进行评定，精确至0.1MPa。

8.3 墙用板材

墙用板材是一类新型墙体材料。它改变了墙体施工的传统工艺，采用粘结、组合等方法进行施工，极大地加快了墙体施工的速度。墙板除轻质外，还具有保温、隔热、隔声、使用面积大、施工方便快捷等特点，为高层、大跨度建筑及建筑工业实现现代化提供了物质基础，具有很广泛的发展前景。

墙用板材分为内墙用板材和外墙用板材。内墙板材大多为各类石膏板、石棉水泥板、加气混凝土板等，这些板材具有质量轻、保温效果好、隔声、防火、装饰效果好等优点。外墙板材大多采用加气混凝土板、各类复合板材、玻璃钢板等。本节主要介绍几种常用的、具有代表性的墙用板材。

8.3.1 石膏类墙用板材

石膏类板材具有质量轻、保温、隔热、吸声、防火、调湿、尺寸稳定、可加工性好、成本低等优良性能，是一种很有发展前途的新型板材，也是良好的室内装饰材料。石膏板在内墙板中占有较大的比例，常用的石膏板有纸面石膏板、纤维石膏板、石膏空心板、石膏刨花板等。

(1) 纸面石膏板

纸面石膏板是以建筑石膏为主要原料，加入适量纤维和外加剂构成芯板，再与两面特制的护面纸牢固结合在一起的建筑板材。护面纸主要起提高板材抗弯、抗冲击能力的作用。纸面石膏板根据加入外加剂的不同分为普通纸面石膏板、耐水纸面石膏板、耐火纸面石膏板等。

纸面石膏板的表观密度为800～1000kg/m³，导热系数为0.19～0.21W/(m·K)，隔声指数为35～45dB。纸面石膏板表面平整，尺寸稳定，重量轻、隔热、隔声、防火、调湿、易加工，施工简便，劳动强度低。

普通纸面石膏板主要适用于干燥环境中的室内隔墙、天花板、复合外墙板的内壁板等，不宜用于厨房、卫生间以及空气相对湿度经常大于70%的场所。

防水纸面石膏板纸面经过防水处理，而且石膏芯材中也含有防水成分，主要用于厨房、卫生间等空气相对湿度较大的环境。

(2) 纤维石膏板

纤维石膏板是以石膏为主要原料，加入适量玻璃纤维或纸筋等为增强材料，经打浆、铺浆脱水、成型、烘干等工序加工而成的板材。

纤维石膏板的抗弯强度和弹性模量均高于纸面石膏板，主要用于非承重内隔墙、顶棚、内墙贴面等。

(3) 石膏空心条板

石膏空心条板是以石膏为胶凝材料，加入适量轻质材料（如膨胀珍珠岩等）和改性材料（如水泥、石灰、粉煤灰、外加剂等），经搅拌、成型、抽芯、干燥等工序制成。石膏空心条板的规格为：长度 2500～3000mm，宽度 500～600mm，厚度60～90mm。

石膏空心条板加工性好，质量轻，颜色洁白，表面平整光滑，可在板面喷刷或粘贴各种饰面材料，空心部位可预埋电线和管件，施工安装时不用龙骨，施工简单。石膏空心板主要适用于非承重内隔墙，但用于较潮湿环境时，表面须做防水处理。

8.3.2 水泥类墙用板材

水泥类墙用板材具有较好的力学性能和耐久性，主要用于承重墙、外墙和复合外墙的外层面，但其表观密度大，抗拉强度低，体型较大的板材在施工中易受损。根据使用功能要求，生产时可制成空心板材以减轻自重和改善隔热隔声性能，也可加入一些纤维材料制成增强型板材，还可在水泥板材上制作具有装饰效果的表面层。

（1）预应力混凝土空心墙板

预应力混凝土空心墙板是以高强度的预应力钢绞线用先张法制成的混凝土墙板。该墙板可根据需要增设保温层、防水层、外饰面层等，取消了湿作业。

预应力混凝土空心墙板可用于承重或非承重的内外墙板、楼面板、屋面板、阳台板、雨篷等。

（2）GRC（玻璃纤维增强水泥）轻质多孔墙板

GRC轻质多孔墙板是以低碱性水泥为胶结材料，膨胀珍珠岩、炉渣等为骨料，抗碱玻璃纤维为增强材料，再加入适量发泡剂和防水剂，经搅拌、成型、脱水、养护制成的条形板。其规格为：长度2500～3000mm，宽度600mm，厚度为60mm、90mm、120mm。

GRC空心轻质墙板具有自重轻、强度高、韧性好、隔热、隔声、防潮、不燃、可锯可钻、可钉可刨、加工方便等优点，原材料来源广，成本低，节约资源。可用于一般建筑物非承重的内隔墙和复合墙体的外墙面。

8.3.3 复合墙板

用单一材料制成的墙板常因材料本身不能满足墙体的多功能要求而使其使用受到限制。现代建筑常采用不同材料组成复合墙体，以减轻墙体的自重，改善墙体的保温、隔热、隔声性能。

复合墙板是由两种以上不同材料结合在一起的墙板。复合墙板可以根据功能要求组合各个层次，如结构层、保温层、饰面层等，能使各类材料的功能都得到合理利用。

（1）混凝土夹芯板

混凝土夹芯板的内外表面用20～30mm厚的钢筋混凝土，中间填以矿渣棉、岩棉、泡沫混凝土等保温材料，内外两层面板用钢筋连结，见图8-14。混凝土夹芯板可用于建筑物的

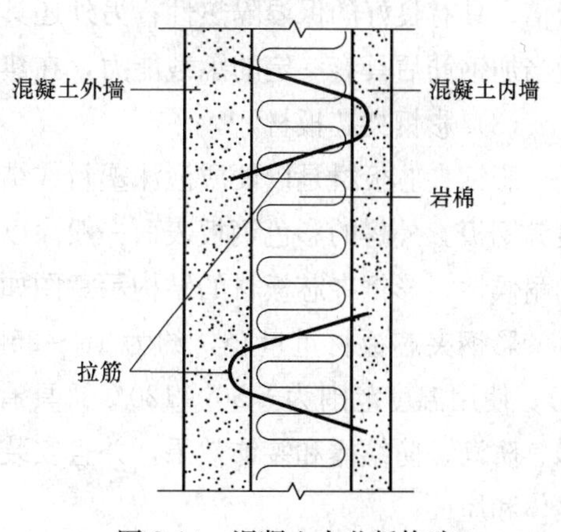

图8-14　混凝土夹芯板构造

内外墙，其夹层厚度应根据热工计算确定。

（2）钢丝网水泥夹芯复合板材

钢丝网水泥夹芯复合板材是将泡沫塑料、岩棉、玻璃棉等轻质芯材夹在中间，两片钢丝网之间用“之”字形钢丝相互连接，形成稳定的三维网架结构，然后用水泥砂浆在两侧抹面，或进行其他饰面装饰。常用的钢丝网夹芯板材品种有多种，但基本结构相近，其结构示意图如图 8-15 所示。

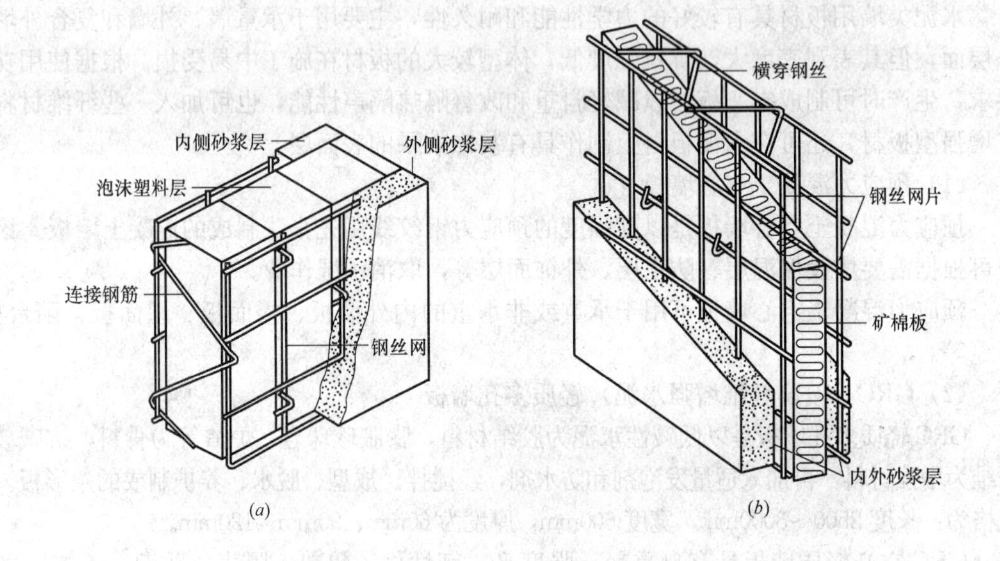

图 8-15　钢丝网水泥夹芯复合板材构造

（a）水泥砂浆泡沫塑料复合板；（b）水泥砂浆矿棉复合板

钢丝网水泥夹芯复合板材自重轻，约为 90kg/m²；其热阻约为 240mm 厚普通砖墙的两倍，具有良好的保温隔热性；另外还具有隔声性好、抗冻性能好、抗震能力强等优点，适当加钢筋后具有一定的承载能力，在建筑物中可用作墙板、屋面板和各种保温板。

（3）彩钢夹芯板材

彩钢夹芯板材是以硬质泡沫塑料或结构岩棉为芯材，在两侧粘上彩色压型（或平面）镀锌钢板。外露的彩色钢板表面一般涂以高级彩色塑料涂层，使其具有良好的抗腐蚀能力和耐候性。彩钢夹芯板材的结构示意图如图 8-16 所示。

彩钢夹芯板材重量轻，约为 15～25kg/m²；导热系数抵，约为 0.01～0.30W/(m·K)；使用温度范围为－50～120℃；具有良好的密封性能和隔声效果，还具有良好的防水、防潮、防结露和装饰效果，并且安装、移动容易。彩钢夹芯板材适用于各类建筑物的墙体和屋面。

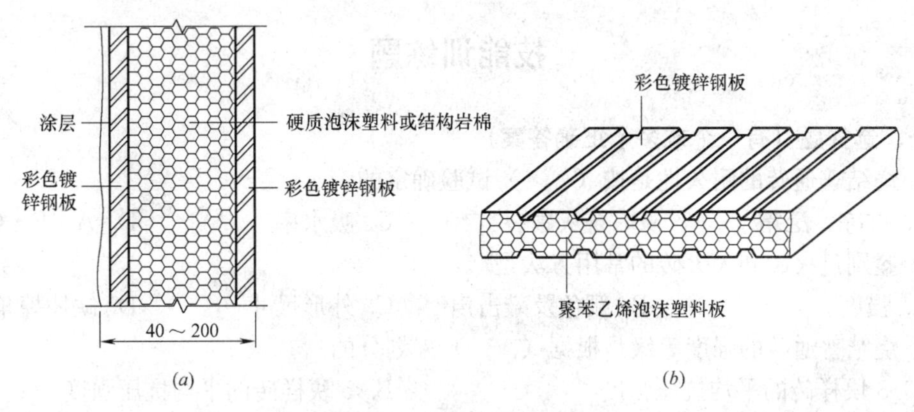

图 8-16 彩钢夹芯板材构造

(a) 彩钢夹芯平复合板；(b) 彩钢夹芯压型复合板

8.4 屋面材料

屋面是房屋最上层起覆盖作用的外维护构件，主要起防水、隔热保温、防渗漏等作用。随着建筑物多功能化需要和材料技术的发展，屋面材料已经由过去较简单的烧结瓦，向多种材料的大型水泥类瓦材和高分子复合瓦材发展。常用屋面材料主要组成、特性及用途见表 8-9。

常用屋面材料主要组成、特性及用途 **表 8-9**

品种		主要组成材料	主要特性	主要用途
烧结类瓦材	烧结黏土瓦	黏土、页岩	按颜色分为红瓦和青瓦；按形状分为平瓦和脊瓦	民用建筑坡形屋面防水
	琉璃瓦	难熔黏土	表面光滑，质地坚硬、色彩艳丽，造型多样，耐久性好	高级屋面防水与装饰，古建筑的修复和园林建筑
水泥类瓦材	混凝土瓦	水泥、砂	成本低、耐久性好；但自重大	同黏土瓦
	纤维增强水泥瓦	水泥、增强纤维	防水、防火、防潮、防腐、绝缘、质轻	仓库、厂房、堆货棚
	钢丝网水泥大波瓦	水泥、砂、钢丝网	尺寸大，自重大	工业建筑、仓库
高分子类复合瓦材	聚氯乙烯塑料波形瓦	聚氯乙烯树脂、配合剂	质量轻，强度高，透光率高，耐老化性能好，耐化学腐蚀、色彩鲜艳、防水，制作简单	简易建筑物的屋面、候车亭、凉棚
	玻璃钢波形瓦	聚酯树脂、玻璃纤维	质量轻，强度高，透光率高，耐老化性能好，耐化学腐蚀、防水，制作简单	遮阳、凉棚
	木质纤维波形瓦	木纤维、酚醛树脂	防水、耐寒、耐热	活动房屋、轻结构房屋屋面，料棚、临时设施屋面
轻型复合板材	EPS轻型板	彩色涂层钢板、自熄聚苯乙烯、热固化胶、热固化胶	集承重、保温、隔热、防水、装修为一体，且施工方便	体育馆、展览厅、冷库等屋面
	硬质聚氨酯夹芯板	镀锌彩色压型钢板、硬质聚氨酯泡沫塑料	集承重、保温、隔热、防水为一体，且耐候性好	大型工业厂房、仓库、公共设施、高层建筑等屋面结构

技能训练题

一、选择题（有一个或多个正确答案）

1. 烧结普通砖的耐久性是按（　　）试验确定的。

A. 抗冻、泛霜　　B. 石灰爆裂　　C. 吸水率　　D. A+B+C

2. 鉴别过火砖和欠火砖的常用方法是（　　）。

A. 强度　　B. 颜色及敲击声　　C. 外形尺寸　　D. 缺棱掉角情况

3. 烧结普通砖的强度等级是根据（　　）来划分的。

A. 3块样砖的平均抗压强度　　B. 5块样砖的平均抗压强度

C. 8块样砖的平均抗压强度　　D. 10块样砖的平均抗压强度

4. 砖内过量的可溶性盐受潮吸水而溶解，随水分蒸发迁移至砖表面，在过饱和状态下析出晶体，形成白色粉状附着物。这种现象为（　　）。

A. 偏析　　B. 石灰爆裂　　C. 盐析　　D. 数量少、尺寸大

5. 砖在砌筑之前必须浇水湿润的目的是（　　）。

A. 提高砖的质量　　B. 提高砂浆的强度

C. 提高砂浆的粘结力　　D. 便于施工

6. 空心砌块是指空心率≥（　　）%的砌块。

A. 10　　B. 15　　C. 20　　D. 25

7. 与混凝土砌块相比较，加气混凝土砌块具有（　　）的特点。

A. 强度高　　B. 质量大　　C. 尺寸大　　D. 保温性好

8. 下面哪些不是加气混凝土砌块的特点（　　）。

A. 轻质　　B. 保温隔热　　C. 加工性能好　　D. 韧性好

二、是非判断题

1. 烧结时窑内为氧化气氛制得青砖，还原气氛制得红砖。（　　）

2. 烧结空心砖按抗压强度的平均值分为四个标号。（　　）

3. 泛霜是一种盐析现象。（　　）

4. 评定烧结砖的强度等级是根据抗压强度平均值和强度标准值（或单块最小抗压强度值）来确定的。（　　）

5. 增加加气混凝土砌块墙厚度，该加气混凝土的导热系数减小。（　　）

三、简答题

1. 用哪些简易方法鉴别过火黏土砖和欠火黏土砖？

2. 什么叫蒸养（压）砖？常用哪些品种？与烧结黏土砖相比，蒸养（压）砖有哪些特性？

3. 按材质分类，墙用砌块有哪几类？砌块与烧结普通黏土砖相比较，有什么优点？

4. 以烧结普通黏土砖为主要材料的墙体承重模式是否需要改革？为什么？如何改？

5. 墙用板材有哪几种？各有何特点？分别适用于什么地方？

四、计算题

1. 一块烧结普通砖，烘干后质量为2500g，吸水饱和质量为2900g，再将该砖磨细，过筛后烘干取50g，用密度瓶测定其体积为18.5m^3。试求改砖的吸水率、密度、表观密度及孔隙率。

2. 现有烧结普通黏土砖一批，经抽样测定其结果如下，问该砖的强度等级是多少(砖的受压面积为110mm×115mm)?

砖编号	1	2	3	4	5	6	7	8	9	10
破坏荷载(kN)	254	270	225	194	242	256	189	273	228	248

3. 计算某烧结普通砖抽样10块作抗压强度试验（每块砖的受压面积以120mm×115mm计），结果如下表所示，确定该砖的强度等级。

编号	1	2	3	4	5	6	7	8	9	10
破坏荷载(kN)	266	235	221	183	238	259	225	280	220	250
抗压强度(MPa)	19.3	17.0	16.0	13.3	17.2	18.8	16.3	20.3	16.7	18.1

4. 某工程需砌筑2m高的一砖墙50m。试计算：

(1) 需准备多少块烧结普通砖？多少立方米混合砂浆？

(2) 需准备水泥多少袋？石灰膏、中砂各多少立方米？

已知：砂浆质量配合比为1∶0.50∶6.38（水泥∶石灰膏∶砂），中砂堆积密度为1450kg/m^3，石灰膏表观密度为1350kg/m^3，普通烧结砖尺寸为240mm×115mm×53mm。

9 建筑钢材

钢材是将生铁在炼钢炉中进行冶炼，然后浇注成钢锭，再经过轧制、锻压、拉拔等加工工艺制成的材料。建筑钢材是指在建筑工程中使用的各种钢材，包括钢结构用的各种型钢（圆钢、角钢、槽钢、工字钢等）、钢板和钢筋混凝土中的各种钢筋、钢丝、钢绞线等。

钢材材质均匀、强度高，塑性和韧性好，能承受冲击和振动荷载，易于加工（焊接、铆接、切割等）和装配，是一种重要的建筑结构材料。钢材的主要缺点是容易锈蚀、耐火性差。

9.1 钢材的基本知识

9.1.1 钢材的分类

钢的品种繁多，为了便于掌握和选用，常从以下不同的角度进行分类。

(1) 按化学成分分类

1) 碳素钢

碳素钢的主要化学成分是铁，其次是碳，此外还含有少量的硅、锰、磷、硫、氧、氮等微量元素。碳素钢根据含碳量的高低，又分为低碳钢（含碳量＜0.25%）、中碳钢（含碳量为0.25%～0.60%）、高碳钢（含碳量＞0.60%）。

2) 合金钢

合金钢是在碳素钢的基础上加入一种或多种改善钢材性能的合金元素，如锰、硅、钒、钛等。合金钢根据合金元素的总含量，又分为低合金钢（合金元素总量＜5%）、中合金钢（合金元素总量为5%～10%）、高合金钢（合金元素总量＞10%）。

(2) 按冶炼时脱氧程度分类

在炼钢过程中，钢水中尚含有大量以FeO形式存在的氧，FeO与碳作用生成CO从而在凝固的钢锭内形成许多气泡，降低了钢材的性能。为了除去钢中的氧，必须加入脱氧剂锰铁、硅铁及铝锭等，使之与FeO反应生成MnO、SiO_2、Al_2O_3等钢渣而被除去，这一过程称为“脱氧”。根据脱氧程度的不同，钢可分为沸腾钢、镇静钢和特殊镇静钢。

1) 沸腾钢

沸腾钢脱氧很不完全，钢液冷却凝固时有大量CO气体外逸，引起钢液剧烈沸腾，故称为沸腾钢。沸腾钢内部气泡和杂质较多，致密程度较差，化学成分和力学性能不均匀，因此钢的质量较差。但沸腾钢只消耗少量的脱氧剂，成本较低，被广泛应用于一般的建筑结构。其代号为“F”。

2) 镇静钢

镇静钢是脱氧较完全的钢，钢液浇注后平静地冷却凝固，基本无CO气泡产生。镇静钢均匀密实，各种力学性能优于沸腾钢，用于承受冲击荷载或其他重要结构。其代号为“Z”。

3）特殊镇静钢

比镇静钢脱氧程度更彻底的钢，称为特殊镇静钢。特殊镇静钢的质量最好，适用于特别重要的结构工程。其代号为“TZ”。

(3) 按品质（杂质含量）分类

① 普通碳素钢：含硫量≤0.055%～0.065%，含磷量≤0.045%～0.085%；

② 优质碳素钢：含硫量≤0.030%～0.045%，含磷量≤0.035%～0.040%；

③ 高级优质钢：含硫量≤0.020%～0.030%，含磷量≤0.027%～0.035%。

(4) 按钢材的用途分类

① 结构钢：主要用于建筑工程结构构件及机械零件，一般属于低碳钢或中碳钢。

② 工具钢：主要用于各种刀具、量具及磨具，一般属于高碳钢。

③ 特殊钢：具有特殊物理、化学或机械性能的钢，如不锈钢、耐热钢、耐磨钢等，一般为合金钢。

(5) 按压力加工方式分类

① 热加工钢材：将钢锭加热至一定温度，使钢锭呈塑性状态进行的压力加工，如热轧、热锻等；

② 冷加工钢材：在常温下对钢材进行加工，如冷拉、冷拔、冷轧等。

(6) 按钢材外形

建筑钢材按外形分为型材、板材、线材和管材等几类。

型材：钢结构用角钢、槽钢、工字钢、方钢、钢板桩等。

线材：包括钢筋混凝土和预应力混凝土用的钢筋、钢丝与钢绞线等。

板材：包括用于桥梁、房屋和建筑机械的中厚钢板以及屋面、墙面、楼板中适用的薄钢板。

管材：主要用于钢桁架及供水、供气管线等。

建筑上常用的钢种主要是普通碳素结构钢中的低碳钢和普通合金钢中的低合金结构钢。

9.1.2 化学成分对钢材性能的影响

钢材中除了主要成分铁和碳外，还含有少量的硅、锰、硫、磷、氧、氮以及一些合金元素等，它们的含量决定了钢材的性能和质量。

(1) 碳

碳是决定钢材性能的重要因素。当含碳量小于0.8%时，随着含碳量的增加，钢材的抗拉强度和硬度提高，而塑性和冲击韧性降低。当含碳量超过1%时，随着含碳量的增加，除硬度继续增加外，钢材的强度、塑性、韧性都降低。同时，含碳量增加，还将使钢的冷弯性能、耐腐蚀性和可焊性降低，冷脆性和时效敏感性增大。

(2) 硅

硅是炼钢时为了脱氧而加入的元素。当钢材中含硅量在1%以内时，它能增加钢材的强度、硬度、耐腐蚀性，且对钢材的塑性、韧性、可焊性无明显影响。当钢材中含硅量过高（大于1%）时，将会显著降低钢材的塑性、韧性、可焊性，并增大冷脆性和时效敏感性。

（3）锰

锰是炼钢时为了脱氧而加入的元素，是我国低合金结构钢的主要合金元素。在炼钢过程中，锰和钢中的硫、氧化合成MnS和MnO，入渣排除，起到了脱氧排硫的作用。锰的作用主要是能显著提高钢材的强度和硬度，消除钢的热脆性，改善钢材的热加工性能和可焊性，几乎不降低钢材的塑性、韧性。

（4）铝、钒、钛、铌

它们都是炼钢时的强脱氧剂，也是最常用的合金元素。适量加入钢内能改善钢材的组织，细化晶粒，显著提高强度，改善韧性和可焊性。

（5）硫

硫是钢材中极有害的元素，多以FeS夹杂物的形式存在于钢中。由于FeS熔点低，易使钢材在热加工时内部产生裂痕，引起断裂，形成热脆现象。硫的存在，还会导致钢材的冲击韧性、可焊性及耐腐蚀性降低，故钢材中硫的含量应严格控制。

（6）磷

磷是钢中的有害元素，以FeP夹杂物的形式存在于钢中。磷会使钢材的塑性、韧性显著降低，尤其在低温下，冲击韧性下降更为明显，是钢材冷脆性增大的主要原因。磷还使钢的冷弯性能降低，可焊性变差。但磷可使钢材的强度、硬度、耐磨性、耐腐蚀性提高。

（7）氧、氮、氢

这三种有害气体都会显著降低钢材的塑性和韧性，应加以限制。氧大部分以氧化物夹杂形式存在于钢中，使钢的强度、塑性和可焊性降低。氮随着含量增加，能使钢的强度、硬度增加，但使钢的塑性、韧性、可焊性大大降低，还会加剧钢的时效敏感性、冷脆性和热脆性。钢中溶氢会引起钢的白点（圆圈状的断裂面）和内部裂纹，断口有白点的钢一般不能用于建筑结构。

总之，化学元素对钢材性能有着显著的影响，因此在钢材标准中都对主要元素的含量加以规定。化学元素对钢材性能影响见表9-1。

化学元素对钢材性能的影响 **表9-1**

化学元素	对钢材性能的影响
碳（C）	C<0.8%，C↑强度、硬度↑，塑性、韧性↓，可焊性、耐蚀性↓，冷脆性、时效敏感性↑；C>1%，C↑强度↓
硅（Si）	Si<1%，Si↑强度↑；Si>1%，Si↑塑性、韧性↓↓，可焊性↓，冷脆性↑。Si为主加合金元素
锰（Mn）	Mn↑强度、硬度、韧性耐磨、耐蚀性↑，热脆性↓。Mn为主加合金元素
钛（Ti）	Ti↑强度↑↑，韧性↑，塑性、时效↓。Ti为常用合金元素
钒（V）	V强度↑，时效↓。V为常用合金元素
铌（Nb）	Nb↑强度↑，塑性、韧性↑。Nb为常用合金元素
磷（P）	P↑强度↑，塑性、韧性、可焊性↓↓，偏析、冷脆性↑↑，耐蚀性↑
氮（N）	与C、P相似
硫（S）	S↑偏析，力学性能、耐蚀性、可焊性↓↓
氧（O）	O↑力学性能、可焊性↓，时效↑

注：本表中↑表示提高，↑↑表示显著提高；↓表示降低，↓↓表示明显降低。

9.2 建筑钢材的主要技术性能

建筑钢材的主要技术性能包括力学性能和工艺性能。了解钢材的各种性能，是正确、合理地选择和使用钢材的前提。

9.2.1 力学性能

力学性能又称机械性能，是钢材最重要的使用性能。钢材的主要力学性能有抗拉性能、冲击韧性、耐疲劳性等。

(1) 抗拉性能

拉伸是建筑钢材的主要受力形式，因而抗拉性能是建筑钢材最重要的力学性能。钢材受拉时，在产生应力的同时，相应地产生应变。应力和应变的关系反映出钢材的主要力学特征。由图 9-1 低碳钢受拉时的应力-应变曲线可以看出，低碳钢从受拉开始至拉断经历了四个阶段，即弹性阶段（OA）、屈服阶段（AB）、强化阶段（BC）和颈缩阶段（CD）。

① 弹性阶段

自开始加载到 A 点之前，应力较低，应力应变呈线性关系，在此阶段内，若卸去外力，试件恢复原状，无残余变形，这一阶段称为弹性阶段。弹性阶段的最高点（A 点）所对应的应力称为弹性极限，用 σ_p 表示。在弹性阶段，应力与应变的比值为常数，即弹性模量 E，$E=\sigma/\varepsilon$。弹性模量反映钢材抵抗弹性变形的能力，是计算钢材在受力条件下变形的重要指标。建筑工程中常用钢材的弹性模量为 $(2.0\sim2.1)\times10^5$ MPa。

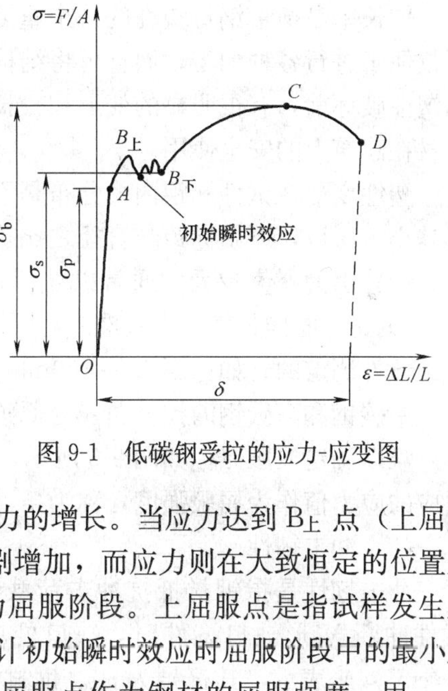

图 9-1 低碳钢受拉的应力-应变图

② 屈服阶段

应力超过弹性极限后，应力、应变不再呈正比关系，开始出现塑性变形，应变的增长快于应力的增长。当应力达到 $B_上$ 点（上屈服点）后，瞬时下降至 $B_下$（下屈服点）点，变形急剧增加，而应力则在大致恒定的位置上波动直到 B 点，这种现象称为屈服，这一阶段称为屈服阶段。上屈服点是指试样发生屈服而应力首次下降前的最大应力。下屈服点是指不计初始瞬时效应时屈服阶段中的最小应力。下屈服点比较稳定且容易测定，因此，采用下屈服点作为钢材的屈服强度，用 σ_s 表示。由于钢材受力达到屈服点后将产生较大的塑性变形，已不能满足正常使用要求，因此结构设计中以屈服强度作为钢材强度取值的依据。

③ 强化阶段

在钢材屈服到一定程度后，由于钢材内部组织中的晶格发生了畸变，阻止了晶格进一步滑移，钢材得到强化，抵抗外力的能力重新提高，在应力-应变图上，曲线从 $B_下$ 点开始上升至最高点 C，这一过程称为强化阶段。对应于最高点 C 的应力称为极限抗拉强度，简称为抗拉强度，用 σ_b 表示。抗拉强度是钢材受拉时所能承受的最大应力值，是钢材抵抗断裂破坏能力的一个重要指标。

屈服强度与抗拉强度之比称为屈强比，屈强比是评价钢材使用可靠性和强度利用率的一个参数。屈强比越小，其结构的可靠性越高，但屈强比过小时，钢材强度的利用率偏低，造成浪费。建筑结构用钢的合理屈强比一般为0.60～0.75。

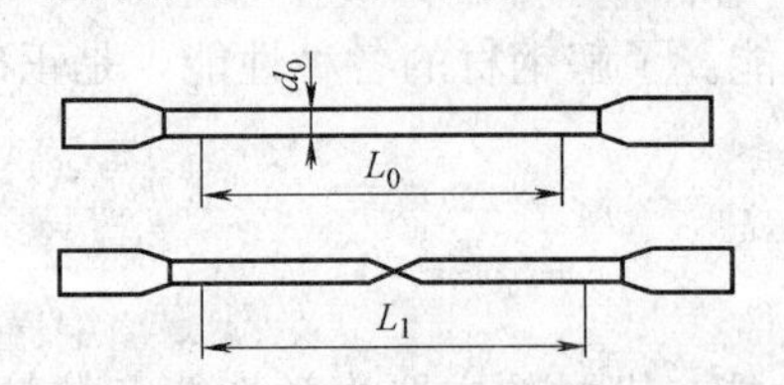

图9-2 试件拉伸前和断裂后标距的长度

④ 颈缩阶段

钢材应力到达最高点C点后，塑性变形急剧增加，试件薄弱处的断面将显著缩小，产生“颈缩”现象而断裂。

将拉断后的试件拼合起来，测定出标距范围内的长度L_1，L_1与试件原标距L_0之差为塑性变形值，它与L_0之比称为伸长率（δ），如图9-2所示。伸长率δ按下式计算：

$$\delta=\frac{L_1-L_0}{L_0}\times100\% \tag{9-1}$$

式中 L_0——试件原始标距长度，mm；

L_1——断裂试件拼合后标距长度，mm。

伸长率是衡量钢材塑性的一个重要指标，δ越大说明钢材塑性越好。钢材的塑性大，不仅便于进行各种加工，而且可将结构上的局部高峰应力重新分布，避免应力集中。钢材在塑性破坏前，有很明显的变形和较长的变形持续时间，便于人们发现和补救，从而保证钢材在建筑上的安全使用。

塑性变形在试件标距内的分布是不均匀的，颈缩处的变形最大，离颈缩部位越远其变形越小。所以，原始标距与直径之比越小，则颈缩处伸长值在整个伸长值中所占的比重越大，计算出的δ值越大。通常以δ_5（$L_0=5a$时的伸长率，a为钢材的公称直径）或δ_{10}（$L_0=10a$时的伸长率）为基准。对同一种钢材，δ_5大于δ_{10}。某些钢材的伸长率是采用定标距试件测定的，如标距$L_0=100$mm或$L_0=200$mm，则伸长率分别用δ_{100}或δ_{200}表示。

中碳钢和高碳钢的拉伸曲线与低碳钢不同，其抗拉强度高，无明显屈服阶段，伸长率小，难以测定屈服点。如图9-3所示，规定采用产生残余变形为原标距长度的0.2%时所对应的应力值作为屈服强度，称为条件屈服强度，用$\sigma_{0.2}$表示。

(2) 冲击韧性

冲击韧性是指钢材抵抗冲击荷载作用的能力，以标准试件冲断V形缺口试件时，缺口处单位面积所消耗的功（J/cm^2）来表示，其符号为α_k。钢材的冲击韧性试验是将标准试件放置在冲击机的支架上，然后以摆锤冲击试件刻槽的背面，使试件承受冲击弯曲而断裂，如图9-4所示。试件吸收的能量等于摆锤所做的功W，若试件在缺口处的最小横截面积为A，则冲击韧性$\alpha_k=W/A$。显然，α_k值越大，钢材的冲击韧性越好，抵抗冲击作用的能力越强。

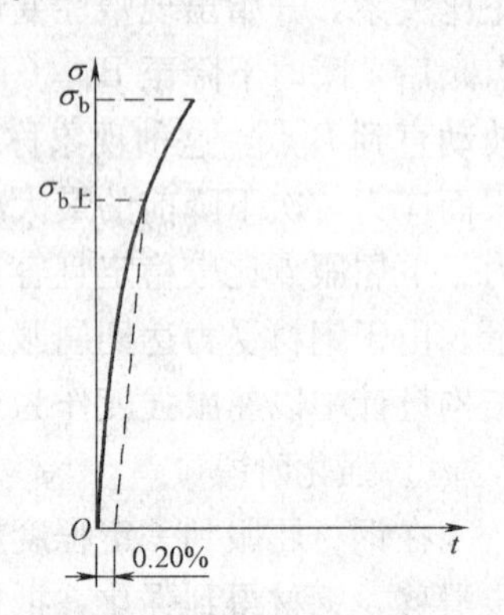

图9-3 中碳钢、高碳钢的应力-应变图

影响钢材冲击韧性的因素很多。当钢材中的磷、硫含量较高，化学成分不均匀，含有非金属夹杂物以及焊接中形成的微裂纹等都会使冲击韧性显著降低。温度对钢材冲击韧性的影响也很大。某些钢材在常温（20℃）条件下呈韧性断裂，而当温度降低到一定程度时，α_k值急剧下降而使钢材呈脆性断裂，这一现象称为低温冷脆性，这时的温度称为脆性临界温度。脆性临界温度越低，说明钢材的抗低温冲击性能越好。另外，钢材随时间的延长，强度会逐渐提高，冲击韧性下降，这种现象称为时效。时效敏感性越大的钢材，经过时效以后其冲击韧性的降低越显著。为了保证安全，对于承受动荷载的重要结构，应选用时效敏感性小的钢材。

对于重要的结构以及承受动荷载作用的结构，特别是处于负温条件下的结构，应保证钢材具有一定的冲击韧性。

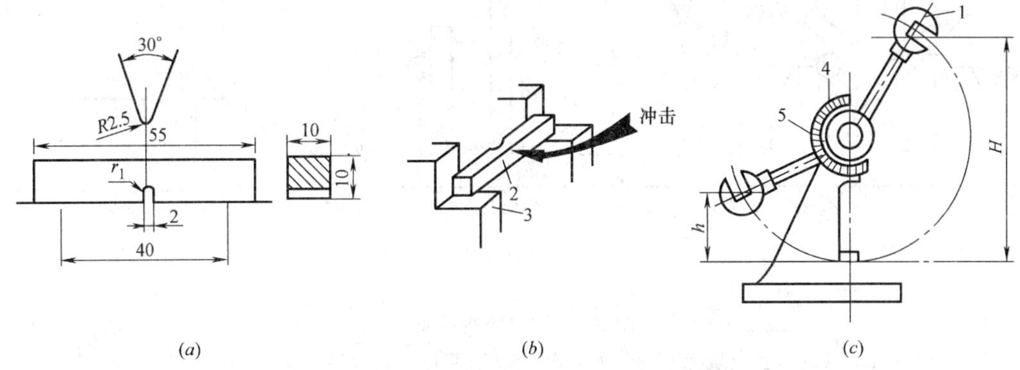

图 9-4　冲击韧性试验图

（a）试件尺寸；（b）试验装置；（c）试验机

1—摆锤；2—试件；3—试验台；4—指针；5—刻度盘；

H—摆锤；h—摆锤向后摆动高度

（3）耐疲劳性

钢材在承受交变（数值和方向都有变化的）荷载的反复作用时，在应力低于其屈服强度的情况下突然发生脆性断裂破坏的现象，称为钢材的疲劳破坏。一般把钢材在交变应力循环次数 $N=10\times10^6$ 次时不破坏的最大应力定义为疲劳强度或疲劳极限。在设计承受反复荷载作用的结构时，应了解所用钢材的疲劳极限。

钢材的疲劳破坏，一般认为是由拉应力引起的。首先在局部开始形成细小裂纹，随后由于裂纹尖角处的应力集中而使裂纹迅速扩展直至钢材断裂。因此，钢材疲劳强度不仅取决于它的内部组织，而且也取决于应力最大处的表面质量及内应力大小等因素。钢材的抗拉强度高，其疲劳极限也高。

9.2.2　工艺性能

建筑钢材在使用前，大多需进行一定形式的加工。良好的工艺性能可以保证钢材顺利通过各种加工，而使钢材制品的质量不受影响。

（1）冷弯性能

冷弯性能是指钢材在常温下承受弯曲变形的能力。衡量钢材冷弯性能的指标有两个，一个是试件的弯曲角度（α），另一个是弯心直径（d）与钢材的直径或厚度（a）的比值（d/a），见图 9-5。冷弯试验是将钢材按规定的弯曲角度和弯心直径进行弯曲，若弯曲后试件弯曲处无裂纹、起层及断裂现象，即认为冷弯性能合格；否则为不合格。试验时采用

的弯曲角度 α 越大，弯心直径与钢材的直径或厚度的比值越小，表示对冷弯性能的要求越高。

建筑构件在加工和制造过程中，常要把钢筋、钢板等钢材弯曲成一定的形状，这就需要钢材有较好的冷弯性能。钢材在弯曲过程中，受弯部位产生局部不均匀塑性变形，更有助于暴露钢材的某些内在缺陷。相对于伸长率而言，冷弯是对钢材塑性更严格的检验，它更能反映钢材内部是否存在组织不均匀、夹杂物和内应力等缺陷。

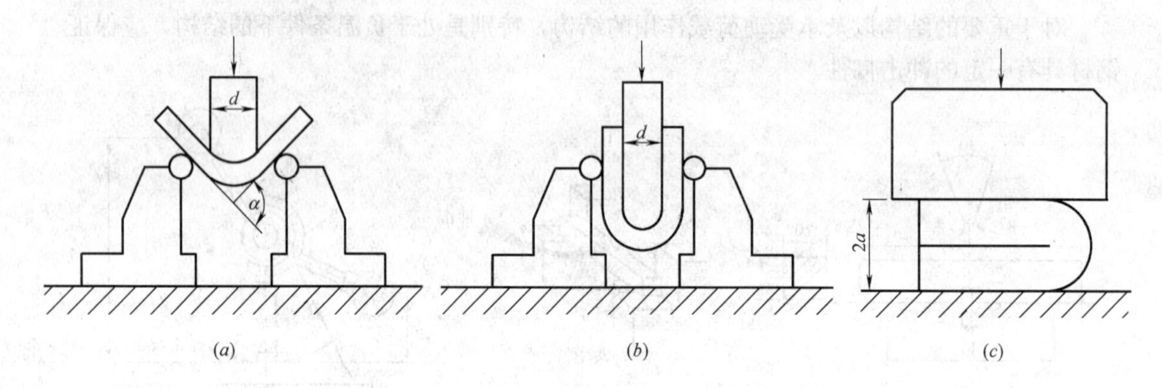

图 9-5　钢材冷弯试验

(a) 弯曲至某规定角度；(b) 弯曲至两面平行；(c) 弯曲至两面重合

(2) 冷加工强化及时效

将钢材在常温下进行冷拉、冷拔和冷轧，使钢材产生塑性变形，从而提高屈服强度，塑性和韧性相应降低，这个过程称为钢材的冷加工强化。通常冷加工变形越大，则屈服强度提高越多，而塑性和韧性下降也越大。

钢材经过冷加工后，在常温下放置15～20d，或加热到100～200℃保持一段时间（2h左右），钢材的强度和硬度将进一步提高，塑性和韧性进一步下降，这种现象称为时效。前者称为自然时效，后者称为人工时效。通常对强度较低的钢筋常采用自然时效，对强度较高的钢筋宜采用人工时效。

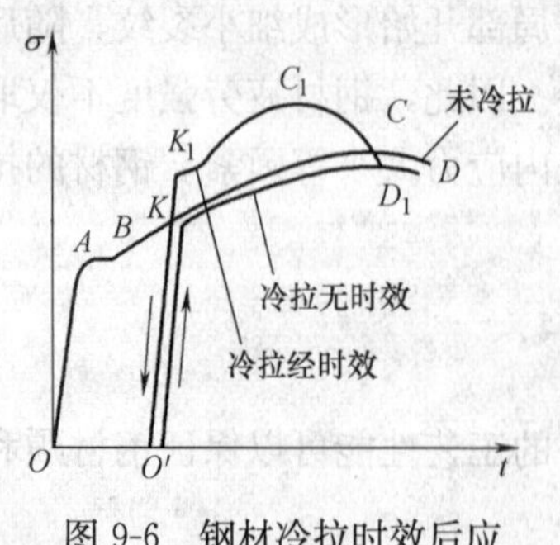

图 9-6　钢材冷拉时效后应力-应变曲线

钢材经冷拉前后及经过时效处理后的性能变化规律，可在图 9-6 所示的拉伸试验 σ-ε 图中得到反映。图中OABCD为未经冷拉和时效试件的 σ-ε 曲线。将钢筋拉伸超过屈服强度 σ_s（B点对应的应力值）的任意一点 K，然后缓慢卸去荷载，此时由于试件已产生一定的塑性变形，则曲线沿 KO'下降，KO'大致与 AO 平行。如果卸载后立即再拉伸，曲线将沿 $O'KCD$ 变化，屈服点由 B 点提高至 K 点。如果在 K 点卸荷后进行时效处理，然后再拉伸，则曲线将沿 $O'K_1C_1D_1$ 变化，表明钢筋经冷拉时效后，屈服强度和抗拉强度均得到提高，塑性和韧性相应降低。

(3) 焊接性能

焊接是各种型钢、钢板、钢筋的重要连接方式。建筑工程中的钢结构90%以上是焊接结构。焊接的质量取决于焊接工艺、焊接材料及钢材的焊接性能。

钢材的焊接性能（又称可焊性），是指钢材在通常的焊接方法和工艺条件下获得良好焊接接头的性能。可焊性好的钢材焊接后不易形成裂纹、气孔、夹渣等缺陷，焊接接头牢固可靠，焊缝及其附近受热影响区的性能不低于母材的力学性能，特别是强度不低于原有钢材，硬脆倾向小。

钢材的可焊性主要取决于钢材的化学成分。一般含碳量越高，可焊性越低。含碳量小于0.25%的低素钢具有优良的可焊性，高碳钢的焊接性能较差。钢材中加入合金元素如硅、锰、钛等，将增大焊接硬脆性，降低可焊性。特别是，当硫含量较多时，会使焊口处产生热裂纹，严重降低焊接质量。

9.3 钢筋力学与工艺性能检测

9.3.1 一般规定

(1) 取样

① 钢筋应按批进行检查与验收，每批质量不应大于60t，每批钢材应由同一个牌号、同一炉罐号、同一规格、同一交货状态的钢筋所组成；

② 钢筋应有出厂证明或试验报告单。验收时应抽样做拉伸试验和冷弯试验；

③ 钢筋拉伸及冷弯使用的试样不允许进行车削加工；

④ 验收取样时，自每批钢筋中任取两根截取拉伸试样，任取两根截取冷弯试样。在拉伸试验的试件中，若有一根试件的屈服点、抗拉强度和伸长率三个指标中有一个达不到标准中的规定值，或冷弯试验中有一根试件不符合标准要求，则在同一批钢筋中再抽取双倍数量（4根）的试件进行该不合格项目的复验，复验结果中只要有一个指标不合格，则该批钢筋即为不合格品。

拉伸和冷弯试件的长度 L 和 L_w，分别按下式计算后截取。

拉伸试件 $$L=L_0+2h+2h_1$$

冷弯试件 $$L_w=5a+150$$

式中 L、L_w——分别为拉伸试件和冷弯试件的长度，mm；

L_0——拉伸试件的标距长度，mm；取 $L_0=5a$ 或 $L_0=10a$；

h、h_1——分别为夹具长度和预留长度，mm；$h_1=(0.5\sim1)a$；

a——钢筋的公称直径，mm。

⑤ 钢筋在使用中若有脆断、焊接性能不良或力学性能显著不正常时，还应进行化学成分分析或其他专项试验。

(2) 试验条件

① 试验温度：试验应在10～35℃的温度下进行，如温度超出这一范围，应在试验记录和报告中注明；

② 夹持方法：应使用楔形夹头、螺纹夹头、套环夹头等合适的夹具夹持试样。

9.3.2 拉伸性能检测

(1) 试验原理及方法

根据试件所受拉力与对应的变形之间的关系，测定低碳钢筋的屈服强度、抗拉强度，根据试件拉断后的长度与标距长度之间的关系，测定低碳钢筋的伸长率。

将标准试件放在拉力机上，按规定的加载速度逐渐施加拉力，直至拉断为止。观察由于这个荷载的作用所产生的弹性和塑性变形，并记录拉力值。

（2）试验目的及标准

通过拉伸试验，测定低碳钢筋的屈服强度、抗拉强度和伸长率，评定钢筋的质量是否合格及强度等级。

拉伸试验按《金属材料 室温拉伸试验方法》（GB/T 228—2002）、《钢筋混凝土用钢 第1部分：热轧光圆钢筋》（GB 1499.1—2008）、《钢筋混凝土用钢 第2部分：热轧带肋筋》（GB 1499.2—2007）进行。

（3）主要仪器设备

万能材料试验机：测力示值误差不大于1%；钢筋打点机或划线机；游标卡尺：精度为0.1mm；引申计：精确度级别应符合GB/T 12160—2002的要求。

试件制作和准备

拉伸试验用钢筋试件不得进行车削加工，可以用两个或一系列等分小冲点或细划线标出原始标距（标记不影响试件断裂），测量标距长度 L_0（精确至0.1mm），如图9-7所示。计算钢筋强度所用的横截面积应采用表9-2所列公称横截面积。

钢筋的公称横截面积 **表9-2**

公称直径(mm)	公称横截面积(mm^2)	公称直径(mm)	公称横截面积(mm^2)
8	50.27	20	314.2
10	78.54	22	380.1
12	113.1	25	490.9
14	153.9	28	615.8
16	201.1	32	804.2
18	254.5	36	1081

（4）试验步骤及注意事项

试验步骤：

① 调整试验机测力度盘的指针，使其对准零点，并拨动副指针，使之与主指针重合；

② 将试件固定在试验机夹具内，开动试验机开始拉伸，屈服前应力增加速度为10MPa/s；屈服后只需测定抗拉强度时，试验机活动夹头在荷载下的移动速度不宜大于 $0.5L_c$/min，直到试件拉断。L_c为试件两夹头之间的距离，见图9-7；

③ 在拉伸过程中，测力度盘的指针停止转动时的恒定荷载，或指针回转后的最小荷载，即为所求的屈服点荷载 F_s（N）；

④ 向试件继续加荷直至试件拉断，读出最大荷载 F_b（N）；

⑤ 测量试件拉断后的标距长度 L_1。将已拉断的试件两端在断裂处对齐，尽量使其轴线位于同一条直线上。如拉断处距离邻近标距端点大于 $L_0/3$ 时，可用游标卡尺直接量出 L_1。

如拉断处到邻近的标距端点距离小于或等于 $1/3L_0$时，可按下述移位法来确定 L_1：

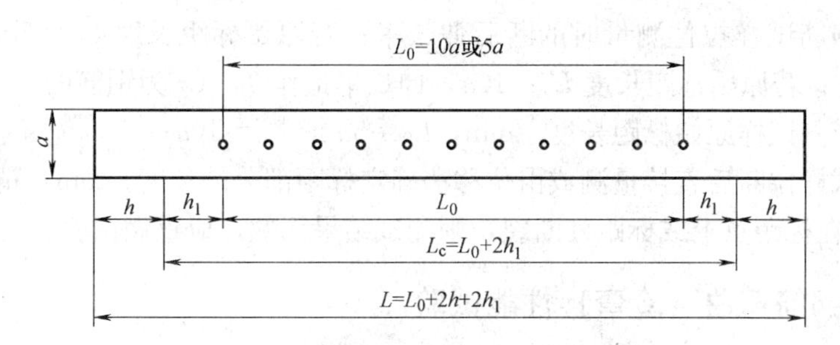

图 9-7 钢筋拉伸试验试件

a—试样原始直径；L_0—标距长度；h_1—取（0．5～1）a；h—夹具长度

在长段上从拉断处 O 点取基本等于短段格数，得到 B 点；接着取等于长段所余格数（偶数，见图 9-8a）之半，得到 C 点；或者取所余格数（奇数，见图 9-8b）减 1 与加 1 之半得到 C 点与 C_1 点。移位后的 L_1 分别为 $AO+BO+2BC$ 或者 $A0+OB+BC+BC_1$。

注意事项：

① 也可以使用自动装置（例如微处理机等）或自动测试系统测定屈服强度 σ_s 和抗拉强度 δ_b；

② 试件应对准夹头的中心；

③ 试件标距部分长度不得夹入钳口中，试件被夹长度不小于钳口的 2/3。

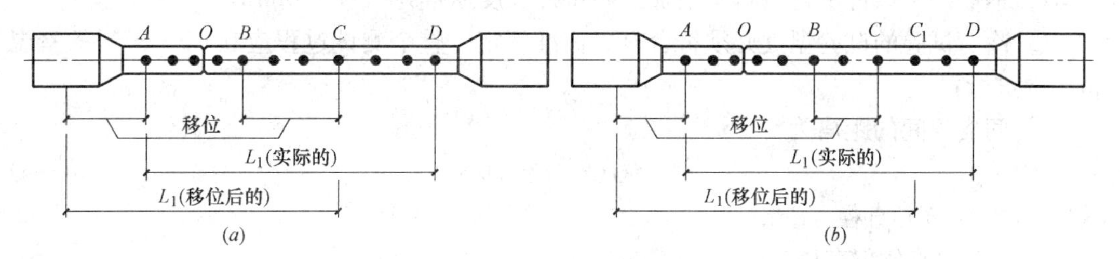

图 9-8 用移位法计算标距

（a）剩余段格数为偶数时；（b）剩余段格数为奇数时

（5）数据处理及结果评定

① 按下式计算试件的屈服强度 σ_s：

$$\sigma_s=\frac{F_s}{A} \tag{9-2}$$

当 σ_s 大于 1000MPa 时，应计算至 10MPa；当 σ_s 为 200～1000MPa 时，应计算至 5MPa；当 σ_s 小于 200MPa 时，应计算至 1MPa。

② 按下式计算试件的抗拉强度 σ_b：

$$\sigma_b=\frac{F_b}{A} \tag{9-3}$$

当 σ_b 大于 1000MPa 时，应计算至 10MPa；当 σ_b 为 200～1000MPa 时，应计算至 5MPa；当 σ_b 小于 200MPa 时，应计算至 1MPa。

③ 钢筋试件的伸长率 δ 按下式计算：

$$\delta=\frac{L_1-L_0}{L_0}\times 100\% \tag{9-4}$$

式中 δ——钢筋试样拉伸测量时的断后伸长率；若原始标距长度 $L_0=5a$，伸长率记作 δ_5；若原始标距长度 $L_0=10a$，伸长率记作 δ_{10}（a 为钢筋的公称直径）；

L_0——受测试样原始标距长度，mm，$L_0=5a$ 或 $L_0=10a$；

L_1——试样拉断后直接量测或由位移法确定标距部分的长度，mm，精确到 0.1mm。

如果试件在标距点上或标距外断裂，则测试结果无效，应重做试验。

9.3.3 钢筋弯曲（冷弯）性能试验

（1）试验原理及方法

常温条件下将标准试件放在拉力机的弯头上，逐渐施加荷载，观察试件绕一定弯心弯曲至规定角度时，其弯曲处外表面是否有裂纹、起皮、断裂等现象。

（2）试验目的及标准

通过冷弯试验，对钢筋塑性进行严格检验，并可间接地检定钢筋内部缺陷。

冷弯试验按《金属材料弯曲试验方法》（GB/T 232—2010）进行。

（3）主要仪器设备

压力机或万能材料试验机：具有两支辊，支辊间距离可以调节；还应具有不同直径的弯心，弯心直径按有关标准规定。支辊弯曲装置见图 9-9。

（4）试验要求

① 钢筋冷弯试件不得进行车削加工，试件长度通常为 $5a+150$mm；

② 冷弯试验的试验温度必须符合有关标准规定。整个测试过程应在 10～35℃的室温范围内进行；

③ 两支辊间的距离为：

$$l=(d+3a)\pm0.5a \tag{9-5}$$

式中 d——弯心直径，mm；

a——钢筋公称直径，mm。

在试验期间应保持距离 l 不变（图 9-9），平稳施力，直至达到规定的弯曲角度。弯曲后，应注意按标准规定检查试样外表面，进行结果评定。

（5）试验步骤及注意事项

试验步骤：

① 试样按照规定的弯心直径和弯曲角度进行弯曲，试验过程中应平稳地对试件施加压力。在作用力下的弯曲程度可以分为三种类型（见图 9-5），测试时应按有关标准中的规定分别选用。

② 重合弯曲时，应先将试样弯曲到图 9-5b 的形状（建议弯心直径 $d=a$）。然后在两平行面间继续以平稳的压力弯曲到两面重合。两压板平行面的长度或直径，应不小于试样重叠后的长度。

注意事项：

① 钢筋冷弯试件不得进行车削加工；

② 试验应在平稳压力作用下，缓慢施加试验压力。

（6）测试结果及评定

弯曲后，按有关标准规定检查试件弯曲处的外面及侧面，进行结果评定。一般如无裂

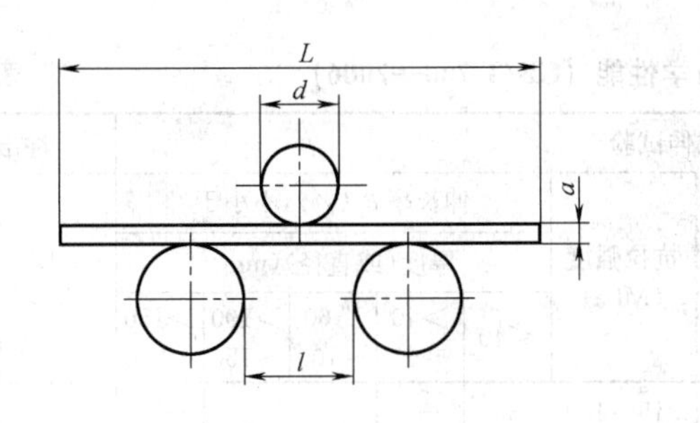

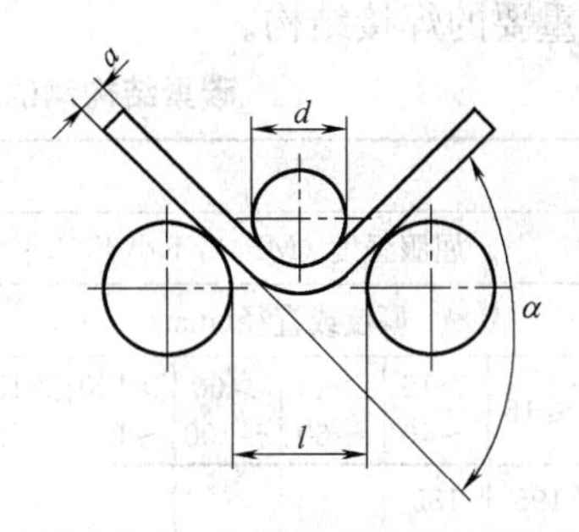

图 9-9 支辊式弯曲装置

缝、裂断或起层，即认为试样冷弯合格。

9.4 建筑工程常用钢材及选用

9.4.1 钢结构用钢

建筑钢结构是近年来发展很快的一个行业，特别是在高层钢结构、大型公共建筑的网架结构、轻钢厂房结构等方面，发展十分迅速。

钢结构用钢主要包括普通碳素结构钢（简称碳素结构钢）和低合金高强度结构钢。

(1) 普通碳素结构钢

普通碳素结构钢包括一般结构钢和工程用热轧钢板、型钢、钢带等，国家标准《碳素结构钢》(GB/T 700—2006) 对其牌号表示方法、代号和符号、技术要求、试验方法、检验规则等做了具体规定。

① 牌号表示方法

碳素结构钢按屈服点的数值（MPa）划分为 Q195、Q215、Q235、Q275 四种；质量等级按硫磷杂质含量由多到少分为 A、B、C、D 四个等级；按脱氧程度分为沸腾钢（F）、镇静钢（Z）和特殊镇静钢（TZ）。碳素结构钢的牌号由代表屈服点的字母 Q、屈服点数值（MPa）、质量等级、脱氧程度等四部分按顺序组成，牌号组成表示方法中，Z、TZ 可省略。例如：Q235AF 表示屈服点不低于 235MPa 的 A 级沸腾钢；Q235B 表示屈服点不低于 235MPa 的 B 级镇静钢。

② 技术标准

碳素结构钢的技术要求包括化学成分、力学性能。冶炼方法、交货状态及表面质量五个方面，力学性能应符合表 9-3、表 9-4 的规定。

由表 9-3、表 9-4 可知，碳素结构钢随牌号的增大，强度和硬度增大，但塑性、韧性和可加工性能逐步降低；同一钢号内质量等级越高，钢的质量越好。

③ 应用

Q235 是建筑工程中最常用的碳素结构钢牌号。其含碳量为 0.14%～0.22%，属低碳钢，具有较高的强度，良好的塑性、韧性和可焊性，综合性能好，能满足一般钢结构和钢筋混凝土用钢要求，且成本较低。Q235 钢被大量制作成型钢、钢管和钢板。其中 C、D

级可用于重要的焊接结构。

碳素结构钢的力学性能（GB/T 700—2006）　　　表 9-3

牌号	等级	拉伸试验													冲击试验	
		屈服强度（MPa），不小于						抗拉强度（MPa）	伸长率 δ_5（%），不小于					温度（℃）	冲击吸收功(纵向)(J)，不小于
		厚度或直径(mm)							厚度(或直径)(mm)						
		≤16	>16～40	>40～60	>60～100	>100～150	>150～200		≤40	>40～60	>60～100	>100～150	>150～200		
Q195	—	195	185	—	—	—	—	315～430	33	—	—	—	—	—	—
Q215	A	215	205	195	185	175	165	335～450	31	30	29	27	26	—	—
	B													+20	27
Q235	A	235	225	215	215	195	185	375～500	26	25	24	22	21	—	—
	B													+20	27
	C													0	
	D													−20	
Q275	A	275	265	255	245	225	215	415～540	22	21	20	18	17	—	—
	B													+20	27
	C													0	
	D													−20	

注：1. Q195 的屈服点仅供参考，不作为交货条件；
2. 厚度大于 100mm 的钢材，抗拉强度下限允许降低 20N/mm^2。宽带钢（包括剪切钢板）抗拉强度上限不作交货条件；
3. 厚度小于 25mmQ235 钢材，如供方能保证冲击吸收功值合格，可不做试验。

碳素结构钢的冷弯性能（GB/T 700—2006）　　　表 9-4

牌号	试样方向	冷弯试验 180°　$B=2a$	
		钢材厚度(或直径)a(mm)	
		≤60	>60～100
		弯芯直径 d	
Q195	纵	0	—
	横	0.5a	
Q215	纵	0.5 a	1.5 a
	横	a	2 a
Q235	纵	a	2 a
	横	1.5 a	2.5 a
Q275	纵	1.5 a	2.5 a
	横	2 a	3 a

注：钢材厚度（或直径）>100mm 时，弯曲试验由双方协商确定。

Q195、Q215 号钢，强度低，塑性和韧性较好，易于冷加工，常用作钢钉、铆钉、螺栓及钢丝等。Q215 号钢经冷加工后可代替 Q235 号钢使用。

Q275 号钢，强度较高，但塑性、韧性较差，不宜焊接和冷弯加工，主要用于机械零件和工具等。

(2) 低合金高强度结构钢

低合金高强度结构钢是在碳素结构钢的基础上加入总量小于 5%的合金元素（一种或几种）形成的一种结构钢。常用的合金元素有锰、硅、钒、钛、铌、铬、镍等，这些合金元素可使钢材的强度、塑性、耐磨性、耐腐蚀性、低温冲击韧性等得到显著的改善和提高。低合金高强度结构钢是综合性能较为理想的建筑钢材，尤其适用于大跨度、承受动荷载和冲击荷载的结构。

① 牌号表示方法

根据国家标准《低合金高强度结构钢》（GB/T 1591—2008）的规定，低合金高强度结构钢的牌号由代表屈服点的字母 Q、屈服强度值（MPa）、质量等级等三个部分按顺序组成。低合金高强度结构钢按屈服点的数值（MPa）划分为 Q345、Q390、Q420、Q460、Q500、Q550、Q620、Q690 等 8 个牌号；质量等级分为 A、B、C、D、E 五个等级，质量按顺序逐级提高。例如：Q345A 表示屈服点不低于 345MPa 的 A 级低合金高强度结构钢。

② 性能及应用

低合金高强度结构钢与碳素钢相比具有以下突出的优点：强度高，可减轻自重，节约钢材；综合性能好，如抗冲击性、耐腐蚀性、耐低温性好，使用寿命长；塑性、韧性和可焊性好，有利于加工和施工。与使用碳素钢相比，可节约钢材 20%～30%，是一种综合性能较好的钢材。

低合金高强度结构钢由于具有以上优良的性能，主要用于轧制型钢、钢板、钢筋及钢管，在建筑工程中广泛应用于钢筋混凝土结构和钢结构，特别是重型、大跨度、高层结构、桥梁以及承受动荷载和冲击荷载结构。

9.4.2 混凝土结构用钢

混凝土结构中所用的钢筋和钢丝，主要由碳素结构钢和低合金结构钢轧制而成。主要品种有热轧钢筋、冷加工钢筋、热处理钢筋、预应力混凝土用钢丝和钢绞线等。按直条或盘条（也称盘圆）供货。

(1) 热轧钢筋

热轧钢筋是经热轧成型并自然冷却的成品钢筋，有热轧光圆钢筋和热轧带肋钢筋两种。

《钢筋混凝土用热轧光圆钢筋》（GB 1499.1—2008）规定：热轧光圆钢筋按屈服强度特征值分为 235、300 级。热轧光圆钢筋的牌号由“HPB＋屈服强度特征值”构成。HPB 为热轧光圆钢筋（Hot rolled Plain Bars）的英文缩写。特征值是指在无限多次的检验中，与某一规定概率相对应的分位值。

《钢筋混凝土用热轧带肋钢筋》（GB 1499.2—2007）规定：热轧带肋钢筋分为普通热轧钢筋和细晶粒热轧钢筋两类。普通热轧钢筋的牌号由“HRB＋屈服强度特征值”构成，细晶粒热轧钢筋的牌号由“HRBF＋屈服强度特征值”构成。H、R、B、F 分别为热轧（Hot rolled）、带肋（Ribbed）、钢筋（Bars）、细（Fine）四个词的英文首位字母。月牙

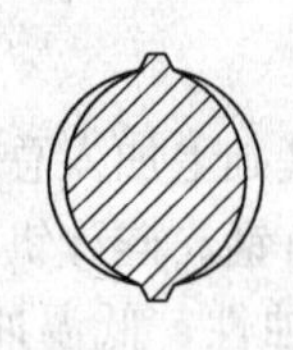
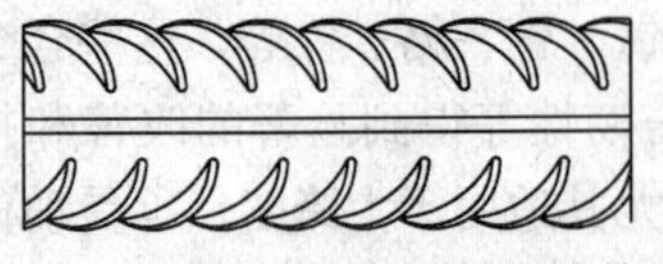
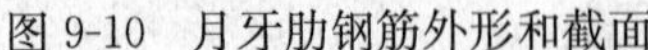

图 9-10 月牙肋钢筋外形和截面

肋钢筋外形和截面如图 9-10 所示。

热轧钢筋的力学性能特征值应符合表 9-5的规定。按表 9-6 规定的弯芯直径弯曲 180°后，钢筋受弯曲部位表面不得产生裂纹。

热轧光圆钢筋强度较低，但塑性好、伸长率高，便于弯折成型，可焊性好。可用于中小型构件的箍筋及构造筋。

热轧钢筋力学性能（GB 1499.2—2007） **表 9-5**

钢筋种类	牌 号	屈服强度 R_{eL}(MPa)	抗拉强度 R_m(MPa)	断后伸长率 A(%)	最大力总伸长率 A_{gt}(%)
		不小于			
热轧光圆钢筋	HPB235	235	370	25.0	10.0
	HPB300	300	420		
热轧带肋钢筋	HRB335 HRBF335	335	455	17	7.5
	HRB400 HRBF400	400	540	16	
	HRB500 HRBF500	500	630	15	

注：根据供需双方协议，生产率类型可从 A 或 A_{gt}中选定。如伸长率类型未经协议确定，则伸长率采用 A，仲裁检验时采用 A_{gt}。

热轧钢筋弯曲性能（GB 1499.2—2007） **表 9-6**

钢筋种类	牌 号	公称直径 a	冷弯试验 180°弯芯直径 d
热轧光圆钢筋	HPB235	6～22	a
	HPB300		
热轧带肋钢筋	HRB335 HRBF335	6～25	3a
		28～40	4a
		>40～50	5a
	HRB400 HRBF400	6～25	4a
		28～40	5a
		>40～50	6a
	HRB500 HRBF500	6～25	6a
		28～40	7a
		>40～50	8a

热轧带肋钢筋强度较高，并保证有足够的塑性和良好的焊接性能，主要用于大中型钢筋混凝土结构和高强混凝土结构构件的受力钢筋，是我国今后钢筋混凝土结构的主导钢筋。

(2) 冷轧带肋钢筋

冷轧带肋钢筋是由热轧圆盘条经冷轧后，在其表面带有沿长度方向均匀分布的三面或二面横肋的钢筋。根据《冷轧带肋钢筋》（GB 13788—2008）的规定，冷轧钢筋的牌号由CRB和钢筋的抗拉强度最小值组成，C、R、B分别为冷轧、带肋、钢筋三个词的英文首位字母。冷轧带肋钢筋按抗拉强度分为，分别为CRB550、CRB650、CRB800、CRB970几个牌号，CRB550用于钢筋混凝土结构，其他牌号宜用于预应力混凝土结构中。

（3）预应力混凝土用钢丝和钢绞线

预应力混凝土用钢丝采用优质碳素结构钢制成，抗拉强度高达1470～1770MPa。根据《预应力混凝土用钢丝》（GB/T 5223—2002），预应力混凝土用钢丝按加工状态分为冷拉钢丝（代号WCD）和消除应力钢丝两类。消除应力钢丝按松弛性能又分为低松弛级钢丝（代号WLD）和普通松弛级钢丝（代号WND）。

预应力混凝土用钢绞线是以数根优质碳素钢钢丝经绞捻和消除内应力的热处理后制成的。根据《预应力混凝土用钢绞线》（GB/T 5224—2003），钢绞线按结构分为5类：用两根钢丝捻制的钢绞线1×2、用三根钢丝捻制的钢绞线、用三根刻痕钢丝捻制的钢绞线1×3Ⅰ、用七根钢丝捻制的标准型钢绞线1×7和用七根钢丝捻制又经拔模的钢绞线（1×7）C。产品标记应包含下列内容：预应力钢绞线，结构代号，公称直径，强度级别，标准号。如公称直径为8.74mm、强度级别为1670MPa的三根刻痕钢丝捻制的钢绞线，其标记为：预应力钢绞线1×3Ⅰ-8.74-1670- GB/T 5224—2003。

预应力钢丝和钢绞线具有强度高、柔韧性好、无接头、质量稳定、施工简便等优点，使用时可按要求的长度切割，主要用于大跨度、大荷载、曲线配筋的预应力混凝土结构。

（4）预应力混凝土用螺纹钢筋

预应力混凝土用螺纹钢筋，是一种热轧成带有不连续的外螺纹的直条钢筋，该钢筋在任意截面处，均可用带有匹配形状的内螺纹的连接器或锚具进行连接或锚固。根据《预应力混凝土用螺纹钢筋》（GB/T 20065—2006），预应力混凝土用螺纹钢筋以屈服强度划分级别，有785、830、930、1080等4个级别，其代号为“PSB”加上规定屈服强度最小值表示。P、S、B分别为Prestressing、Screw、Bars的英文首位字母。例如：PSB930表示屈服强度最小值为930MPa的钢筋。预应力混凝土用螺纹钢筋的公称直径范围为18～50mm，标准推荐的公称直径为25mm、32mm。

（5）钢筋的选用

普通纵向受力钢筋宜采用HRB400、HRB500、HRBF400、HRBF500钢筋，也可采用RRB400、HRB335、HRBF335和HPB300钢筋。

预应力钢筋宜采用预应力钢绞线、钢丝和预应力螺纹钢筋。

普通箍筋宜采用HRB400、HRBF400、HRB500、HRBF500钢筋；也可采用HRB335、HRBF335和HPB300钢筋。

9.5 建筑钢材的验收、贮运及防护

9.5.1 建筑钢材的进场验收

钢材进场时，必须有钢材生产厂质量检验部门提供的产品合格证。产品合格证的内容

包括：钢种、规格、数量、机械性能（屈服点、抗拉强度、冷弯、延伸率）、化学成分（碳、磷、硅、锰、硫、钒等）的数据及结论、出厂日期、检验部门的印章、合格证的编号。合格证要求填写齐全，不得漏填或错填，同时须填明批量。合格证必须与进场钢材种类、规格相对应。

钢材的经销单位必须是经建材主管部门认证的单位。

9.5.2 建筑钢材的贮运

建筑钢材由于重量大、长度大，运输前必须了解所运钢材的长度和单捆质量，以便安排运输车辆和吊车。

建筑钢材应按不同的品种、规格分别堆放。在条件允许的情况下，建筑钢材应尽可能存放在库房或料棚内（特别是有精度要求的冷拉、冷拔等钢材）。若采用露天存放，则料场应选择地势较高且平坦的地面，经平整、夯实、预设排水沟道、安排好垛底后方能使用。为避免潮湿环境而引起的钢材表面锈蚀，雨雪季节建筑钢材要有防雨材料覆盖。

施工现场堆放的建筑材料应注明“合格”、“不合格”、“在检”、“待检”等产品质量状态，注明钢材生产企业名称、品种规格、进场日期及数量等内容，并以醒目标识标明。工地应由专人负责建筑钢材收货和发料。

9.5.3 钢材的腐蚀

钢材表面与周围介质发生化学反应而遭到的破坏，称为钢材的腐蚀。钢材的腐蚀，轻者使钢材性能下降，重者导致结构破坏，造成工程损失。引起钢材腐蚀的原因很多，根据钢材表面与周围介质的作用可分为化学锈蚀和电化学锈蚀两类。

(1) 化学腐蚀

化学腐蚀是指钢材表面直接与周围介质发生化学反应而产生的腐蚀。这种锈蚀多数是由于氧化作用使钢材表面形成疏松的 FeO。在干燥环境中，化学腐蚀的速度缓慢。但在温度和湿度较高的环境条件下，化学腐蚀的速度大大加快。

(2) 电化学腐蚀

电化学腐蚀是钢材与电解质溶液接触，形成微电池而产生的腐蚀。在潮湿空气中，钢材表面吸附一层极薄的水膜。在阳极区，铁被氧化成 Fe^{2+} 进入水膜，因为水中溶有氧，故在阴极区氧被还原成 OH^-，两者结合成不溶于水的 $Fe(OH)_2$，并进一步氧化成疏松易剥落的红棕色的铁锈 $Fe(OH)_3$。

钢材在大气中的腐蚀，是化学腐蚀和电化学腐蚀共同作用所致，但以电化学腐蚀为主。

9.5.4 钢材的防护

(1) 钢材的防腐

为了防止钢材腐蚀，确保钢材的良好性能和延长建筑物的使用寿命，工程中必须对钢材做防腐处理。建筑工程中常用的防腐措施有：

① 在钢材表面施加保护层

在钢材表面施加保护层，使钢材与周围介质隔离，从而防止钢材腐蚀。保护层可分为金属保护层和非金属保护层。

金属保护层是用耐腐蚀性较好的金属，以电镀或喷镀的方法覆盖在钢材表面，从而提高钢材的耐锈蚀能力。常用的金属保护层有镀锌、镀锡、镀铬、镀铜等。

非金属保护层是用无机或有机物质做保护层。常用的是在钢材表面涂刷各种防锈涂料。防锈涂料通常分底漆和面漆两种。常用的底漆有红丹、环氧富锌漆、铁红环氧底子薄漆等。面漆有调和漆、醇酸磁漆等。底漆要牢固地附着在钢材表面，隔断其与外界空气的接触，防止生锈；面漆保护底漆不受损伤或侵蚀。也可采用塑料保护层、沥青保护层、搪瓷保护层等。薄壁钢材可常用热浸镀锌后加涂塑料涂层。

② 制成耐候钢

耐候钢是在碳素钢和低合金钢中加入铬、铜、钛、镍等合金元素而制成的，如在低合金钢中加入铬可制成不锈钢。耐候钢在大气作用下，能在表面形成致密的防腐保护层，从而起到耐腐蚀作用。

③ 电化学保护

对于一些不易或不能覆盖保护层的地方，可常用电化学保护法。即在钢铁结构上接一块比钢铁更为活泼的金属（如锌、镁）作为阳极来保护。

对于钢筋混凝土中钢筋的防锈，可采取保证混凝土的密实度及足够的混凝土保护层厚度、限制氯盐外加剂的掺量等措施，也可掺入防锈剂。

（2）钢材的防火

钢材属于不燃性材料，但这并不表明钢材能够抵抗火灾。在高温时，钢材的性能会发生很大的变化。温度在200℃以内，可以认为钢材的性能基本不变；超过300℃以后，屈服强度和抗拉强度开始急剧下降，应变急剧增大；到达600℃时钢材开始失去承载能力。耐火试验和火灾案例表明：以失去支持能力为标准，无保护层时钢屋架和钢柱的耐火极限只有0.25h，而裸露钢梁的耐火极限仅为0.15h。所以，没有防火保护层的钢结构是不耐火的。对于钢结构，尤其是可能经历高温环境的钢结构，应做必要的防火处理。

钢结构防火的基本原理是采用绝热或吸热材料，阻隔火焰和热量，或涂层吸热后部分物质分解出水蒸气或其他不燃气体，降低火焰温度和延缓燃烧，推迟钢结构的升温速度。

常用的防火方法以包覆法为主，主要有以下两个方面：

① 在钢材表面涂覆防火涂料

防火涂料按受热时的变化分为膨胀型（薄型）和非膨胀型（厚型）两种。

膨胀型防火涂料的涂层厚度一般为4～7mm，覆着力较强，可同时起装饰作用。由于涂料内含膨胀组分，遇火后会膨胀增厚5～10倍，形成多孔结构，从而起到良好的隔热防火作用，构件的耐火极限可达0.5～1.5h。

非膨胀型防火涂料的涂层厚度一般为8～50mm，呈粒状面，强度较低，喷涂后需再用装饰面层保护，耐火极限可达0.5～3.0h。为了保证防火涂料牢固包裹钢构件，可在涂层内埋设钢丝网，并使钢丝网与构件表面的净距离保持在6mm左右。

防火涂料一般采用分层喷涂工艺制作涂层，局部修补时，可采用手工涂抹或刮涂。

② 用不燃性板材、混凝土等包裹钢构件

常用的不燃性板材有石膏板、岩棉板、珍珠岩板、矿棉板等，可通过胶粘剂或钢钉、钢箍等固定在钢构件上。

技能训练题

一、选择题（有一个或多个正确答案）

1. 钢材可按照其主要有害杂质（　　）的含量来划分质量等级。

A. 铁、碳　　B. 锰、硅　　C. 氧、氮　　D. 硫、磷

2. 硅的含量小于2%时，能显著提高钢材的强度，而对钢材的塑性和韧性（　　）。

A. 提高　　B. 降低　　C. 不变　　D. 基本无影响

3. 低碳钢拉伸处于（　　）时，其应力与应变成正比。

A. 弹性阶段　　B. 屈服阶段　　C. 强化阶段　　D. 颈缩阶段

4. 在弹性阶段，可得到钢材的（　　）这一指标。

A. 弹性模量　　B. 屈服强度　　C. 抗拉强度　　D. 伸长率

5. 钢材的伸长率越大，表示其（　　）越好。

A. 抗压强度　　B. 塑性　　C. 硬度　　D. 抗拉强度

6. 钢材经过冷加工强化后，其强度和硬度（　　），而塑性和韧性（　　）。

A. 增大 增大　　B. 增大 降低　　C. 降低 降低　　D. 降低　增大

7. 结构设计时，钢材的取值依据是钢材的（　　）。

A. 屈服强度　　B. 抗压强度　　C. 抗拉强度　　D. 抗折强度

8. 钢材的屈强比越大，则结构的可靠性（　　）。

A. 越低　　B. 越高　　C. 不一定　　D. 没有变化

9. 钢材的脆性临界温度较低，其低温下的（　　）。

A. 强度越高　　B. 硬度越小　　C. 冲击韧性越好　D. 冲击韧性越差

10. 45号钢中的45是指（　　）。

A. 含碳量为45%　　B. 合金含量为45%

C. 含碳量为0.45%　　D. 合金含量为0.45%

11. 热轧光圆钢筋的牌号是（　　）。

A. HPB235　　B. HPB335　　C. HRB400　　D. HRB500

12. 钢筋混凝土中的钢筋、混凝土处于强碱性环境中，钢筋表面形成一层钝化膜，其对钢筋的影响是（　　）。

A. 加速锈蚀　　B. 防止锈蚀　　C. 提高钢筋的强度

二、填空题

1. 碳素钢中按其含碳量的多少可分为________和__________。建筑用钢中使用最多的是____________。合金钢在建筑用钢中使用最多的是__________。

2. 钢按冶炼时的脱氧程度划分为__________、__________、__________、__________。

3. __________和__________是衡量钢材强度的两个重要指标。

4. 拉伸试验中要测定钢筋（型钢）的________、________和____________三个指标。

5. 低碳钢从受拉开始依次经历的四个阶段：________、________、________和________。

6. ＿＿＿＿＿＿和＿＿＿＿＿＿之比能反映钢材的利用率和结构安全程度。

7. Q235-C表示＿＿＿＿＿＿＿＿＿＿＿＿＿＿＿＿＿＿＿＿。

8. 钢材的腐蚀分为：＿＿＿＿＿＿＿＿和＿＿＿＿＿＿＿＿。

三、是非判断题

1. 含碳量越高钢材的质量越好。 ( )

2. 伸长率δ是衡量钢材塑性的指标，δ愈大，钢材塑性愈好。 ( )

3. 碳素钢强度越大，冷弯试验时取弯心直径与试件直径的比值越大，弯曲角度越小。 ( )

4. 钢结构设计计算时，钢材的强度是按其抗拉强度的大小作为取值依据。 ( )

5. 冷拉钢筋不能作为承受冲击、振动混凝土结构中的钢筋使用。 ( )

6. δ_5表示钢材在拉伸变形为5%时的伸长率。 ( )

7. Q215AF表示屈服强度为215MPa的A级沸腾钢。 ( )

8. 钢材的腐蚀与材质无关，完全受环境介质的影响。 ( )

四、简答题

1. 分别说明钢材中硫、磷对钢材产生的危害是什么?

2. 为什么用材料的屈服点而不是其抗拉强度作为结构设计时钢材强度的取值依据?

3. 什么叫钢筋的冷加工和时效处理?经冷加工和时效处理后钢筋性能有何变化?

4. 某厂钢结构层架使用中碳钢，采用一般的焊条直接焊接。使用一段时间后层架坍落，请分析事故的可能原因。

5. 普通碳素结构钢牌号如何表示?

6. 钢材锈蚀的类型及原因是什么?常对钢材采取哪些防锈措施?

7. 钢为什么不耐火?钢材的防火措施有哪些?

五、计算题

1. 两根直径为16mm、原标距部分长为80mm的钢筋试件，做拉伸试验时，达到屈服点时的荷载为72.4kN、72.2kN。达到极限抗拉强度时的荷载为105.6kN、107.4kN，拉断后，测得标注部分的长度为95.8mm，94.7mm该钢筋属哪一级钢筋?

2. 从新进货的一批钢筋中抽样，并截取两根钢筋做拉伸试验，测得如下结果：屈服下限荷载分别为42.4kN、41.5kN；抗拉极限荷载分别为62.0kN、61.6kN，钢筋公称直径为12mm，标距为60mm，拉断时长度分别为66.0mm、67.0mm。试计算该钢筋的屈服强度、抗拉强度及伸长率。

10　建筑功能材料

随着社会的发展和人类生活水平的提高，建筑作为人类物质文明的象征和社会、文化进步的标志，其功能也越来越多样化，除了满足最基本的防御和提供生产、生活空间功能外，现代人对建筑的功能要求还包括舒适性、健康性、便利性、耐久性、私密性及美观性等诸多方面，而建筑物的使用功能在很大程度上要靠建筑功能材料来实现。因此，近半个世纪以来，建筑功能材料取得了突飞猛进的发展，设计新颖、功能齐全、造型美观、色彩和谐的建筑功能材料层出不穷，成为建筑材料中具有广阔前景的后起之秀。

10.1　防 水 材 料

建筑物中使用防水材料主要是为了防潮和防漏，避免水和盐分等对建筑材料的侵蚀破坏，保护建筑构件。防潮一般是指防止地下水或地基中的盐分等腐蚀性物质渗透到建筑构件的内部；防漏一般是指防止流泄水或融化雪水从屋顶、墙面或混凝土构件等接缝之间渗漏到建筑构件内部或住宅中。由于屋面直接经受风、雨、阳光的作用，稍有空隙就会造成严重渗漏，故屋面防水在建筑防水中居于突出地位。

建筑中存在的“四漏”（屋面漏雨、卫生间漏水、装配式墙板板缝漏水和地下室渗漏），严重影响了建筑物的正常使用，并需要不断地耗费大量的防水材料以及人工和维修费用，这个问题长期困扰着我国建筑业和建筑管理部门。因此，建筑防水是保证建筑物发挥其正常功能和寿命的一项重要措施，防水材料是各类建筑工程中很重要的功能材料。

建筑防水材料品种繁多，按其制品的特征，可分为沥青基防水卷材、高分子防水卷材和防水涂料三大类。

10.1.1　沥青

沥青是一种憎水性有机胶凝材料，是由多种有机化合物构成的复杂混合物。在常温下呈黑色或黑褐色的固态、半固态、液体状态，能溶于四氯化碳等多种有机溶剂，且与多种矿物材料之间有较强的粘结力。具有良好的不透水性、电绝缘性和耐腐蚀性，能抵抗一般酸、碱、盐等侵蚀性物质的侵蚀。沥青按产源不同分为地沥青（石油沥青、天然沥青）和焦油沥青（煤沥青、页岩沥青等），建筑工程中使用的多为石油沥青以及各种制品。

（1）石油沥青

石油沥青是石油原油提炼出各种轻质油（汽油、煤油、柴油等）和润滑油以后的残留物，或将残留物再加工而得的产品。在常温下呈褐色或黑褐色的固体、半固体或黏稠状态，受热后变软。

1）石油沥青的组分

石油沥青是由许多高分子碳氢化合物及其衍生物组成的复杂混合物。由于石油沥青的化学组成比较复杂，常将石油沥青中化学特性及物理、力学性质相近的物质划分为若干组，称为“组分”。石油沥青中各组分含量的多少，与沥青的技术性质有直接关系。

① 油分　油分是石油沥青中最轻的组分，密度为 0.7～1g/cm^3，常温下为淡黄色液体，能溶于有机溶剂（如丙酮、苯、三氯甲烷等），但不溶于酒精。油分在石油沥青中的含量为 40%～60%，它赋予石油沥青流动性。

②树脂　树脂为密度大于 1g/cm^3 的黄色至黑褐色黏稠状半固体，能溶于汽油。树脂在石油沥青中的含量为 15%～30%，它赋予沥青塑性和粘性。

③ 地沥青质　地沥青质是石油沥青中最重的组分，密度大于 1g/cm^3，常温下为深褐色至黑色的固体粉末，能溶于二硫化碳和三氯甲烷，但不溶于汽油和酒精。地沥青质在石油沥青中的含量约为 10%～30%，其含量越多，石油沥青的温度敏感性越小，粘性越大，也愈脆硬。

石油沥青中各组分是不稳定的。在阳光、热、氧气、水等外界因素作用下，密度小的组分会逐渐转化为密度大的组分，油分、树脂的含量会逐渐减少，地沥青质的含量逐渐增多，这一过程称为沥青的老化。沥青老化后流动性、塑性降低，脆性增加，易发生脆裂甚至松散，使沥青失去防水、防腐作用。

此外，石油沥青中还含有一定量的固体石蜡，它会降低沥青的粘性和塑性，同时对温度特别敏感（即温度敏感性差），是石油沥青中的有害成分。

2）石油沥青的技术性质

① 黏滞性（黏性）　黏滞性指石油沥青在外力作用下抵抗变形的能力，反映沥青材料内部阻碍其相对流动的一种特性。黏滞性大小与温度及石油沥青各组分含量有关。在一定的温度范围内，温度升高，黏滞性降低；反之，则黏滞性提高。石油沥青中地沥青质含量较多，同时有适量的树脂，而油分含量较少时，其黏滞性较大。

液态石油沥青的黏滞性用黏度表示。黏度越大，表示石油沥青的黏滞性越大。固态或半固态石油沥青的黏滞性用针入度表示。针入度越大，石油沥青的流动性越大，黏滞性越差。针入度是石油沥青划分牌号的主要依据。

② 塑性　塑性是指石油沥青在外力的作用下产生变形而不破坏，外力去掉后仍能保持变形后形状的性质。塑性是沥青性质的重要指标之一，石油沥青之所以能被制造成性能良好的柔性防水材料，在很大程度上取决于它的塑性。

石油沥青塑性大小与温度及各组分含量有关。温度升高，塑性增大；反之，塑性降低。当石油沥青中树脂含量较多，同时有适量的油分和地沥青质存在时，塑性越大。塑性反映了石油沥青开裂后的自愈能力及受机械应力作用产生变形而不破坏的能力。

石油沥青的塑性用延度（延伸度）表示。延度是石油沥青被拉断时拉伸的长度，以 cm 为单位。延度越大，石油沥青的塑性越好。

③ 温度敏感性　温度敏感性是指石油沥青的黏滞性和塑性随温度的升降而变化的性能，是沥青性质的重要指标之一。石油沥青的温度敏感性用软化点表示。软化点是指石油沥青材料由固体状态转变为具有一定流动性的黏稠液体状态时的温度。软化点越高，沥青的温度敏感性越小。

温度敏感性大的沥青，在温度降低时，很快变成脆硬的物体，在外力作用下非常容易产生裂缝以致破坏；而当温度升高时即成为液体流淌，失去防水能力。因此，用于防水工程的石油沥青，要求具有较小的温度敏感性，以免出现低温时脆裂、高温时流淌的现象。

石油沥青中地沥青质含量较多，在一定程度上能减少其温度敏感性。沥青中含蜡量较多时，则会增大其温度敏感性。在实际工程中使用时，往往加入滑石粉、石灰石粉、橡胶或其他矿物填料来减小其温度敏感性。

④ 大气稳定性　大气稳定性是指石油沥青在热、阳光、氧气和潮湿等因素的长期综合作用下抵抗老化的性能，也称为石油沥青材料的耐久性。在自然气候作用下，沥青的化学组分和性能都会发生变化，使沥青的流动性和塑性逐渐减少，硬脆性逐渐增大，甚至脆裂。

石油沥青的大气稳定性以加热蒸发损失率和蒸发后针入度比来评定。沥青的蒸发损失越小，蒸发后针入度比越大，表示大气稳定性越好，老化越慢，耐久性越高。

⑤ 安全性　为了评定沥青的品质和保证施工安全，还应当了解沥青的闪点和燃点。

石油沥青加热后会产生易燃气体，与空气混合遇火即发生闪火现象。当开始出现闪火时的温度，称为闪点。它是加热沥青时，从防火要求提出的指标。施工时熬制沥青的温度不得超过闪点温度。

燃点又称着火点，指加热沥青产生的气体和空气的混合物，与火焰接触时能持续燃烧5s以上时，此时沥青的温度即为燃点。燃点温度比闪点温度约高10℃。

闪点和燃点的高低表明沥青引起火灾或爆炸的可能性大小，它关系到运输、储存和加热使用等方面的安全。

3）石油沥青的技术标准和选用

① 石油沥青的技术标准　石油沥青的牌号主要根据针入度、延度和软化点等指标划分，并以针入度值表示其牌号。沥青的牌号越大，黏滞性越小（即针入度越大），塑性越好（即延度越大），温度敏感性越大（即软化点越低）。

② 石油沥青的选用　选用沥青材料时，应根据工程性质及当地气候条件、工作性质（房屋、道路、防腐）、使用部位（屋面、地下）以及施工方法等来选用不同品种和牌号的沥青（或选用两种牌号沥青混合使用）。对一般温暖地区、受日晒或经常受热部位，为防止受热软化，应选择牌号较小的沥青；在寒冷地区，夏季曝晒、冬季受冻的部位，要同时考虑受热软化低温脆断，应选用中等牌号沥青；对一些不易受温度影响的部位，可选用牌号较大的沥青。当缺乏所需牌号的沥青时，可采用不同牌号的沥青进行掺配。

建筑石油沥青黏滞性较大，耐热性较好，塑性较差，主要用于生产防水卷材、防水涂料、沥青嵌缝油膏等，广泛应用于建筑防水及防腐工程。用于屋面防水的沥青材料不但要求粘性大，以便与基层粘结牢固，而且要求温度敏感性小（即软化点高），以防夏季高温流淌，冬季低温脆裂。一般屋面沥青材料的软化点要高于当地历年来最高气温20℃以上，但不宜过高，以免引起冬季开裂。对于屋面防水工程，需要选择软化点较高的沥青，常选用10号或10号和30号掺配的混合沥青；对于地下防水工程，主要考虑沥青的耐老化性，一般选用软化点较低的沥青，通常为40号沥青。

（2）改性石油沥青

建筑工程中使用的沥青应具备良好的综合性能，为此，常在沥青中加入橡胶、树脂和矿物填料等改性材料，来改善沥青的多种性能，以满足使用要求。

① 橡胶改性沥青

橡胶是沥青的重要改性材料，常用的橡胶改性材料有氯丁橡胶、再生橡胶、热塑性丁苯橡胶（SBS）等。橡胶和沥青有很好的共混性，并能使石油沥青兼具橡胶的很多优点，如高温变形小，低温柔韧性好等。橡胶改性沥青克服了传统沥青材料热淌冷脆的缺点，提高了沥青材料的强度和耐老化性。

② 树脂改性沥青

在沥青中掺入适量的树脂改性材料后，可以改善沥青的耐寒性、耐热性、粘结性和抗老化性。但树脂和石油沥青的相容性较差，而且可利用的树脂品种也较少，常用的树脂改性材料有古马隆树脂、聚乙烯、聚丙烯等。

③ 橡胶和树脂共混改性沥青

在沥青材料中同时掺入橡胶和树脂，使沥青同时具有橡胶和树脂的特性。且树脂比橡胶便宜，橡胶和树脂又有较好的混溶性，故改性效果较好。常用的有氯化聚乙烯-橡胶共混改性沥青、聚氯乙烯-橡胶共混改性沥青等。

④ 矿物填料改性沥青

在沥青中加入一定数量的矿物填料，可提高沥青的耐热性、粘滞性和大气稳定性，减小沥青的温度敏感性，同时可节省沥青用量。一般矿物填料的掺量为20%～40%。

常用的矿物填料有粉状和纤维状两大类。粉状矿物填料加入沥青中，可提高沥青的大气稳定性，降低温度敏感性，粉状矿物填料有滑石粉、白云石粉、石灰石粉、粉煤灰、磨细砂等。纤维状的石棉加入沥青中，可提高沥青的抗拉强度和耐热性。

10.1.2 防水卷材

防水卷材是一种可卷曲的片状定型防水材料。目前，防水卷材有沥青基防水卷材、高聚物改性沥青防水卷材和合成高分子防水卷材三大系列。

（1）沥青基防水卷材

沥青基防水卷材是用原纸、纤维织物、纤维毡等胎体浸涂沥青后，再在表面撒布粉状、或片状的隔离材料而制成的。凡用厚纸和玻璃纤维布、石棉布等浸渍石油沥青制成的卷材，称为浸渍卷材（有胎卷材）；将石棉、橡胶粉等掺入石油沥青材料中，经碾压制成的卷材称为辊压卷材（无胎卷材）。

沥青基防水卷材是传统的防水材料，成本低、生产历史悠久，但由于其存在着低温冷脆、高温流淌、延伸率低、易老化、使用寿命短等缺点，正逐渐被性能优良的新型防水卷材所取代。

（2）高聚物改性沥青防水卷材

高聚物改性沥青防水卷材是以合成高分子聚合物改性沥青为涂盖材料，以玻璃纤维或聚酯无纺布为胎基制成的柔性防水卷材。具有高温不流淌、低温不脆裂、抗拉强度高、延伸率大等优良性能，是我国近期发展的主要防水卷材品种。

① SBS改性沥青防水卷材

SBS改性沥青防水卷材属弹性体沥青防水卷材中的一种，具有良好的不透水性和低温柔性，同时还具有抗拉强度高、延伸率大、耐腐蚀性及耐热性等优点。SBS卷材适用于工业与民用建筑的屋面及地下、卫生间等的防水、防潮，以及游泳池、隧道、蓄水池等的防水工程，尤其适用于寒冷地区和结构变形频繁的建筑物防水。SBS改性沥青防水卷材以

$10m^2$ 卷材的标称质量（kg）作为卷材的标号，一般 35 号及其以下标号产品用于多层防水；45 号及其以上标号的产品可作单层防水或多层防水的面层，并可采用热熔法施工。

SBS 改性沥青防水卷材物理力学性能应符合表 10-1 的规定。

SBS、APP 改性沥青防水卷材物理力学性能（GB 18242—2000、GB 18243—2000）

表 10-1

<table>
<tr><td colspan="3">类　别</td><td colspan="4">SBS 改性沥青防水卷材</td><td colspan="4">APP 改性沥青防水卷材</td></tr>
<tr><td colspan="3">胎　基</td><td colspan="2">PY 聚酯胎</td><td colspan="2">G 玻纤胎</td><td colspan="2">PY 聚酯胎</td><td colspan="2">G 玻纤胎</td></tr>
<tr><td colspan="3">型　号</td><td>Ⅰ型</td><td>Ⅱ型</td><td>Ⅰ型</td><td>Ⅱ型</td><td>Ⅰ型</td><td>Ⅱ型</td><td>Ⅰ型</td><td>Ⅱ型</td></tr>
<tr><td colspan="2" rowspan="3">可溶物含量≥(g/cm³)</td><td>2mm</td><td colspan="2">—</td><td colspan="2">1300</td><td colspan="2">—</td><td colspan="2">1300</td></tr>
<tr><td>3mm</td><td colspan="4">2100</td><td colspan="4">2100</td></tr>
<tr><td>4mm</td><td colspan="4">2900</td><td colspan="4">2900</td></tr>
<tr><td rowspan="2">不透水性</td><td colspan="2">压力,≥(MPa)</td><td colspan="2">0.3</td><td>0.2</td><td>0.3</td><td colspan="2">0.3</td><td>0.2</td><td>0.3</td></tr>
<tr><td colspan="2">保持时间,≥(min)</td><td colspan="4">30</td><td colspan="4">30</td></tr>
<tr><td colspan="3" rowspan="2">耐热度(℃)</td><td>90</td><td>105</td><td>90</td><td>105</td><td>110</td><td>130</td><td>110</td><td>130</td></tr>
<tr><td colspan="4">无滑动、流淌、滴落</td><td colspan="4">无滑动、流淌、滴落</td></tr>
<tr><td colspan="2" rowspan="2">拉力,≥(N/50mm)</td><td>纵向</td><td rowspan="2">450</td><td rowspan="2">800</td><td>350</td><td>500</td><td rowspan="2">450</td><td rowspan="2">800</td><td>350</td><td>500</td></tr>
<tr><td>横向</td><td>250</td><td>300</td><td>250</td><td>300</td></tr>
<tr><td colspan="2" rowspan="2">最大拉力时延伸率≥(%)</td><td>纵向</td><td rowspan="2">30</td><td rowspan="2">40</td><td colspan="2" rowspan="2">—</td><td rowspan="2">25</td><td rowspan="2">40</td><td colspan="2" rowspan="2">—</td></tr>
<tr><td>横向</td></tr>
<tr><td colspan="3" rowspan="2">低温柔度(℃)</td><td>−18</td><td>−25</td><td>−18</td><td>−25</td><td>−5</td><td>−15</td><td>−5</td><td>−15</td></tr>
<tr><td colspan="4">无裂纹</td><td colspan="4">无裂纹</td></tr>
<tr><td colspan="2" rowspan="2">撕裂强度≥(N)</td><td>纵向</td><td rowspan="2">250</td><td rowspan="2">350</td><td>250</td><td>350</td><td rowspan="2">250</td><td rowspan="2">350</td><td>250</td><td>350</td></tr>
<tr><td>横向</td><td>170</td><td>200</td><td>170</td><td>200</td></tr>
<tr><td rowspan="5">人工气候加速老化</td><td colspan="2" rowspan="2">外观</td><td colspan="4">1 级</td><td colspan="4">1 级</td></tr>
<tr><td colspan="4">无滑动、流淌、滴落</td><td colspan="4">无滑动、流淌、滴落</td></tr>
<tr><td>拉力保持率≥(%)</td><td>纵向</td><td colspan="4">80</td><td colspan="4">80</td></tr>
<tr><td colspan="2" rowspan="2">低温柔度(℃)</td><td>−10</td><td>−20</td><td>−10</td><td>−20</td><td>3</td><td>−10</td><td>3</td><td>−10</td></tr>
<tr><td colspan="4">无裂纹</td><td colspan="4">无裂纹</td></tr>
</table>

② APP 改性沥青防水卷材

APP 改性沥青防水卷材属塑性体沥青防水卷材中的一种，它是采用无规聚丙烯（APP）作为改性剂涂盖在经浸渍后的胎基两面，在上表面撒以细砂、矿物粒（片）料或覆盖聚乙烯膜，下表面撒以细砂或覆盖聚乙烯膜研制成的一种改性沥青防水卷材。APP 改性沥青防水卷材按其每 $10m^2$ 的质量数（kg）来划分标号，其物理力学性能应符合表 10-1 的规定。

与弹性体沥青防水卷材相比，塑性体防水卷材具有更高的耐热性，但低温柔韧性较差。塑性体沥青防水卷材除了与弹性体沥青防水卷材的适用范围基本一致外，尤其适用于高温或有强烈太阳辐射地区的建筑物防水。一般 35 号以下标号产品用于多层防水；45 号及以上的产品可作单层防水或多层防水的面层，还可以用于Ⅰ级防水和对防水有特殊要求的工业建筑。

③ 其他改性沥青防水卷材

高聚物改性沥青防水卷材除SBS改性沥青防水卷材、APP改性沥青防水卷材外，还有许多其他品种，它们因高聚物品种和胎体品种的不同而性能各异，在建筑防水工程中的使用范围也各不相同。常见的几种高聚物改性沥青防水卷材的特点和适用范围见表10-2，在防水设计时可参考选用。

常用高聚物改性沥青防水卷材的特点及适用范围　　表10-2

卷材名称	特　点	适用范围	施工工艺
SBS改性沥青防水卷材	耐高、低温性能有明显提高，弹性和耐疲劳性明显改善	单层铺设或复合使用，适用于寒冷地区和结构变形频繁的建筑	冷施工或热熔铺贴
APP改性沥青防水卷材	具有良好的强度、延伸性、耐热性、耐紫外线照射及耐老化性能	单层铺设，适合于紫外线辐射强烈及炎热地区屋面使用	冷施工或热熔铺贴
再生胶改性沥青防水卷材	有一定的延伸性和防腐蚀能力，低温柔韧性较好，价格低廉	变形较大或档次较低的防水工程	热沥青粘贴
聚氯乙烯改性焦油防水卷材	有良好的耐热及耐低温性能，最低开卷温度为－18℃	有利于在冬季负温度下施工	可热作业，也可冷施工
废橡胶粉改性沥青防水卷材	比普通石油沥青纸胎油毡的抗拉强度、低温柔韧性均有明显改善	叠层使用于一般屋面防水工程，宜在寒冷地区使用	热沥青粘贴

根据《屋面工程质量验收规范》(GB 50207—2002) 规定，高聚物改性沥青防水卷材适用于防水等级为Ⅰ级（特别重要的民用建筑和对防水有特殊要求的工业建筑，防水耐用年限为25年）、Ⅱ级（重要的工业与民用建筑、高层建筑，防水耐用年限为15年）和Ⅲ级的屋面防水工程。对于Ⅰ级屋面防水工程，除规定的一道合成高分子防水卷材外，高聚物改性沥青防水卷材可用于应有的三道或三道以上防水设防的各层，且厚度不宜小于3mm。对于Ⅱ级屋面防水工程，在应有的二道防水设防中，应优先选用高聚物改性沥青防水卷材，且厚度不宜小于3mm。对于Ⅲ级屋面防水工程，应有一道防水设防，或两种防水材料复合使用，高聚物改性沥青防水卷材的厚度不应小于2mm。

(3) 合成高分子防水卷材

合成高分子防水卷材是以合成橡胶、合成树脂或两者的共混体为基料，加入适量的化学助剂和填充料等，经不同工序（混炼、压延或挤出等）加工而成的可弯曲的片状防水材料。合成高分子防水卷材具有拉伸强度和抗撕裂强度高、断裂伸长率大、耐热性和低温柔性好、耐腐蚀、耐老化等一系列优异的性能，是新型的高档防水卷材。

合成高分子防水卷材的品种主要有树脂基防水卷材（聚乙烯、聚氯乙烯、氯化聚乙烯等）、橡胶基防水卷材（三元乙丙橡胶、氯丁橡胶等）和树脂—橡胶共混防水卷材三大类。该类卷材按厚度分为1mm、1.2mm、1.5mm、2.0mm等规格，一般单层铺设，可采用冷粘法或自粘法施工。

① 聚氯乙烯（PVC）防水卷材

聚氯乙烯防水卷材是指以聚氯乙烯为主要原料制成的防水卷材。产品按有无复合层分类，无复合层的为N类、用纤维单面复合的为L类、织物内增强的为W类，每类产品按理化性能分为Ⅰ型和Ⅱ型。各类PVC卷材的理化性能应符合表10-3的规定。

聚氯乙烯防水卷材的理化性能（GB 12952—2003）　　表10-3

序号	项目		N类		L类及W类	
			Ⅰ型	Ⅱ型	Ⅰ型	Ⅱ型
1	拉伸强度(MPa)	≥	8.0	12.0	—	—
	拉力(N/cm)	≥	—	—	100	160
2	断裂伸长率(%)	≥	200	250	150	200
3	热处理尺寸变化率(%)	≤	3.0	2.0	1.5	1.0
4	低温弯折性		−20℃无裂纹	−25℃无裂纹	−20℃无裂纹	−25℃无裂纹
5	抗穿孔性		不渗水		不渗水	
6	不透水性		不渗水		不渗水	
7	剪切状态下的粘合性(N/mm)	≥	3.0或卷材破坏		L类:3.0或卷材破坏 W类:6.0或卷材破坏	
8	热老化处理	外观	无起泡,裂纹,粘结和孔洞		无起泡,裂纹,粘结和孔洞	
		拉伸强度变化率(%)	±25	±20	±25	±20
		断裂伸长率变化率(%)				
		低温弯折性	−15℃无裂纹	−20℃无裂纹	−20℃无裂纹	−25℃无裂纹
9	耐化学侵蚀	拉伸强度变化率(%)	±25	±20	±25	±20
		断裂伸长率变化率(%)				
		低温弯折性	−15℃无裂纹	−20℃无裂纹	−15℃无裂纹	−25℃无裂纹
10	人工气候加速变化	拉伸强度变化率(%)	±25	±20	±25	±20
		断裂伸长率变化率(%)				
		低温弯折性	−15℃无裂纹	−20℃无裂纹	−15℃无裂纹	−25℃无裂纹

注：非外露使用可以不考核人工气候加速老化性能。

聚氯乙烯防水卷材的性能大大优于沥青防水卷材，其抗拉强度、撕裂强度高，伸长率大，对基层的伸缩和开裂变形适应性强，低温柔性和耐热性好，焊接性好，耐腐蚀、耐老化性能好。可用于各种屋面防水、地下防水及旧屋面维修工程。

② 氯化聚乙烯防水卷材

聚氯乙烯防水卷材是指以氯化聚乙烯为主要原料制成的防水卷材。产品按有无复合层分类，无复合层的为N类、用纤维单面复合的为L类、织物内增强的为W类，每类产品按理化性能分为Ⅰ型和Ⅱ型。各类氯化聚乙烯防水卷材的理化性能应符合表10-4的规定。

氯化聚乙烯防水卷材拉伸强度和不透水性好，耐老化、耐酸碱，断裂伸长率高、低温柔性好，使用寿命可达15年以上。

③聚乙烯防水卷材

聚乙烯防水卷材又称丙纶无纺布双覆面聚乙烯防水卷材，是由聚乙烯树脂、填料、增塑剂、抗氧化剂等经混炼、压延，并双面覆丙纶无纺布而成。聚乙烯防水卷材拉伸强度和不透水性好、耐老化、断裂伸长率高（40%~150%），低温柔性好、与基层的粘结力强，使用寿命为15年以上，可用于屋面、地下等防水工程，特别适合于寒冷地区的防水工程。

氯化聚乙烯防水卷材的主要技术要求（GB 12953—2003） **表 10-4**

序号	项目		N类		L类及W类	
			Ⅰ型	Ⅱ型	Ⅰ型	Ⅱ型
1	拉伸强度(MPa)	≥	5.0	8.0	70	120
2	断裂伸长率(%)	≥	200	300	125	250
3	热处理尺寸变化率(%)	≤	3.0	纵向 2.5 横向 1.5	1.0	
4	低温弯折性		－20℃无裂纹	－25℃无裂纹	－20℃无裂纹	－25℃无裂纹
5	抗穿孔性		不渗水		不渗水	
6	不透水性		不渗水		不渗水	
7	剪切状态下的粘合性(N/mm)	≥	3.0或卷材破坏		L类:3.0或卷材破坏 W类:6.0或卷材破坏	
8	热老化处理	外观	无起泡,裂纹,粘结和孔洞		无起泡,裂纹,粘结和孔洞	
		拉伸强度变化率(%)	+50 −20	±20	—	—
		拉力(N/cm) ≥	—	—	55	100
		断裂伸长率变化率(%)	+50 −30	±20	—	—
		断裂伸长率(%) ≥	—	—	100	200
		低温弯折性	−15℃无裂纹	−20℃无裂纹	−15℃无裂纹	−25℃无裂纹
9	耐化学侵蚀	拉伸强度变化率(%)	±30	±20	—	—
		拉力(N/cm) ≥	—	—	55	100
		断裂伸长率变化率(%)	±30	±20	—	—
		断裂伸长率(%) ≥	—	—	100	200
		低温弯折性	−15℃无裂纹	−20℃无裂纹	−15℃无裂纹	−20℃无裂纹
10	人工气候加速变化	拉伸强度变化率(%)	+50 −20	±20	—	—
		拉力(N/cm) ≥	—	—	55	100
		断裂伸长率变化率(%)	+50 −30	±20	—	—
		断裂伸长率(%) ≥	—	—	100	200
		低温弯折性	−15℃无裂纹	−20℃无裂纹	−15℃无裂纹	−20℃无裂纹

注：非外露使用可以不考核人工气候加速老化性能。

④ 三元乙丙橡胶防水卷材

三元乙丙（EPDM）橡胶防水卷材是以三元乙丙橡胶为主体原料，掺入适量丁基橡胶、硫化剂、软化剂、补强剂等，经一定工序加工而成。三元乙丙橡胶防水卷材弹性和拉伸性能极佳，冷施工，提高了工效，减少了环境污染，改善了劳动条件。其耐候性、耐臭氧性、耐热性和低温柔韧性超过氯丁与丁基橡胶，比塑料优越得多。是目前耐老化性能最好的一种高档防水卷材，使用寿命可达 50 年。其工程造价较高，是二毡三油的 2～4 倍，目前在国内属高档防水材料。但从综合经济分析，其应用经济效益还是十分显著的。在美国、日本等国家，其用量已占合成高分子卷材的 60%～70%。

三元乙丙橡胶防水卷材可用于屋面、厨房、卫生间等防水工程，也可用于桥梁、隧道、地下室、污水处理等需要防水的部位。

⑤ 氯丁橡胶防水卷材

氯丁橡胶防水卷材是以氯丁橡胶为主，加入适量的交联剂、填料等，经混炼、压延或挤出、硫化等工序加工而成的弹性防水卷材。氯丁橡胶防水卷材具有拉伸强度高、断裂伸长率高、耐油、耐臭氧及耐候性好等特点，使用寿命在15年以上。其与三元乙丙防水卷材相比除耐低温性能稍差外，其他性能基本相同。

⑥ 氯化聚乙烯—橡胶共混防水卷材

由含氯量为30%～40%的热塑性弹性体氯化聚乙烯和合成橡胶为主体，加入适量的交联剂、稳定剂、填充料等，经混炼、压延或挤出、硫化等工序制成的高弹性防水卷材。

氯化聚乙烯橡胶共混防水卷材具有断裂伸长率高、耐候性及低温柔性好的特点，使用寿命可达20年以上。其特别适合用作屋面单层外露防水及严寒地区或有较大变形的部位，也适合用于有保护层的屋面或地下室、贮水池等防水工程。

⑦ 聚乙烯—三元乙丙橡胶共混防水卷材

以聚乙烯（或聚丙烯）和三元乙丙橡胶为主，加入适量的稳定剂、填充料等，经混炼、压延或挤出、硫化而成的热塑性弹性防水卷材，具有优异的综合性能，而且价格适中。聚乙烯一三元乙丙橡胶共混防水卷材适用于屋面作单层外露防水，也适用于有保护层的屋面、地下室、贮水池等防水工程。

根据《屋面工程质量验收规范》（GB 50207—2002）的规定，合成高分子防水卷材适用于防水等级为Ⅰ级、Ⅱ级和Ⅲ级的屋面防水工程。在Ⅰ级屋面防水工程中，必须至少有一道厚度不小于1.5mm的合成高分子防水卷材；在Ⅱ级屋面防水工程中，可采用一道或两道厚度不小于1.2mm的合成高分子防水卷材；在Ⅲ级屋面防水工程中，可采用一道厚度不小于1.2mm的合成高分子防水卷材。

10.1.3 防水涂料和密封材料

防水涂料是一种流态或半流态物质，可用刷、喷等工艺涂布在基层表面，能在基层表面形成一定弹性和厚度的连续薄膜，使基层表面与水隔绝，从而起到防水、防潮作用。涂料大多采用冷施工，施工质量容易保证，维修也较简单，特别适合于各种复杂不规则部位的防水，能形成无接缝的完整防水膜。目前，防水涂料广泛应用于屋面防水工程、地下室防水工程和地面防潮、防渗等。

防水涂料按成膜物质的主要成分分为沥青基防水涂料、高聚物改性沥青防水涂料和合成高分子防水涂料三大类。

（1）沥青基防水涂料

沥青基防水涂料是以沥青为基料配制而成的防水涂料。常用的沥青基防水涂料有沥青胶、冷底子油、乳化沥青等。这类涂料对沥青基本没有改性或改性作用不大，主要适用于Ⅲ级和Ⅳ级防水等级的建筑屋面、卫生间防水、混凝土地下室防水等。

（2）高聚物改性沥青防水涂料

高聚物改性沥青类防水涂料是以沥青为基料，用合成高分子聚合物进行改性，制成的水乳型或者溶剂型防水涂料。这类涂料在柔韧性、抗裂性、拉伸强度、耐高低温性能、使用寿命等方面比沥青基涂料有很大的改善，主要适用于Ⅱ级、Ⅲ级和Ⅳ级防水等级的建筑屋面、地面、卫生间、混凝土地下室防水等。主要品种有再生橡胶改性沥青防水涂料、氯丁胶乳沥青防水涂料、氯丁橡胶改性沥青防水涂料、SBS改性沥青防水涂料等。

（3）合成高分子防水涂料

合成高分子防水涂料是以合成橡胶或合成树脂为主要成膜物质制成的单组分或多组分的防水涂料。这类涂料具有高弹性、高耐久性和优良的耐高低温性能，主要适用于Ⅱ级、Ⅲ级和Ⅳ级防水等级的建筑屋面、地下室、水池以及卫生间等的防水工程。主要品种有聚氨酯防水涂料、丙烯酸酯防水涂料、有机硅防水涂料、环氧树脂防水涂料等。

（4）密封材料

密封材料是嵌入建筑物缝隙中，能承受位移且能达到气密、水密目的的材料，又称为嵌缝材料。建筑密封材料应具有优良的弹塑性、粘结性、耐久性、水密性、气密性以及化学稳定性，以保证能经受起较大的温差和变形而不破裂或不与基层脱开。

密封材料分为定形密封材料和非定形密封材料。定形密封材料是具有一定形状和尺寸的密封材料，如密封条、止水带等；非定形密封材料通常是膏糊状的材料，如各类密封膏、腻子、胶泥等。目前，常用的密封材料有沥青嵌缝油膏、聚氯乙烯接缝膏、氯丁橡胶油膏、丙烯酸酯密封膏、聚氨酯密封膏、硅酮密封膏等。

10.1.4 防水材料的选用和验收检验

防水材料种类繁多、性能各异，在建筑工程中正确合理地选用防水材料才能达到最佳的防水效果。屋面防水和地下室防水所处建筑部位不同，对防水材料的要求也不尽相同，选材时应区别对待。

（1）屋面防水材料的选用

屋面工程应根据建筑物的性质、重要程度、使用功能要求以及防水层的使用年限，按不同等级进行设防，并应符合《屋面工程质量验收规范》（GB 50207—2002）的要求，见表10-5。

屋面防水等级和设防要求（GB 50207—2002） **表10-5**

项　目	屋面防水等级			
	Ⅰ	Ⅱ	Ⅲ	Ⅳ
建筑物类别	特别重要或对防水有特殊要求的建筑	重要的建筑和高层建筑	一般的建筑	非永久性的建筑
防水层合理使用年限	25年	15年	10年	5年
防水层选用材料	宜选用合成高分子防水卷材、高聚物改性沥青防水卷材、金属板材、合成高分子防水涂料、细石混凝土等材料	宜选用高聚物改性沥青防水卷材、合成高分子防水卷材、金属板材、合成高分子防水涂料、高聚物改性沥青防水涂料、细石混凝土、平瓦、油毡瓦等材料	宜选用三毡四油沥青防水卷材、高聚物改性沥青防水卷材、合成高分子防水卷材、金属板材、高聚物改性沥青防水涂料、合成高分子防水涂料、细石混凝土、平瓦、油毡瓦等材料	可选用二毡三油沥青防水卷材、高聚物改性沥青防水涂料等材料
设防要求	三道或三道以上防水设防	二道防水设防	一道防水设防	一道防水设防

（2）地下防水工程防水材料的选用

地下防水层长年浸泡在水中或十分潮湿的土壤中，防水材料不能选用易腐烂胎体制成的卷材。如果选用合成高分子卷材，最宜采用热焊合接缝，使用胶黏剂和缝的，必须采用耐水性优良的胶。使用防水涂料应慎重，单独使用厚度要 2.5mm 以上，与卷材复合使用厚度也要达到 2mm。

《地下防水工程质量验收规范》（GB 50208—2002）将地下防水等级分为四级，各级要求见表 10-6。应根据各等级的设防要求选用相应的防水材料。

地下工程防水等级标准（GB 50208—2002） **表 10-6**

防水等级	
1级	不允许渗水，结构表面无湿渍
2级	不允许漏水，结构表面可有少量湿渍 工业与民用建筑：湿渍总面积不大于总防水面积的 1‰，单个湿渍面积不大于 $0.1m^2$，任意 $100m^2$ 防水面积不超过 1 处 其他地下工程：湿渍总面积不大于总防水面积的 6‰，单个湿渍面积不大于 $0.2m^2$，任意 $100m^2$ 防水面积不超过 4 处
3级	有少量漏水点，不得有线流和漏泥砂 单个湿渍面积不大于 $0.3m^2$，单个漏水点的漏水量不大于 2.5L/d，任意 $100m^2$ 防水面积不超过 7 处
4级	有漏水点，不得有线流和漏泥砂 整个工程平均漏水量不大于 $2L/m^2 \cdot d$，任意 $100m^2$ 防水面积的平均漏水量不大于 $4L/m^2 \cdot d$

（3）防水材料的验收检验

工程所使用的防水材料，应有产品合格证书和性能检测报告，材料的品种、规格、性能等应符合现行国家产品标准和设计要求。

材料进场后，屋面工程防水材料和地下工程防水材料应分别按《屋面工程质量验收规范》（GB 50207—2002）及《地下防水工程质量验收规范》（GB 50208—2002）的规定抽样复检，并提出试验报告；不合格的材料不得在工程中使用。

10.1.5 弹性体改性沥青防水卷材的检测方法

试验依据：《弹性体改性沥青防水卷材》（GB 18242—2008）。

（1）一般规定

1）取样方法：以同一类型、同一规格 $10000m^2$ 为一批，不足 $10000m^2$ 时亦可作为一批。在每批产品中随机抽取 5 卷进行单位面积质量、面积、厚度及外观检查。从单位面积质量、面积、厚度及外观合格的卷材中随机抽取 1 卷进行物理力学性能试验。

2）试样制备：将取样的一卷卷材切除距外层卷头 2500mm 后，取 1mm 长的卷材按表 10-7 要求的尺寸和数量裁取试件。

3）物理性能试验所用的水应为蒸馏水或洁净的淡水（饮用水）。

（2）拉力及最大拉力时延伸率测试

试件尺寸和数量 **表 10-7**

<table>
<tr><th>序号</th><th colspan="2">试验项目</th><th>试件形状(纵向×横向)(mm)</th><th>数量(个)</th></tr>
<tr><td>1</td><td colspan="2">可溶物含量</td><td>100×100</td><td>3</td></tr>
<tr><td>2</td><td colspan="2">耐热量</td><td>125×100</td><td>纵向 3</td></tr>
<tr><td>3</td><td colspan="2">低温柔性</td><td>150×25</td><td>纵向 10</td></tr>
<tr><td>4</td><td colspan="2">不透水性</td><td>150×150</td><td>3</td></tr>
<tr><td>5</td><td colspan="2">拉力及延伸率</td><td>(250～320)×50</td><td>纵横向各 5</td></tr>
<tr><td>6</td><td colspan="2">浸水后质量增加</td><td>(250～320)×50</td><td>纵向 5</td></tr>
<tr><td rowspan="3">7</td><td rowspan="3">热老化</td><td>拉力及延伸率保持率</td><td>(250～320)×50</td><td>纵横向各 5</td></tr>
<tr><td>低温柔性</td><td>150×25</td><td>纵向 10</td></tr>
<tr><td>尺寸变化率及质量损失</td><td>(250～320)×50</td><td>纵向 5</td></tr>
<tr><td>8</td><td colspan="2">渗油性</td><td>50×50</td><td>3</td></tr>
<tr><td>9</td><td colspan="2">接缝剥离强度</td><td>400×200(搭接边处)</td><td>纵向 2</td></tr>
<tr><td>10</td><td colspan="2">钉杆撕裂强度</td><td>200×100</td><td>纵向</td></tr>
<tr><td>11</td><td colspan="2">矿物粒料粘附性</td><td>265×50</td><td>纵向</td></tr>
<tr><td>12</td><td colspan="2">卷材下表面沥青涂盖层厚度</td><td>200×50</td><td>纵向</td></tr>
<tr><td rowspan="2">13</td><td rowspan="2">人工气候
加速老化</td><td>拉力保持率</td><td>120×25</td><td>纵横向各 5</td></tr>
<tr><td>低温柔性</td><td>120×25</td><td>纵向 10</td></tr>
</table>

1）试验原理及方法

将试样两端置于夹具内夹牢，然后在两端同时施加拉力，测定试件被拉断时能承受的最大拉力。

2）试验目的

通过拉力试验，检验卷材抵抗拉力破坏的能力，作为选用卷材的依据。

3）主要仪器

拉伸试验机：有连续记录力和对应距离的装置，能按规定的速度均匀地移动夹具，有足够的量程（至少 2000N），夹具移动速度（100±10）mm/min，夹具宽度不小于 50mm；量尺：精确度 1mm。

4）试验步骤

① 试验应在（23±2)℃的条件下进行，将试件放置在试验温度和相对湿度（30～70)％的条件下不少于 20h。

② 将试件紧紧地夹在拉伸试验机的夹具中，注意试件长度方向的中线与试验机夹具中心在一条线上。夹具间距离为（200±2）mm，为防止试件从夹具中滑移应作标记。

③ 开动试验机使受拉试件受拉，夹具移动的恒定速度为（100±10）mm/min。

④ 连续记录拉力和对应的夹具间距离。

5）数据处理及试验结果

① 分别计算纵向或横向 5 个试件最大拉力的算术平均值作为卷材纵向或横向拉力，单位 N/50mm，平均值达到标准规定的指标时判为合格。

② 延伸率 E(％）按下式计算：

$$E=\frac{L_1-L_0}{L}\times 100\% \quad (10\text{-}1)$$

式中 L_1——试件最大拉力时的标距，mm；

L_0——试件初始标距，mm；

L——夹具间距离，mm。

分别计算纵向或横向 5 个试件最大拉力时延伸率的算术平均值作为卷材纵向或横向延伸率，平均值达到标准规定的指标时判为合格。

(3) 不透水性试验

1) 试验原理及方法

将试件置于不透水仪的不透水盘上，30min 内在一定压力水作用下，观察有无透露现象。

2) 试验目的

通过测定不透水性，检测卷材抵抗水渗透的能力。

3) 主要仪器

不透水仪：主要由液压系统、测试管理系统、夹紧装置和透水盘等部分组成，组成设备的装置如图 10-1 所示。

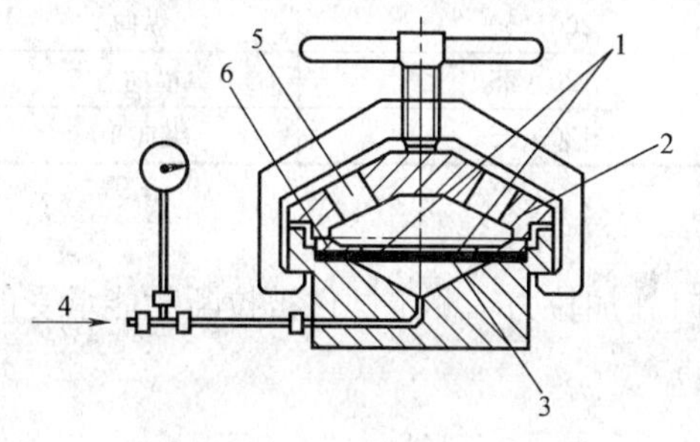

图 10-1 高压力不透水性试验装置
1—狭缝；2—封盖；3—试件；4—静压力
5—观测孔；6—开缝盘

4) 试验步骤

① 卷材上表面作为迎水面，上表面为砂面、矿物粒料时，下表面作为迎水面，下表面也为细砂时，试验前，将下表面的细砂沿密封圈一圈除去，然后涂一圈 60～100 号热沥青，涂平待冷却 1h 后检测不透水性。

② 将图 10-1 装置中充水直到溢出，彻底排出水管中的空气。

③ 将试件的迎水面朝下放置在透水盘上，盖上规定的 7 孔圆盘，放上封盖，慢慢夹紧直到试件夹紧在盘上，用布或压缩空气干燥试件的非迎水面，慢慢加压到规定的压力。

④ 达到规定压力后，保持压力 30±2min。观察试件的不透水性（水压突然下降或试件的非迎水面有水）。

5) 试验结果

三个试件在规定的时间不透水认为不透水性试验通过。

(4) 耐热性试验

1) 试验原理及方法

将试样置于能得到要求温度的恒温箱内，观察当试样受到高温作用时，有无涂层滑动流淌、滴落、气泡等现象，依此判断试样对温度的敏感程度。

2) 试验目的

通过耐热性检测，评定卷材的耐热性能，作为卷材环境温度要求的依据。

3) 主要仪器

鼓风烘箱、热电偶、光学测量装置等。

4) 试验步骤

① 将烘箱预热到规定试验温度，温度通过与试件中心同一位置的热电偶控制。整个

试验期间，试验区域的温度波动不超过±2℃。

② 将制备好的一组三个试件露出的胎体处用悬挂装置夹住，涂盖层不要夹到。

③ 将试件垂直悬挂在烘箱的相同高度，间隔至少30mm。此时烘箱的温度不能下降太多，开关烘箱门放入试件的时间不超过30s。放入试件后加热时间为120±2min。

④ 加热周期一结束，将试件和悬挂装置一起从烘箱中取出，相互间不要接触，在23±2℃自由悬挂冷却至少2h。然后除去悬挂装置，在试件两面画第二个标记，用光学测量装置在每个试件的两面测量两个标记底部间最大距离，精确到0.1mm。

5）结果评定

计算卷材每个面三个试件的滑动值的平均值，精确到0.1mm；上表面和下表面的滑动值平均值不超过2.0mm认为合格。

10.2 绝 热 材 料

在建筑工程中，习惯上把用于控制室内热量外流的材料称为保温材料；把防止室外热量进入室内的材料称为隔热材料。保温材料和隔热材料的本质都是减少结构物和环境的热交换，通常将它们统称为绝热材料。

作为建筑物来说，节约能源有效的手段就是对建筑物采用绝热材料进行保温、隔热，以减少建筑物的采暖和空调能耗。

10.2.1 绝热材料的性能要求

建筑工程中对绝热材料的性能要求是：导热系数不宜大于0.175W/(m·K)，表观密度不大于600kg/m³，抗压强度不小于0.3MPa。

在实际应用时，由于大多数绝热材料的抗压强度都很低，常把绝热材料和承重材料复合使用。另外，大多数绝热材料的孔隙率较大，吸水性、吸湿性较强，而绝热材料吸收水分后会严重降低绝热效果，故绝热材料在使用时应注意防潮防水，需在表层加防水层或隔气层。

值得注意的是，近年来，北京央视新址附属文化中心、上海胶州教师公寓等建筑、南京中环国际广场、哈尔滨经纬360度双子星大厦、济南奥体中心，相继发生建筑外保温材料引起的火灾，造成严重人员伤亡和财产损失，建筑外保温材料已成为新的火灾隐患，由此引发的火灾已呈多发势头，建筑易燃可燃外保温材料已成为一类新的火灾隐患，必须高度重视保温材料的燃烧性能。由于涉及严重的防火问题，美国早已有20多个州禁止使用聚苯乙烯泡沫（EPS），英国18m以上建筑不允许使用EPS板薄抹灰系统，德国则规定22m以上的建筑不允许使用该系统。很多保险公司禁止给EPS保温的建筑进行保险。

10.2.2 绝热材料的类型

（1）多孔型

对于多孔材料，当热量从高温面向低温面传递时，固相中的导热方向垂直于材料平面；当碰到气孔后，固相导热的方向发生变化，总的传热路线大大增加，从而使传热速度减慢。另外由于气孔壁面存在着温差，也会发生传热，但由于空气的导热系数大大小于固体的导热系数，所以热量通过气孔传递的阻力较大，使传热速度大大减缓。

（2）纤维型

纤维型绝热材料的传热机理基本上和多孔材料的情况相似。平行于纤维方向的传热量要大于垂直于纤维方向的传热量。

（3）反射型

具有反射性的材料，由于大量热辐射在表面被反射掉，使通过材料的热量大大减少，从而达到了绝热目的。材料反射率越大，绝热性越好。

10.2.3 常用绝热材料

（1）泡沫塑料保温材料

泡沫塑料是以各种高分子聚合物为主体基料，经加入适量的发泡剂、催化剂、表面活性剂（匀泡剂）、阻燃剂等辅助材料，在一定条件下，形成内部含有无数微小泡沫的制品。主要品种有聚苯乙烯泡沫塑料、聚氯乙烯泡沫塑料、聚乙烯泡沫塑料、聚氨酯泡沫塑料、脲醛泡沫塑料、酚醛泡沫塑料、环氧树脂泡沫塑料等。在建筑保温工程中最常用的有聚苯乙烯泡沫塑料和聚氨酯泡沫塑料。

聚苯乙烯（PS）泡沫塑料是以聚苯乙烯树脂为主体原料，加入发泡剂等辅助材料，经加热发泡制成。按生产配方及生产工艺的不同，可生产不同类型的聚苯乙烯泡沫塑料制品，目前常用主要类型的产品有模塑聚苯乙烯泡沫塑料（EPS）和挤塑型聚苯乙烯泡沫塑料（XPS）两大类。EPS是用可发性聚苯乙烯珠粒经加热预发泡后，再放入模具中加热成型而制成的具有微闭孔结构的泡沫塑料。XPS是以聚苯乙烯树脂或其共聚物为主要成分，添加少量添加剂，通过加热挤塑成形而制成的具有闭孔结构的硬质泡沫塑料板材。

聚氨酯泡沫塑料简称PUF塑料，是以聚合物多元醇（聚醚或聚酯）和异氰酸脂为主要基料，在催化剂、稳定剂、发泡剂等助剂的作用下，经混合后发泡反应而制成各类软质（高回弹）、半软半硬、硬质的聚氨酯泡沫塑料。

建筑保温工程中最常用的三种泡沫塑料性能比较见表10-8。

常用三种泡沫塑料的性能比较 **表10-8**

项　目	EPS板	XPS板	硬质聚氨酯泡沫塑料
导热系数[W/(m·K)]	≤0.041	≤0.035	≤0.025
表观密度(kg/m³)	≥18	≥35	≥30
压缩强度(MPa)	≥0.1	0.15～0.25	≥0.1
抗拉强度(MPa)	≥0.1	≥0.1	≥0.1
尺寸稳定性(%)	≤3	≤2	≤5(70℃,48h)
吸水率(%)	≤4.0	≤1.5	≤4.0
水蒸气透湿系数[ng/(m·s·Pa)]	≤4.5	≤3	≤6.5
燃烧性能	B_2	B_2	垂直燃烧法，平均燃烧时间不大于30s，燃烧高度不大于250mm
拉伸粘结强度(MPa，与水泥砂浆)	≥0.1	≥0.1	≥0.1

泡沫塑料保温材料的特点是质量轻（表观密度多为20～50kg/m³）、绝热性好、耐低温性好、吸水率小、可加工性好。但泡沫塑料的强度较低，使用温度也不能过高，一般在70～120℃以下。泡沫塑料在建筑工程中主要用于墙体保温、保温管材或板材的夹心层、水泥泡沫塑料复合板材或保温砖等。

（2）膨胀珍珠岩及其制品

膨胀珍珠岩是以天然珍珠岩颗粒为原料，经加热高温后使其自身膨胀而成的多孔轻质颗粒。膨胀珍珠岩的堆积密度为40～300kg/m^3，其颗粒结构为蜂窝泡沫状，它保温性好，化学稳定性好，不燃烧，耐腐蚀，是良好的保温、吸音与防火材料。膨胀珍珠岩可与水泥、水玻璃、沥青等结合制成膨胀珍珠岩绝热制品，广泛应用于屋面、墙体、管道及设备的保温工程中。

(3) 膨胀蛭石及其制品

天然蛭石是含水的矿物，经过晾干、破碎、煅烧可产生5～10倍的膨胀，从而形成蜂窝状的内部结构。膨胀蛭石的堆积密度约为80～200kg/m^3，保温性、耐火性好，无毒、无味，耐碱但不耐酸，电绝缘性差，吸水性较强。可用作墙体内层、屋面的松散填充保温隔热材料，还可制成膨胀蛭石轻骨料混凝土墙板等轻质构件应用于建筑工程中。

(4) 矿物棉及其制品

矿物棉是以无机矿物（矿渣、岩石、砂等）和辅助材料为主要原料，经高温熔融成为液体，再经高速离心或喷吹等工艺制成的棉丝状无机纤维。其中以工业废料矿渣为主要原料生产的矿物棉称为矿渣棉（简称矿棉），以玄武岩、辉绿岩等天然岩石为主要原料生产的矿物棉称为岩棉。矿物棉的表观密度通常为50～200kg/m^3，其表观密度越小，保温性越好，而表观密度越大，则强度越高。建筑工程中常根据保温性和强度的综合要求来选择不同密度等级的矿物棉及制品。

矿物棉质量轻、耐高温、防蛀、耐腐蚀性好，具有良好的保温、吸声、防火性能。矿物棉可制作各种板材、毡、管、壳等制品，如装饰吸声板、防火保温板、防水卷材、管道保温毡、屋面保温层、隔声防火门等，广泛应用于建筑物墙体和屋面的保温隔热与设备、管道的保温隔热等。

(5) 玻璃棉及其制品

玻璃棉是玻璃纤维的特例，它是利用玻璃液吹制或甩制成的絮状短粗纤维相互缠绕、交叉，形成整体状态下的均匀微细多孔材料。其纤维直径约为0.02mm，表观密度为100～120kg/m^3，是一种质量很轻的保温、隔声和吸声材料。玻璃棉主要应用于要求保温、隔声和吸声效果较高的天棚、墙体等，也可用于管道绝热和低温保冷工程。

(6) 微孔硅酸钙制品

微孔硅酸钙制品是以二氧化硅粉状材料（石英砂粉、硅藻土等）、石灰（或消石灰、电渣等）和纤维增强材料为主要原料，再加入水、助剂等材料，经搅拌、加热、凝胶、成型、蒸压硬化、干燥等工序制作而成。

微孔硅酸钙制品具有容重轻、强度高、导热系数小、使用温度高、质量稳定、耐水性好、防火性强、无腐蚀、经久耐用等特性，制品可锯、刨、钻，安装方便。适用于热力管道、热工设备、窑炉的保温隔热和房屋外墙、内墙、屋顶的防火覆盖材料，以及用作船舶的隔仓、走道、平顶的防火隔热材料。

10.3 吸声、隔声材料

噪声污染与空气污染和水污染一起被列为环境污染的内容，噪声污染被列为21世纪环境污染控制的主要问题。采用隔声材料降低噪声，在建筑物内适当采用吸声材料，可以给人们提供一个安全、舒适的工作、生活、娱乐环境。

10.3.1 吸声材料

当声波遇到材料表面时，被材料吸收的声能 E（包括透过材料的那部分声能）与全部入射声能 E_0 之比，称为材料的吸声系数 α。用公式表示如下：

$$\alpha=\frac{E}{E_0} \tag{10-2}$$

对于一般材料，吸声系数 α 为 0～1。材料的吸声系数越大，吸声效果越好。材料的吸声性能除与声波的入射方向有关外，还与声波的频率有关。同一种材料，对不同频率声波其吸声系数也不同，通常取 125Hz、250Hz、500Hz、1000Hz、2000Hz、4000Hz 六个频率的吸声系数来表示材料吸声的频率特征。凡 6 个频率的平均吸声系数大于 0.2 的材料，称为吸声材料。在音乐厅、影剧院、播音室等内部的墙面、地面、顶棚等部位，应适当采用吸声材料，以改善声波在室内的传播质量，保证良好的音响效果。

吸声材料的类型有多孔吸声材料、柔性吸声材料、帘幕吸声体、悬挂空间吸声体、薄板振动吸声结构、穿孔板组合共振吸声结构、空腔共振吸声结构等。建筑工程中常用的吸声材料及吸声系数见表 10-9。

建筑工程中常用吸声材料及吸声系数　　表 10-9

分类及材料名称		厚度(cm)	各种频率(Hz)下的吸声系数						装置情况
			125	250	500	1000	2000	4000	
无机材料	吸声砖	6.5	0.05	0.07	0.10	0.12	0.16	—	
	石膏板(有花纹)	—	0.03	0.05	0.06	0.09	0.04	0.06	贴实
	水泥蛭石板	4.0	—	0.14	0.46	0.78	0.50	0.60	贴实
	石膏砂浆(掺水泥、玻璃纤维)	2.2	0.24	0.12	0.09	0.30	0.32	0.83	墙面粉刷
	水泥膨胀珍珠岩板	5	0.16	0.46	0.64	0.48	0.56	0.56	
	水泥砂浆	1.7	0.21	0.16	0.25	0.40	0.42	0.48	
	砖(清水墙面)		0.02	0.03	0.04	0.04	0.05	0.05	
有机材料	软木板	2.5	0.05	0.11	0.25	0.63	0.70	0.70	贴实
	木丝板	3.0	0.10	0.36	0.62	0.53	0.71	0.90	钉在木龙骨上，后留10mm或5mm空气层两种
	三夹板	0.3	0.21	0.73	0.21	0.19	0.08	0.12	
	穿孔五夹板	0.5	0.01	0.25	0.55	0.30	0.16	0.19	
	木花板	0.8	0.03	0.02	0.03	0.03	0.04	—	
	木质纤维板	1.1	0.06	0.15	0.28	0.30	0.33	0.31	
多孔材料	泡沫玻璃	4.4	0.11	0.32	0.52	0.44	0.52	0.33	贴实
	脲醛泡沫塑料	5.0	0.22	0.29	0.40	0.68	0.95	0.94	贴实
	泡沫水泥(外粉刷)	2.0	0.18	0.05	0.22	0.48	0.22	0.32	紧靠基层粉刷
	吸声蜂窝板	—	0.27	0.12	0.42	0.86	0.48	0.30	紧贴墙
	泡沫塑料	1.0	0.03	0.06	0.12	0.41	0.85	0.67	
纤维材料	矿棉板	3.13	0.10	0.21	0.60	0.95	0.85	0.72	贴实
	玻璃棉	5.0	0.06	0.08	0.18	0.44	0.72	0.82	贴实
	酚醛玻璃纤维板	8.0	0.25	0.55	0.80	0.92	0.98	0.95	贴实
	工业毛毡	3.0	0.10	0.28	0.55	0.60	0.60	0.56	紧靠墙面

10.3.2 隔声材料

隔声是指材料阻止声波的传播，是控制环境噪声的重要措施。建筑上将能减弱或隔绝声波传播的材料称为隔声材料。隔声材料主要用于建筑物的外墙、门窗、地板、隔墙、隔断等。隔声性能用入射声能与透过材料声能相差的分贝（dB）数表示，差值越大，隔声性能越好。

要隔绝的声音按传播途径可分为空气声（通过空气振动传播的声音）和固体声（通过固体的撞击或振动传播的声音）两种。

隔绝空气声，主要服从声学中的“质量定律”，即材料的表观密度越大，质量越大，隔声性能越好。因此，应选用密度大的材料作为隔声材料，如混凝土、实心砖、钢板等。如采用轻质材料或薄壁材料，需辅以多孔吸声材料或采用夹层结构，如夹层玻璃就是一种很好的隔声材料。

隔绝固体声最有效的措施是采用不连续的结构处理，即在墙壁和承重梁之间、房屋的框架和墙壁及楼板之间加入具有一定弹性的衬垫材料，如软木、橡胶、毛毡、地毯或设置空气隔离层等，以阻止或减弱固体声波的继续传播。

10.4 建筑塑料

塑料是以合成树脂为主要成分，加入各种填充料和添加剂，在一定的温度、压力条件下塑制而成的材料。建筑塑料在一定的温度和压力下具有较大的塑性，易于做成各种形状尺寸的制品。成型后，在常温下又能保持既得的形状和必需的强度。建筑塑料的广泛应用便于使用现代化施工方法，提高装配化程度，可以缩短工期，减轻结构自重，提高建筑质量和耐久性。目前，建筑塑料广泛应用于建筑与装饰工程中，已成为重要的建筑材料，有着非常广阔的发展前景。

10.4.1 建筑塑料的主要特性

建筑塑料的主要优点有：加工性能好，质量轻、比强度高，绝热性好，吸声、隔声性好，耐水性好，耐化学腐蚀性好，电绝缘性好，装饰性好。

建筑塑料的缺点主要有：耐热性差，易燃烧，刚度小、易变形，易老化。

近年来，随着改性添加剂和加工工艺的不断发展，建筑塑料的缺点也得到了很大改善，如在塑料中加入阻燃剂可使它成为具有自熄性和难燃性的产品等。

10.4.2 常用建筑塑料

塑料按照受热时性能变化的不同，分为热塑性塑料和热固性塑料。热塑性塑料经加热成型，冷却硬化后，再经加热还具有可塑性；热固性塑料经初次加热成型并冷却固化后，再经加热也不会软化和产生塑性。常用的热塑性塑料有聚氯乙烯塑料（PVC）、聚乙烯塑料（PE）、聚丙烯塑料（PP）、聚苯乙烯塑料（PS）、改性聚苯乙烯塑料（ABS）、有机玻璃（PMMA）等；常用的热固性塑料塑料有酚醛树脂塑料（PF）、不饱和聚酯树脂塑料（UP）、环氧树脂塑料（EP）、有机硅树脂塑料（SI）、玻璃纤维增强塑料（GRP）等。

常用建筑塑料的特性与用途见表10-10。

常用建筑塑料的特性与用途　　表10-10

名　称	特　性	用　途
聚氯乙烯(PVC)	耐化学腐蚀性和电绝缘性优良，力学性能较好，难燃，但耐热性差	可制作地板、壁纸、管道、门窗、装饰板、防水材料、保温材料等，是建筑工程中应用最广泛的一种塑料
聚乙烯(PE)	柔韧性好，耐化学腐蚀性好，成型工艺好，但刚性差，易燃烧	主要用于防水材料、给排水管道、绝缘材料等
聚丙烯(PP)	耐化学腐蚀性好，力学性能和刚性超过聚乙烯，但收缩率大，低温脆性大	管道、容器、卫生洁具、耐腐蚀衬板等
聚苯乙烯(PS)	透明度高，机械强度高，电绝缘性好，但脆性大，耐冲击性和耐热性差	主要用来制作泡沫隔热材料，也可用来制造灯具平顶板等
改性聚苯乙烯(ABS)	具有韧、硬、刚相均衡的力学性能，电绝缘性和耐化学腐蚀性好，尺寸稳定，但耐热性、耐候性较差	主要用于生产建筑五金和各种管材、模板、异形板等
有机玻璃(PMMA)	有较好的弹性、韧性、耐老化性，耐低温性好，透明度高，易燃	主要用作采光材料，可代替玻璃但性能优于玻璃
酚醛树脂(PF)	绝缘性和力学性能良好，耐水性、耐酸性好，坚固耐用，尺寸稳定，不易变形	生产各种层压板、玻璃钢制品、涂料和胶粘剂
不饱和聚酯树脂(UP)	可在低温下固化成型，耐化学腐蚀性和电绝缘性好，但固化收缩率较大	主要用于生产玻璃钢、涂料和聚酯装饰板等
环氧树脂(EP)	粘接性和力学性能优良，电绝缘性好，固化收缩率低，可在室温下固化成型	主要用于生产玻璃钢、涂料和胶粘剂等产品
有机硅树脂(SI)	耐高温、低温，耐腐蚀，稳定性好，绝缘性好	用于高级绝缘材料或防水材料
玻璃纤维增强塑料(又名玻璃钢，GRP)	强度特别高，质轻，成型工艺简单，除刚度不如钢材外，各种性能均很好	在建筑工程中应用广泛，可用作屋面材料、墙体材料、排水管、卫生器具等

10.5 建筑装饰装修材料

建筑装饰装修材料是指用于建筑物表面，主要起装饰作用的材料。钢材、混凝土、水泥等结构材料搭起了建筑物的骨架，而装饰材料则是给建筑物披上了美丽的“外衣”。建筑装饰装修材料是建筑装饰工程的物质基础，建筑装饰的总体效果和建筑装饰功能的实现，都是通过建筑装饰材料及其室内配套产品的质感、图案、形体、功能等体现出来的。

建筑装饰装修材料除了起装饰作用，满足人们的美感需求外，通常还起着保护建筑物主体结构和改善建筑使用功能的作用，是房屋建筑中不可缺少的一类材料。

10.5.1 材料的装饰性

建筑是技术与艺术相结合的产物，而建筑艺术的发挥，除建筑设计外，在很大程度上取决于建筑材料的装饰性。建筑材料对建筑物的装饰作用主要取决于建筑材料的色彩和质感。

(1) 色彩

色彩是构成一个建筑物外观及影响周围环境的重要因素。色彩最能突出表现建筑物的美，古今中外的建筑物，无一不是利用材料的色彩来塑造其美。同时，不同的色彩给人以不同的感觉。暖色（红、橙、黄等）会让人联想到太阳、火焰，使人感到热烈、兴奋、温暖；冷色（绿、蓝、紫罗兰等）会让人联想到森林、大海、蓝天，使人感到宁静、幽雅、凉爽。

建筑物的色彩首先应利用建筑材料的本色，这是一种最合理、最经济、最方便、最可靠的来源。烧结普通砖、青砖具有良好的装饰色彩和耐久性，使我国无数古建筑经数百年仍保持着色彩效果；石灰、石膏洁白的颜色使其成为良好的室内抹面材料。建筑铝材、不锈钢、玻璃、木材等，它们都可以自身本色，为建筑物提供色彩效果，而且具有良好的耐久性。

获得色彩的第二个来源就是采用天然的矿质颜料、植物染料及人工合成染料来改变建筑材料的色彩。如果将整个建筑构件改变颜色，显然是不经济的。比较经济的办法是采用饰面材料本身来装饰建筑物。当墙体材料需要通过饰面保护、改善耐久性或者立面装饰需要同时改变质感和色彩时，通常需外加装饰面层，如做砂浆类、石渣类面层或贴面砖等做法。当饰面的目的只是为了改变表面颜色时，对一般等级的建筑物来说，采用表面刷涂料的办法是比较经济合理的。

(2) 质感

表面质感是指材料本身具有的材质特性，或材料表面由人为加工至一定程度而造成的表面视感和触感，质感是指人们对建筑材料外观质地的一种感觉。它包括内容很多，如材料表面粗糙或细腻的程度；材料本身的纹理与花样；材料的坚实与松软；材料的光滑、透明性、光亮与昏暗；花纹的清晰与模糊；色彩的深浅等。材料的质地不同，给人们以不同的感觉，如坚硬而又光滑的材料（镜面花岗石）有严肃、有力、整洁之感；保持自然本色的材料（木材）则给人以清新、亲切、淳朴之感等。设计时根据建筑功能要求，对建筑物的不同部位，选择不同的装饰作法以求得总体质感上的对比与衬托，来体现建筑风格与设计意图。

质感除取决于所用材料外，更重要的是取决于材料的加工方法和加工程度。采用不同的加工方法及加工程度，可取得不同的质感效果。一定的分格缝、凹凸线条也是构成饰面装饰效果的因素。抹灰、刷石、水磨石、天然石材、混凝土板材、石膏板、玻璃等的分块、分格等除了防止开裂及施工接槎的需要外，也是装饰面在比例、尺度感上的需要。因此，饰面线型的设置在某种程度上也可看做是整体质感的一个组成部分，应在工艺合理的条件下充分利用。

10.5.2 建筑装饰石材

建筑装饰石材是指具有可锯切、抛光等加工性能，用于建筑工程各表面部位的装饰性板材或块材，包括天然装饰石材和人造装饰石材两大类。天然装饰石材主要有花岗岩和大理石，人造装饰石材主要有水磨石、人造大理石等。

(1) 天然装饰石材

① 天然大理石

天然大理石结构致密，抗压强度高，吸水率小，硬度不大，易于加工。经过锯切、磨光后的板材光洁细腻，如脂如玉，纹理自然，花色品种可达上百种，装饰效果美不胜收。大理石的主要缺点有两个：一是硬度低，如用大理石铺设地面，磨光面容易损坏，其耐用年限一般在30～80年；二是抗风化能力差，除个别品种（如汉白玉等）外，一般不宜用于室外装饰。

大理石主要用于建筑物的室内饰面，如建筑物的墙面、地面、柱面、服务台面、窗台、踢脚线以及高级卫生间的洗漱台面等处，也可加工成工艺品和壁画。

② 天然花岗岩

天然花岗岩结构致密，质地坚硬，抗压强度高，吸水率小，耐磨性、耐腐蚀性、抗冻性好，耐久性好，耐久年限可达200年以上，经加工后的板材呈现出各种斑点状花纹，具有良好的装饰性。天然花岗岩的缺点主要有：一是花岗岩的硬度大，开采加工较困难；二是花岗岩质脆，耐火性差，当温度超过800℃时，花岗岩中的石英晶态转变造成体积膨胀，从而导致石材爆裂，失去强度；三是某些花岗岩含有放射性元素，对人体有害。

花岗岩装饰板材主要用做建筑室内外饰面材料，以及重大的大型建筑物基础、踏步、栏杆、堤坝、桥梁、路面、城市雕塑等；还可用于吧台、服务台、收款台及家具装饰。磨光花岗岩板的装饰特点是华丽而庄重，粗面花岗岩装饰板材的特点是凝重而粗犷。应根据不同的使用场合选择不同物理性能及表面装饰效果的花岗岩。

根据建材标准《天然石材产品放射防护分类控制标准》(JC 518—1993)，按镭当量浓度，将天然石材产品分为A、B、C三类。其中A类产品使用范围不受限制；B类产品不可用于居室内饰面，但可用于其他一切建筑物的内、外饰面；C类产品只能用于建筑物的外饰面。因此，家居装修时只能选用A类产品。

(2) 人造石材

天然石材虽然有着自身的很多优点，但资源有限，花色固定，价格昂贵。随着现代建筑业的发展，对装饰材料提出了轻质、高强、品种多样等要求，人造石材就在这样的背景下应运而生了。人造石材的花纹图案可以人为控制，胜过天然石材，而且具有质量轻、强度高、耐腐蚀、耐污染、施工方便等许多优点，因此被广泛应用在各种室内外装饰、卫生洁具等方面，成为现代建筑装饰材料中的重要组成部分。人造石材主要品种有水磨石和各种人造大理石等。

① 水磨石

水磨石板是以水泥和大理石渣为主要原料制成的一种建筑装饰用人造石材。一般预制水磨石板是以普通水泥混凝土为底层，以添加颜料的白水泥和彩色水泥与各种大理石渣拌制的混凝土为面层组成。

水磨石板具有美观、强度高、施工方便等特点，颜色可以根据具体环境的需要任意配制，花色品种很多，并可以在施工时拼铺成各种不同的图案。水磨石板广泛地适用于建筑物的地面、柱面、窗台、踢脚线、台面、楼梯踏步等处，是常用的人造石材之一。

② 人造大理石

按照人造大理石生产所用的材料，可分为四类：水泥型人造大理石、聚酯型人造大理石、复合型人造大理石、烧结型人造大理石，其中最常见的是聚酯型人造大理石。人造大理石其颜色、花纹和光泽等均可以仿制天然大理石、花岗岩或玛瑙等的装饰效果。人造大理石重量轻、强度高，耐腐蚀、耐污染，可加工性好，是室内装饰装修比较广泛的材料。

10.5.3 木质装饰制品

天然生长的自然纹理使木材的装饰效果典雅、亲切、温和、自然，很好地促进了人与空间的融合和情感交流，从而创造出良好的室内氛围，因此木质装饰制品在建筑装饰领域始终保持着重要的地位。

建筑装饰中常用的木质装饰制品有木质人造板材、木地板、木装饰线条、木花格、旋切微薄木以及木龙骨等。

（1）木质人造板材

凡以木材或木质碎料等为原料，进行各种加工处理而制成的板材，统称为木质人造板材。人造板材可科学合理地利用木材，提高木材的利用率，是对木材进行综合利用的主要途径。木质人造板材与天然木板材相比，具有幅面大、质地均匀、变形小、强度大等优点，在现代建筑装饰装修、家具制造等方面被广泛应用。

建筑装饰工程中常用的木质人造板材有胶合板、纤维板、刨花板、细木工板等。

① 胶合板

胶合板是将原木软化处理后旋切成单板（薄板），按奇数层数并使相邻单板的纤维方向相互垂直，再用胶粘剂粘合热压而成的人造板材。胶合板的层数有3层、5层、7层、9层和11层，常用的为3层和5层，俗称三合板、五合板。通常胶合板的面层选用光滑平整且纹理美观的单板，也可用各类装饰板等材料制成贴面胶合板，以提高胶合板的装饰性能。

胶合板的最大优点是各层单板按纹理纵横交错胶合，在很大程度上克服了木材各向异性的缺点，使胶合板材质均匀，强度高。同时，胶合板还具有幅面大、吸湿变形小、不易翘曲开裂、使用方便、纹理美观及装饰性好等优点，是建筑装饰装修工程及制造家具用量最大的人造板材之一。

② 纤维板

纤维板是以植物纤维为主要原料，经破碎浸泡、纤维分离、板坯成型和热压作用而制成的一种人造板材。纤维板的原料非常丰富，如木材采伐加工剩余物（树皮、刨花、树枝等）、稻草、麦秸、玉米秆、竹材等。

纤维板按表观密度可分为三类：硬质纤维板（表观密度>800kg/m^3）、半硬质纤维板（表观密度为400～800kg/m^3）和软质纤维板（表观密度<400kg/m^3）。硬质纤维板的强度高、结构均匀、耐磨、易弯曲和打孔，可代替薄木板用于室内墙面、天花板、地面和家具制造等；半硬质纤维板表面光滑、材质细密、结构均匀、加工性能好，且与其他材料的粘结力强，是制作家具的良好材料，主要用于家具、隔断、隔墙、地面等。软质纤维板的结构松软，故强度低，但吸声性和保温性好，是一种良好的保温隔热材料，主要用于吊顶等。

③ 刨花板

刨花板是将木材加工剩余物、采伐剩余物、小径木或非木材植物纤维原料加工成刨花，再与胶粘剂混合经过热压制成的一种人造板材。

刨花板具有质量轻、幅面大、板面严整挺实、加工性能好等优点，但握钉力差、强度较低，主要用作绝热和吸声材料。对刨花板进行二次加工，进行贴面处理可制成装饰板，这样既增强了板材的表面硬度和强度，又使板材具有装饰性，可用作吊顶、隔墙、家具等材料。

④ 细木工板

细木工板又称大芯板、木芯板，它是由木条或木块组成板芯，两面粘贴单板或胶合板的一种人造板材。细木工板质量轻、板幅宽、耐久、吸声、隔热、易加工、胀缩小，有一定的强度和硬度，是木装修做基底的主要材料之一，主要用于建筑装饰和家具制造等行业。

细木工板按照板芯结构分为实心细木工板和空心细木工板，实心细木工板用于面积大、承载力相对较大的装饰装修，空心细木工板用于面积大而承载力小的装饰装修。

(2) 木地板

木地板是高级的室内地面装饰材料，具有自重轻、弹性好、脚感舒适、导热性小、冬暖夏凉等特性，尤其是它独特的质感和纹理，迎合了人们回归自然、追求质朴的心理，备受消费者的青睐。木地板从原始的实木地板发展至今，新品纷呈，已由单一的实木地板衍生为众多的木地板品种。目前，常用的木地板主要有实木地板、复合木地板和软木地板。

1) 实木地板

实木地板是用天然木材不经过任何粘结处理，用机械设备加工而成的。该地板的特点是保持了天然材料——木材的性能。常用的实木地板有拼花木地板和条木地板。

① 拼花木地板

拼花木地板是用阔叶树种的硬木材，经干燥处理并加工成一定几何尺寸的木块，再拼成一定图案而成的地板材料。拼花木地板通过小木板条不同方向的组合，可拼造出多种美观大方的图案花纹，常用的有正芦席纹、斜芦席纹、人字纹及清水砖墙纹等，如图 10-2 所示。

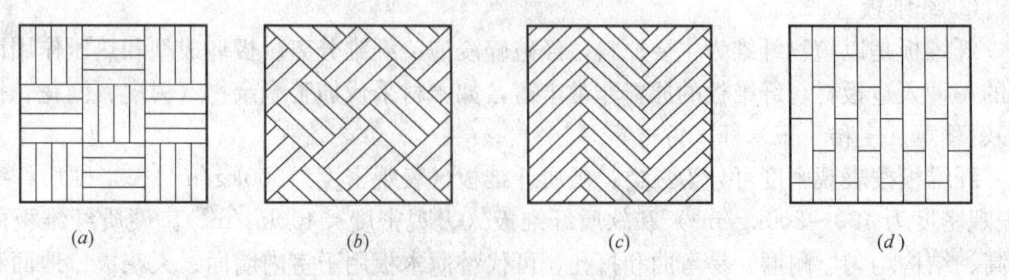

图 10-2 拼花木地板图案

拼花木地板坚硬而富有弹性、耐磨、耐腐蚀、质感和光泽好、纹理美观，一般均经过远红外线干燥，含水率恒定，因而外形稳定，易保持地面平整而不变形。拼花木地板适用于高级宾馆、饭店、别墅、会议室、展览室、体育馆、影剧院及住宅等的地面装饰。

② 条木地板

条木地板是我国传统的木地板，它一般采用径级大、缺陷少的优良树种经干燥处理和设备加工而成。材质要求采用不易腐蚀、不易变形开裂的木板。

条木地板具有整体感强、自重轻、弹性好、脚感舒适、导热性小、易于清洁、美观大方等特点，尤其是经过良好的表面涂饰处理之后，既显示出优美自然的纹理，又保持亮丽的木材本色，给人以清新雅致、自然淳朴的美好感受。条木地板适用于办公室、会议室、休息室、宾馆客房、舞台、住宅等的地面装饰。

2）复合木地板

随着木材加工技术和高分子材料应用的快速发展，复合地板作为一种新型的地面装饰材料得到了广泛地开发和应用。在我国木材资源，尤其是珍贵木材资源相对缺乏的情况下，采用复合木地板代替实木地板不失为节约天然资源的好办法。复合木地板分为实木复合木地板和强化复合木地板两类。

① 实木复合地板

实木复合地板分为三层实木复合地板和多层实木复合地板，目前国内应用较多的是三层实木复合地板。

三层实木复合地板由面层 、芯层、底层三层组成。面层为耐磨层，厚度为 4～7mm，应选择质地坚硬、纹理美观的珍贵树种，如榉木、橡木、樱桃木、水曲柳等锯切板；芯层厚 7～12mm，可采用软质的速生材，如松木、杉木、杨木等；底层（防潮层）厚 2～4mm，采用速生材杨木或中硬杂木悬切单板。三层板材通过合成树脂胶热压而成，再用机械设备加工成地板。实木复合地板面层的厚度决定其使用寿命，面层板材越厚，耐磨损的时间越长。

高档次的实木复合地板采用高级 UV 亚光漆，这种漆是经过紫外光固化的，耐磨性能非常好，一般家庭使用这种漆的木地板不必打蜡维护，使用几十年不需上漆。另外，还要考虑地板的亚光度，地板的光亮程度应柔和、典雅，对视觉无刺激。

② 强化复合木地板

强化复合木地板简称强化木地板或浸渍纸层压木质地板，由耐磨层、装饰层、芯层、防潮层通过合成树脂胶热压胶合而成。耐磨层主要由 Al_2O_3 组成，有很强的耐磨性和硬度，装饰层是三聚氰胺树脂浸渍木纹图案装饰纸，芯层为高、中密度纤维板或刨花板，底层（防潮层）为浸渍酚醛树脂的平衡纸，起防潮作用。由于强化复合木地板的装饰层为木纹图案印刷纸，所以强化复合木地板的花色品种很多，色彩丰富。

应引起人们注意的是，木质人造板材、实木复合地板和强化复合木地板所用的胶粘剂中含有一定量的甲醛，污染环境并对人体有害，选用时要注意甲醛释放量应符合国家标准《室内装饰装修材料人造板及其制品中甲醛释放限量》（GB/T 18580—2001）的规定。并且在铺设后的一段时间内，注意保持室内通风，新居应在装修后一个月以后再搬进居住。室内还可以放置一些花、草等绿色植物，有助于减少室内的有害气体。

3）软木地板

软木地板被称为是“地板的金字塔尖消费”。软木是生长在地中海沿岸和我国秦岭地区的橡树，而软木制品的原料就是橡树的树皮，与实木地板比较更具环保性、隔音性，防潮效果也会更好些，带给人极佳的脚感。软木地板柔软、安静、舒适、耐磨，对老人和小孩的意外摔倒，可提供极大的缓冲作用，其独有的吸音效果和保温性能也非常适合于卧室、会议室、图书馆、录音棚等场所。

(3) 木装饰线条

木装饰线条是选用硬质、纹理细腻、木质较好的木材，经干燥处理后，用机械加工或手工加工而成。木质装饰线条在室内装饰中起到固定、连接、加强饰面装饰效果的作用，可作为装饰工程中各平面相接处、相交处、分界面、层次面、对接面的衔接口、交接条等的收边封口材料。

木线条的品种规格繁多，从功能上分，有压边线、墙腰线、天花角线、弯线、挂镜线、楼梯扶手等。各类木线条造型各异，每类木线条又有多种断面形状，常用木线条的造型如图 10-3 所示。

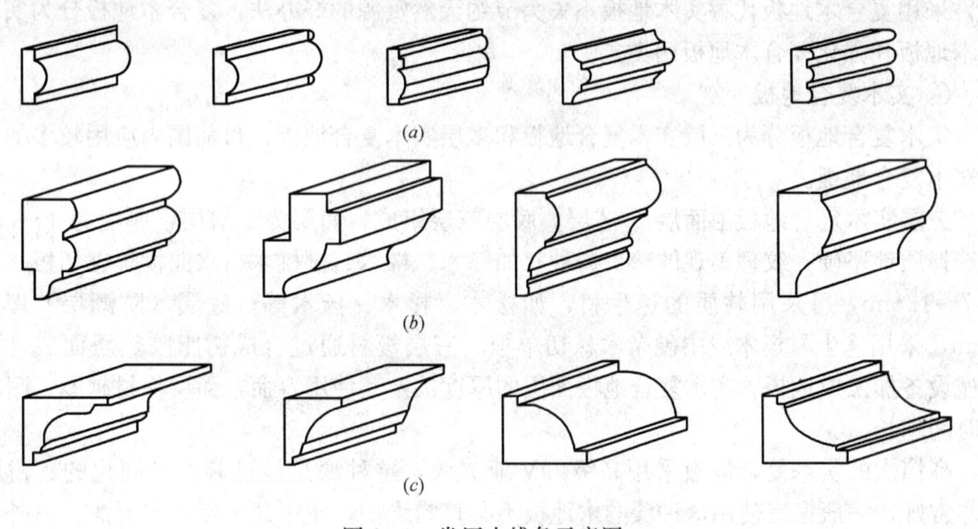

图 10-3 常用木线条示意图

10.5.4 建筑玻璃及制品

玻璃是现代建筑十分重要的室内外装饰材料之一。现代装饰技术的发展和人们对建筑物的功能和美观要求的不断提高，促使玻璃制品朝着多品种、多功能、绿色环保的方向发展。近年来，兼具装饰性与功能性的玻璃新品种的不断问世，为现代建筑设计提供了更加宽广的选择余地，使现代化建筑中愈来愈多地采用玻璃门窗、玻璃幕墙和玻璃构件，以达到光控、温控、节能、降噪以及降低结构自重、美化环境等多重目的。

建筑玻璃常根据性能和用途分为平板玻璃、安全玻璃、节能玻璃、玻璃制品等几类。

(1) 平板玻璃

平板玻璃是玻璃家族中产量最大、应用最多的一种，也是进一步加工成其他类型玻璃的基础材料。

平板玻璃按生产方式不同，分为普通平板玻璃和浮法玻璃。后者工艺更先进，玻璃表面更加平整光洁，光学畸变小，质量更好。我国目前浮法玻璃产量已超过平板玻璃总产量的 80%，随着人们生活质量的提高，生产工艺水平的进步，浮法玻璃取代普通平板玻璃将是时代的必然趋势。

平板玻璃透光透视，具有一定保温性、隔声性和机械强度，且耐擦洗、耐腐蚀、价格低廉、切割容易。但质脆，怕冲击、强震，急冷急热作用下易碎。主要用于建筑物的门窗、室内隔断及家具玻璃门等。包括普通平板玻璃、磨光玻璃、磨砂玻璃、花纹玻璃和彩色玻璃等。

① 磨光玻璃

磨光玻璃又称镜面玻璃，是用平板玻璃经过机械研磨和抛光加工制成的，分单面磨光和双面磨光两种。其表面平整光滑且有光泽，从任何方向透视或反射景物都不发生畸变。厚度一般为5～6mm，尺寸大小可按需要订制。作为室内装饰材料，常用作大型高级门窗、橱窗及制作镜子。缺点是加工费时且不经济，其用量已大为减少。

② 磨砂玻璃

普通平板玻璃经研磨、喷砂或氢氟酸溶蚀等工艺加工之后，玻璃表面就会形成均匀粗糙表面，只有透光性而没有透视性，这种平板玻璃称之为磨砂玻璃，又称为毛玻璃。

表面粗糙的磨砂玻璃，使透过的光线产生漫射效果。磨砂玻璃特有的透光而不透视的效果，很好地避免了视线干扰，加强了环境的隐私性。常用于需要隐蔽的卫生间、浴室、办公室的门窗及隔断。

③ 花纹玻璃

根据加工方法的不同，花纹玻璃可分为：压花玻璃、喷花玻璃和刻花玻璃三种。

压花玻璃又称滚花玻璃，是用带花纹图案的滚筒压制处于可塑状态的玻璃料坯而制成的，可一面压花，也可双面压花。压花玻璃同磨砂玻璃一样具有透光不透视的特点，但花纹美丽、装饰效果较好，一般用于宾馆、饭店、酒吧、游泳池、浴池、卫生间及办公室、会议室的门窗和隔断等。

喷花玻璃又称胶花玻璃，使在平板玻璃表面贴上花纹图案，抹以护面层并经喷砂处理而成，其性能和装饰效果与压花玻璃相同，适用于门窗装饰和采光。

刻花玻璃是由平板玻璃经涂漆、雕刻、围蜡与耐蚀研磨而成，色彩更丰富，可实现不同风格的装饰效果。

④ 彩色玻璃

彩色玻璃又称有色玻璃，分透明和不透明两种。透明的彩色玻璃是在玻璃原料中加入一定的金属氧化物，按平板玻璃的生产工艺加工而成。不透明的彩色玻璃是用4～6mm厚的平板玻璃按照要求的尺寸切割成型，然后在一面喷以色釉，再经烘制而成。彩色玻璃的颜色十分丰富，并可拼成各种图案，主要用于建筑物的内外墙面、门窗装饰及有特殊要求的采光部位。

(2) 安全玻璃

普通玻璃的最大弱点是易碎，特别是玻璃破碎后具有尖锐的棱角，很容易对人体造成意外伤害。安全玻璃指具有良好安全性能的玻璃，其特点是力学强度较高，抗冲击能力较好，被击碎时碎块无尖角，不飞溅伤人。有的安全玻璃还有防火作用。常用的安全玻璃有钢化玻璃、夹层玻璃和夹丝玻璃等，各安全玻璃的工艺过程、特点及用途见表10-11。

(3) 节能玻璃

节能玻璃是兼具采光、调节光线、调节热量进入或散失、防止噪声、改善居住环境、降低空调能耗等多种功能的建筑玻璃。

安全玻璃的工艺过程、特点和用途　　表 10-11

品种	工艺过程	特点	用途
钢化玻璃	加热到一定温度后迅速冷却或用化学方法进行钢化处理的玻璃	强度是普通玻璃的 4～5 倍，抗冲击性及抗弯性好，耐酸碱侵蚀	用于建筑的门窗、隔墙、幕墙、车船门窗、暖房
夹丝玻璃	将预先编好的钢丝网压入软化的玻璃中	具有优良的耐冲击性和耐热性；破碎时，玻璃碎片附在金属网上，且具有一定防火性能；但耐急冷急热性能较差	用于厂房天窗、仓库门窗、地下采光窗及防火门窗；但不能用在温度变化大的部位
夹层玻璃	两片或多片平板玻璃中嵌夹透明塑料薄片，经加热压粘而成的复合玻璃	透明度好、抗冲击，机械强度高，耐火、耐热、耐湿、耐寒；玻璃破碎时，由于中间有塑料衬片产生的粘合作用，仅产生辐射状的裂纹和少量的玻璃碎屑而不落碎片	用于汽车、飞机的挡风玻璃、防弹玻璃和有特殊要求的门窗、工厂厂房的天窗及一些水下工程

① 吸热玻璃

吸热玻璃是一种能控制阳光中热量透过的玻璃，它可以全部或部分吸收携带大量热量的红外线，从而可降低通过玻璃的日照热量，又可以保持良好的透明度。吸热玻璃的生产是在普通玻璃原液中加入吸热和着色的金属氧化物，使玻璃带色并具较高的吸热性能。也可在玻璃表面喷涂具有吸热性能的有色氧化物薄膜而制成。吸热玻璃可产生冷房效应，大大节约了冷气能耗。

当太阳光照射在吸热玻璃上时，相当一部分的太阳辐射能被吸热玻璃吸收，因此，吸热玻璃可明显降低夏季室内的温度，避免由于使用于普通玻璃而带来的暖房效应，从而降低空调费用。同时，吸热玻璃吸收可见光的能力也较强，使室内的照度降低，使刺眼的阳光变得柔和、舒适。

吸热玻璃适用于既需要采光，又需要隔热之处，尤其是炎热地区，需设置空调、避免眩光的大型公共建筑的门窗、幕墙、商品陈列窗、计算机房，以及车、船的挡风玻璃，起到采光、隔热、防眩等作用。需要注意的是，由于吸收了大量太阳热辐射，吸热玻璃的温度会升高，容易产生玻璃不均匀的热膨胀而导致"热炸裂"现象。因此，在吸热玻璃使用的过程中，应注意采取构造性措施，减少不均匀热胀，以避免玻璃破坏。

② 热反射玻璃

热反射玻璃又称镀膜玻璃，是在玻璃表面涂以银、铜、铝、镍等金属及其氧化物的薄膜，或粘贴有机薄膜，或采用电浮法等离子交换法，向玻璃表层渗入金属离子以置换玻璃表层原有离子，而形成的具有高热反射能力和良好透光性的玻璃。

热反射玻璃具有良好的隔热性能，对太阳辐射有较高的反射能力，保证了日晒时室内温度的相对稳定和光线柔和，调节了建筑物内的光环境。镀金属膜的热反射玻璃，还具有单向透像的特征，在迎光面具有镜子的效果，而在背光面又如玻璃那样透视，这种特殊性能的玻璃运用在建筑外墙上，使在白天室内可以清晰地看到室外景物，而在室外却看不到室内情况，对建筑物内部起到遮蔽和帷幕的作用。热反射玻璃具有镜面效应，用热反射玻璃作幕墙，可将周围的景象及天空的云彩影射在幕墙上，构成一幅绚丽的图画。另外，热反射玻璃还具有化学稳定性高、耐刷洗性好、装饰性好等特点。

热反射玻璃特别适合用于炎热地区。热反射玻璃在建筑工程中，主要用于玻璃幕墙、内外门窗及室内装饰等。用于门窗工程时，常加工成中空玻璃或夹层热反射玻璃，以进一步提高节能效果。

③ 中空玻璃

中空玻璃是由两层或两层以上的平板玻璃组合在一起，其周边用间隔框隔开，四周边缘部分用胶结、焊接或熔接的办法密封，中间填充干燥的空气或其他惰性气体。中空玻璃中玻璃与玻璃之间留有一定的空气层，其一般的厚度约在6～12mm之间。正是由于空气层的存在，使玻璃具有了较高的保温、隔热、隔声等功能。

中空玻璃主要用于需要采光，但又要求保温隔热、隔声、无结露的门窗、幕墙、采光顶棚等，还可用于花棚温室、冰柜门、细菌培养箱、防辐射透视窗及车船的挡风玻璃等。

（4）玻璃制品

① 玻璃空心砖

玻璃空心砖是把两块压铸成凹形的玻璃，经高温熔接或胶接成中空的整体块状玻璃制品。玻璃空心砖的透光性可在较大范围内变化，并能透散射光或将光折射到某一方向，改善室内采光深度和均匀性；其保温隔热、隔声性能好，耐火、防水、耐磨，化学稳定性好、机械强度高，使用寿命长。因此，可用于砌筑透光屋面、墙壁，非承重结构外墙、内墙、门厅、通道及浴室等隔断，特别适用于宾馆、展览厅馆、体育场馆等既要求艺术装饰，又要防太阳眩光、控制透光、提高采光深度的高级建筑。

② 玻璃马赛克

玻璃马赛克又称玻璃锦砖，是以边长不超过45mm的各种小规格彩色饰面玻璃预先粘贴在纸上而成的装饰材料。一般尺寸为20mm×20mm、30mm×30mm和40mm×40mm，厚为4～6mm，有透明、半透明、不透明的，还有金色、银色斑点或条纹的，其一面光滑，另一面带槽纹，便于与砂浆粘贴。

玻璃马赛克具有如下特点：色彩绚丽多彩、典雅美观；质地坚硬、性能稳定；具有耐热、耐寒、耐气候、耐酸碱等性能；价格较低，造价为釉面砖的1/2～1/3，为天然大理石、花岗岩的1/6～1/7；吃灰深，粘接较好，因而安装铺贴后不易脱落，耐久性较好；施工方便；不易沾污，永不褪色。玻璃马赛克适用于各类建筑的外墙饰面及壁画装饰等。

（5）玻璃的运输和保管

玻璃及其制品性脆，极易碎裂，且受潮后易发霉，因此在贮运中必须采取相应的具体措施。

运输时，箱头朝向运输的方向，箱盖朝上放稳，大片玻璃的扁箱不能平放或斜放；要有防止箱（架）滑动和倾倒的措施。在运输的途中或装卸时，要防止雨淋和受潮。

玻璃及制品必须放在干燥、通风、不结露的房间内。按品种、规格、等级有规则地码放，视箱的大小，决定能否码几层，不应承受重压或碰撞。大尺寸的扁箱要垂直放置，且必须有牢靠的支护。箱底应加垫木，以便通风。货位之间留有足够的通道，便于检查和取放。拆箱后的玻璃，应防止混入砂粒等杂物，以防划伤。

10.5.5 建筑陶瓷

凡以粘土、长石、石英为基本原料，经配料、制坯、干燥、焙烧而制得的成品，统称为陶瓷制品，有上釉和不上釉两种。陶瓷制品质地按其致密程度分为陶质、瓷质和炻质三类。

用于建筑工程的陶瓷制品，称为建筑陶瓷，主要包括釉面砖、外墙面砖、地面砖、陶瓷锦砖、玻璃制品、卫生陶瓷等。

（1）内墙釉面砖

内墙面砖是适用于建筑物室内装饰的薄型精陶制品，又称釉面砖。表面施釉，烧成后表面光亮平滑，形状尺寸多种多样，颜色丰富多彩，并且具有不易沾污、耐水性好、耐酸碱性好、热稳定性较强、防火性好等优点。经专门设计的彩绘面砖，可镶拼成各式壁画，具有独特的装饰效果。釉面砖主要用在对卫生要求较高的室内环境中，如厨房、卫生间、浴室、实验室、精密仪器车间及医院等处。

因为釉面砖为多孔坯体，吸水率较大，会产生湿涨现象，而其表面釉层的吸水率和湿涨性又很小，再加上冻胀现象的影响，会在坯体和釉层之间产生应力。当坯体内产生的胀应力超过釉层本身的抗拉强度时，就会导致釉层开裂或脱落，严重影响饰面效果。因此釉面砖不能用在室外。

（2）陶瓷墙地砖

陶瓷墙地砖是外墙面砖和地面砖的统称。外墙砖和地砖虽然它们在外观形状、尺寸及使用部位上都有不同，但由于它们在技术性能上的相似性，使得部分产品可用既可用于墙面装饰，也可以用于地面装饰，成为墙地通用面砖。因此，我们通常把外墙面砖和地面砖统称为陶瓷墙地砖。

墙地砖分无釉和有釉两种。有釉的墙地砖在已烧成的素坯上施釉，然后经釉烧而成。墙地砖的生产工艺与釉面内墙砖相似，但它增加了坯体的厚度和强度，降低了吸水率。墙地砖的表面质感丰富，通过改变配料和相应的制作工艺，可获得多种装饰效果。墙地砖的装饰日趋华丽高雅，某些产品已经具有一些天然高级材料的表面质感（特别是天然石材的表面质感），使墙地砖应用更加广泛。

（3）陶瓷锦砖

陶瓷锦砖俗称“马赛克”，是以优质瓷土烧制成的小块瓷砖（长边≤50mm），有挂釉和不挂釉两种，目前各地产品多不挂釉。产品出厂前已按各种图案粘贴在牛皮纸上，每张牛皮纸制品为一联。陶瓷锦砖按砖联分为单色、拼花两种。

陶瓷锦砖具有美观、不吸水、防滑、耐磨、耐酸、耐火以及抗冻性好等性能。主要用于室内地面装饰，如浴室、厨房、餐厅、精密生产车间等的地面。也可用于室内、外墙饰面，并可镶拼成有较高艺术价值的陶瓷壁画，提高其装饰效果并可增强建筑物的耐久性。

（4）建筑琉璃制品

琉璃制品是以难熔粘土做原料，经配料、成型、干燥、素烧、表面涂以琉璃釉料后，再经烧制而成。琉璃制品属于精陶瓷制品，颜色有金、黄、绿、蓝、青等。品种分为三类：瓦类（板瓦、筒瓦、沟头）；脊类；饰件类（物、博古、兽等）。

琉璃制品表面光滑、色彩绚丽、造型古朴、坚实耐用，富有民族特色。其彩釉不易剥落，装饰耐久性好，比瓷质饰面材料容易加工，且花色品种很多，主要用于具有民族风格的房屋以及建筑园林中的亭台、楼阁等。

（5）陶瓷卫生洁具

陶瓷卫生洁具主要是精陶质的，它是采用可塑性黏土、高岭土、长石和石英为原料，坯体成形后经过素烧和釉烧而成。陶瓷卫生洁具颜色清澄、光泽度好、易于清洗、经久耐用。其主要产品有洗面器、大小便器、水箱水槽等，主要用于浴室、盥洗间、厕所等处。

10.5.6 建筑装饰涂料

建筑装饰涂料是指涂于物体表面能很好地粘结形成完整保护膜，同时具有防护、装饰、防锈、防腐、防水功能的物质。装饰涂料以其色彩艳丽、品种繁多、施工方便、维修便捷、成本低廉等优点而广泛应用于建筑装饰中。

(1) 装饰涂料的种类

装饰涂料品种和分类方法很多，常见的品种和分类方法见表10-12。

涂料的分类　　表10-12

<table>
<tr><th>序号</th><th>分类方法</th><th colspan="6">涂料类别</th></tr>
<tr><td rowspan="10">1</td><td rowspan="10">按主要成膜物质分</td><td>序号</td><td>代号</td><td>类别</td><td>序号</td><td>代号</td><td>类别</td></tr>
<tr><td>1</td><td>Y</td><td>油脂漆类</td><td>10</td><td>X</td><td>烯氢树脂漆类</td></tr>
<tr><td>2</td><td>T</td><td>天然树脂漆类</td><td>11</td><td>B</td><td>丙烯酸类</td></tr>
<tr><td>3</td><td>F</td><td>酚醛漆类</td><td>12</td><td>Z</td><td>聚酯漆类</td></tr>
<tr><td>4</td><td>L</td><td>沥青漆类</td><td>13</td><td>H</td><td>环氧漆类</td></tr>
<tr><td>5</td><td>C</td><td>醇酸漆类</td><td>14</td><td>S</td><td>聚氨酯漆类</td></tr>
<tr><td>6</td><td>A</td><td>氨基漆类</td><td>15</td><td>W</td><td>元素有机漆类</td></tr>
<tr><td>7</td><td>Q</td><td>硝基漆类</td><td>16</td><td>J</td><td>橡胶漆类</td></tr>
<tr><td>8</td><td>M</td><td>纤维素漆类</td><td rowspan="2">17</td><td rowspan="2">E</td><td rowspan="2">其他漆类</td></tr>
<tr><td>9</td><td>G</td><td>过氯乙烯漆类</td></tr>
<tr><td>2</td><td>按建筑物使用部位分</td><td colspan="6">1. 外墙涂料　2. 内墙涂料　3. 地面涂料　4. 顶棚涂料　5. 屋面涂料</td></tr>
<tr><td>3</td><td>按涂料状态分</td><td colspan="6">1. 溶剂型涂料　2. 水溶性涂料　3. 乳液性涂料</td></tr>
<tr><td>4</td><td>按特殊功能分</td><td colspan="6">1. 防火涂料　2. 防水涂料　3. 防霉涂料　4. 防结露涂料　5. 防虫涂料</td></tr>
<tr><td>5</td><td>按装饰质感分</td><td colspan="6">1. 薄质涂料　2. 厚质涂料　3. 复层涂料</td></tr>
</table>

此外，装饰涂料从化学组成上可分为有机高分子涂料、无机涂料和有机一无机复合涂料三类。有机高分子涂料又分为溶剂型、水溶型和乳液型高分子涂料。溶剂型高分子涂料价高、易燃、易挥发，故应用越来越少。水溶型和乳液型高分子涂料不燃、无毒、价格较低，发展迅速，已成为装饰涂料的主要品种之一。无机涂料目前应用较广的有碱金属硅酸盐系和胶态二氧化硅系两种，主要用于内外墙的建筑装饰。无机涂料的特点是：资源丰富、工艺简单、粘结力、遮盖力强、耐久性好且不燃、无毒，是一种很有发展前途的建筑涂料。有机一无机复合涂料克服了有机与无机涂料的某些弊端，起到了互相改进的作用，如聚乙烯醇水玻璃内墙涂料就比单纯使用聚乙烯醇的耐水性好；以硅溶胶、丙烯酸系复合的外墙涂料，在其柔韧性和耐久性能方面更出色。

（2）内墙涂料

内墙涂料通常也可用于顶棚，主要功能是装饰及保护内墙墙面及顶棚，使其达到良好的装饰效果和使用功能。常用的内墙涂料有：合成树脂乳液内墙涂料、水溶性内墙涂料、彩色内墙涂料、仿瓷涂料、天然真石漆等。

内墙涂料要求具有以下特点：色彩丰富，耐碱、耐水性、耐洗刷性好，无毒、环保。内墙涂料是构成室内空间环境质量的重要组成部分。据统计，人们平均每天至少80%的时间生活在室内环境中。因此，内墙涂料无毒、无污染对人体的健康极为重要。内墙涂料中甲醛等有害物质含量应符合《室内装饰装修材料内墙涂料中有害物质限量》（GB 18582—2001）的规定。

（3）外墙涂料

外墙涂料的主要用于装饰和保护建筑物的外墙面，使建筑物美观整洁，从而达到美化城市环境的效果。外墙涂料还具有保护建筑物，延长建筑物使用寿命的作用。常用的外墙涂料有：过氯乙烯外墙涂料、丙烯酸酯外墙涂料、BSA丙烯酸外墙涂料、彩砂外墙涂料、聚氨酯丙烯酸外墙涂料、氯化橡胶外墙涂料等。

外墙涂料要求耐水性、耐候性和抗老化性好。外墙的清洁工作是具有高难度的，特别是高层建筑的外墙清洁工作，因此外墙涂料的耐污染性和易清洁性是很重要的。外墙涂料的施工及维修工作，很多都是高空作业，具有较大的施工难度和风险性，因此要求施工及维修必须较为方便。

（4）推广和限制使用的涂料品种

在国家发展化学建材产业规划中，制定了包括建筑涂料在内的具体发展目标。其中包括：逐步淘汰聚乙烯醇类及其改性涂料，淘汰各类溶剂型内墙涂料。推荐使用环保型乳胶漆，优先使用高性能水乳型外墙涂料，在高层和公共建筑上推荐使用有机硅丙烯酸系统、丙烯酸聚氨酯及低毒溶剂型丙烯酸涂料。

为促使建筑涂料沿着提高性能、增强功能和消除污染的发展路线加快更新，针对当前生产和应用的现状，原建设部几次发布公告，明示了对建筑涂料推广、限制、禁止的品种。

① 内墙涂料

推广应用的合成树脂乳液内墙涂料，包括丙烯酸共聚乳液（纯丙、苯丙、醋丙等）系列内墙涂料，乙烯—醋酸乙烯共聚乳液系列内墙涂料。

禁止使用的品种有：聚乙烯醇水玻璃内墙涂料（即106内墙涂料），聚乙烯醇缩甲醛内墙涂料（107、803内墙涂料），多彩内墙涂料（指树脂以硝化纤维素为主，溶剂以二甲苯为主的O/W型多彩内墙涂料）。

限制使用仿瓷涂料，即以聚乙烯醇为基料掺加灰钙粉、大白粉、滑石料等配制的仿瓷内墙涂料，不得用于房屋建筑的室内高级装饰装修工程。

② 外墙涂料

推广应用的水性外墙涂料，包括丙烯酸共聚乳液（纯丙、苯丙等）系列、有机硅丙烯酸乳液系列、水性氟碳外墙涂料和水性聚氨酯外墙涂料（薄质、复层、砂壁状等）。

推广应用的溶剂型外墙涂料，包括溶剂型丙烯酸，丙烯酸聚氨酯、有机硅改性丙烯酸树脂和氟碳树脂外墙涂料。

禁止使用的品种有：聚乙烯醇缩甲醛类外墙涂料，聚醋酸乙烯乳液类（含 EVA 乳液）外墙涂料，氯乙烯-偏氯乙烯共聚乳液外墙涂料。

③ 其他涂料

推广应用无矿物纤维、低含量苯类溶剂型钢结构防火涂料。推广应用水性木器涂料。

限制使用含矿物纤维或高含量苯系溶剂的钢结构防火涂料，不得用于房屋建筑室内钢结构工程。

10.5.7 金属类装饰材料

金属材料是指一种或两种以上的金属元素或金属与某些非金属元素组成的合金材料的总称。金属材料以其优良的物理力学性能、特殊的装饰作用和质感，广泛应用于建筑装饰工程中。

（1）钢材

1）装饰用钢板

① 不锈钢板　装饰用不锈钢板主要是厚度小于 4mm 的薄板，用量最多的是厚度小于 2mm 的板材。有平面钢板和凸凹钢板两类。主要用作内外墙面、幕墙、隔墙、屋面等部位。

② 彩色不锈钢板　彩色不锈钢板是在不锈钢板上再进行技术和艺术加工，使其成为各种色彩绚丽的装饰板。彩色不锈钢板具有良好的抗腐蚀性、耐磨、耐高温性能，且其彩色面层经久不褪色，增强了装饰效果。常用做建筑物的墙板、顶棚、电梯厢板、外墙饰面等。

③ 彩色涂层钢板　为提高普通钢板的防腐蚀和装饰等性能，近年来我国发展了各种彩色涂层钢板，其原板通常为热轧钢板和镀锌钢板，涂层分有机涂层、无机涂层和复合涂层三类，以有机涂层钢板发展最快。有机涂层可以配制成各种不同的色彩和花纹，故通常称为涂层钢板。该类钢板具有耐污染性强、装饰效果好、耐久性好及易加工和施工等优点，可用作外墙板、壁板、屋面板等。

④ 彩色压型钢板　彩色压型钢板以镀锌钢板为基材，经成型机轧制，并敷以各种耐腐蚀涂层与彩色烤漆而制成。其特点和用途同彩色涂层钢板。

2）轻钢龙骨

轻钢龙骨是以镀锌钢板或薄钢板由特制轧机以多道工序轧制而成。它具有强度大、通用性强、耐火性好、安装简便等优点，可装配多种类型的石膏板、钙塑板、吸声板等。用做墙体和吊顶的龙骨支架，美观大方，对室内装饰造型、隔声现代化能起到良好的效果。

（2）铝合金

铝属于有色金属中的轻金属，呈银白色，质轻，密度为 $2.7g/cm^3$，只有钢密度的 1/3，是各种轻结构的基本材料之一。纯铝强度低，为了提高其强度，常在铝中加入铜、镁等合金元素制成铝合金。

1）铝合金装饰板

① 铝合金花纹板　铝合金花纹板是采用防锈铝合金坯料，用特殊的花纹辊轧制成。花纹美观大方，价格适中，防滑、防腐蚀性能好，不易磨损，便于清洗。花纹板板材平整，裁剪尺寸精确，广泛应用于现代建筑的墙面装饰以及楼梯踏板等处。

铝合金浅花纹板是优良的建筑装饰材料之一，它对白光反射率达75%～90%，热反射率达85%～95%，除具有普通铝合金共有的优点外，刚度提高20%，抗污垢、抗划伤能力均有所提高。铝合金浅花纹板色彩丰富、花纹精致，是我国特有的建筑装饰产品。

② 铝合金波纹板　铝合金波纹板有银白色等多种颜色，既有一定的装饰效果，也有很强的反射阳光的能力。它能防火、防潮、耐腐蚀，在大气中可使用20年以上。搬迁拆卸下来的波纹板仍可重复使用。波纹板适用于旅馆、饭店、商场等建筑墙面和屋面的装饰。屋面装饰一般用强度高、耐腐蚀性能好的防锈铝制成；墙面板材可用防锈铝或纯铝制作。

③ 铝合金压型板　铝合金压型板质量轻，外形美观，耐腐蚀，耐久性好，施工简单，是目前广泛应用的一种新型建筑装饰材料，主要用于墙面和屋面。

④ 铝合金穿孔板　铝合金穿孔板是用各种铝合金平板经机械穿孔而成，孔型根据需要做成圆孔、方孔、长圆孔、长方孔、三角孔、大小组合孔等。这是近年来开发的一种降低噪音并兼有装饰作用的新型产品。

铝合金穿孔板质轻，耐高温、高压，耐腐蚀，防火、防潮、防振，化学稳定性好，并且造型美观、色泽幽雅，立体感强，装饰效果好，组装简单。可用于宾馆、饭店、剧场等公共建筑和中、高级民用建筑中来改善音质条件，也可用于各类车间、厂房、机房等作为降噪措施。

2）铝合金门窗

铝合金门窗是将表面处理过的型材，经过下料、打孔、铣槽、攻丝、制作等加工工艺而制成的门窗框料构件，再加上连接件、密封件、开闭五金件一起组合装配而成。门窗框料之间连接采用直角榫头、不锈钢螺钉接合。按其结构与开启方式分为：推拉窗（门）、平开窗（门）、固定窗（门）、百叶窗、纱窗等。

铝合金门窗与普通木门窗、钢门窗相比，具有以下主要特点：①质量轻；②密封性能好；③色泽美观；④耐腐蚀、经久耐用；⑤安装简单、维修方便。现代建筑装饰工程中，尽管铝合金门窗造价较高，但因其性能好，长期维修费用低，所以得到了广泛使用。

3）铝合金吊顶龙骨

铝合金吊顶龙骨具有不锈、质轻、耐腐蚀等优点，适用于室内装饰要求较高的吊顶之用。根据饰板安装方式的不同，分为明式龙骨吊顶和暗式龙骨吊顶。明式龙骨吊顶的龙骨外露，暗式龙骨吊顶的龙骨不外露。铝合金吊顶材料除了铝合金吊顶龙骨外，还有铝合金龙骨配件、铝合金吊顶板等。

10.5.8　墙面装饰织物、地毯

（1）墙面装饰织物

墙面装饰织物是指以纺织物和编织物为面料制成的壁纸（或墙布），其原料可以是丝、羊毛、棉、麻、化纤等，也可以是草、树叶等天然材料。墙面装饰织物具有色彩丰富、质地柔软、有弹性等特点，会对室内的景观、光线、质感及色彩产生直接的影响，给人以温暖、舒适、美观的感觉。墙面装饰织物还可以调整室内在装饰方面的不足，发挥其材料的质感、色彩和纹理的表现力，增强室内的艺术气氛，对现代装饰起到锦上添花的作用。

①无纺墙布　无纺墙布是以棉、麻等天然纤维或涤纶、腈纶等合成纤维，经过无纺成型、上树脂、印制彩色花纹而成。有棉、麻、涤纶、腈纶等品种，并有多种花色图案，且表面光洁、有弹性、不易老化，对皮肤无刺激性，有一定的透气性和防潮性，可擦洗而不褪色。其中，涤纶棉无纺贴墙布还具有质地细洁、光滑等特点，尤其适用于高档宾馆及住宅的装修。

②纯棉装饰墙布　纯棉装饰墙布是将纯棉平布经过前处理、印花、涂层制作而成。具有强度高、静电小、蠕变性小、无光、无味、无毒、吸声、花型繁多、色泽美观大方等特点。用于宾馆、饭店等公共建筑及较高级的民用住宅的装修。适用于抹灰墙面、混凝土墙面、石膏板墙面、胶合板墙面、纤维板及石棉水泥板墙面等多种基层。

③化纤装饰墙布　化纤装饰墙布以涤纶、腈纶等化纤布为基布，经树脂整理后印制花纹图案，新颖美观、色彩调和、无毒无味、透气性好、不易褪色，但是不宜多擦洗；又因基布结构疏松，如墙面有污渍时便会透露出来。

④玻璃纤维印花墙布　玻璃纤维印花墙布是以中碱玻璃纤维布为基材，表面涂以耐磨树脂，印上彩色图案而制成的。特点是美观大方、色彩艳丽、不易褪色、不易老化、防火性能好、耐潮性强、可擦洗。缺点是容易断裂和老化，涂层磨损后，散出的玻璃纤维对人体皮肤有刺激性。

⑤柔漫丝纤维墙布　柔漫丝纤维墙布是由石英砂、苏打、石灰和白云石等天然材料制成，无毒、无味。柔漫丝纤维墙布能承受高强度破坏性的力量，化学稳定性高，不燃、防霉、不褪色，墙上的污物可以随时擦洗。由于韧性好，可有效地防止墙体开裂，因此被称为“撕不破的壁纸”。耐用性好，寿命长达 15 年以上。这种墙布能防止微生物或寄生虫的滋生，也无静电，从而避免发生过敏反应，表面有温暖、舒适的手感，织物结构的开放空隙有利于水蒸气的自然散发，大大促进了室内空气的调节，因此是一种新型绿色环保材料，成为室内装饰新时尚。柔漫丝纤维墙布施工方便，适用于所有墙面，包括混凝土、砖墙、石膏板、刨花板、木板、陶瓷等。

(2) 地毯

地毯是一种高级地面装饰材料，有悠久的历史，也是一种世界通用的装饰材料之一。它不仅具有隔热、保温、吸声、挡风及弹性好等特点，而且地毯表面绒毛可以捕捉、吸附飘浮在空气中的尘埃颗粒，有效改善室内空气质量；地毯是一种软性铺装材料，有别于大理石、瓷砖等硬质地面铺装材料，不易滑倒磕碰。地毯具有丰富的图案、绚丽的色彩、多样化的造型，铺设后可以使室内具有高贵、华丽、悦目的气氛。所以，它是经久不衰的装饰材料，广泛应用于现代建筑中。

按使用原材料的不同，地毯可分为：纯毛地毯、羊毛混纺地毯、化纤地毯、塑料地毯等。

纯毛地毯的手感柔和，拉力大，弹性好，图案优美，色彩鲜艳，质地厚实，脚感舒适，并具有抗静电性能好、不易老化、不褪色等特点，是高档的地面装饰材料。但纯毛地毯的耐菌性和耐潮湿性较差，价格昂贵，多用于高级别墅住宅的客厅、卧室等处。

混纺地毯是在纯毛纤维中加入一定比例的化学纤维制成。该种地毯在图案花色、质地手感等方面与纯毛地毯差别不大，但却克服了纯毛地毯不耐虫蛀、易腐蚀、易霉变的缺点，同时提高了地毯的耐磨性能，大大降低了地毯的价格，使用范围广泛，在高档家庭装修中成为地毯的主导产品。

化纤地毯也称为合成纤维地毯，是以锦纶（又称尼龙纤维）、丙纶（又称聚丙烯纤维）、腈纶（又称聚丙烯腈纤维）、涤纶（又称聚酯纤维）等化学纤维为原料，用簇绒法或机织法加工成纤维面层，再与麻布底缝合成地毯。其质地、视感都近似于羊毛，耐磨而富有弹性，鲜艳色彩，具有防燃、防污、防虫蛀的特点，清洗维护方便，在一般家庭装修中的使用也日益广泛。

塑料地毯由聚氯乙烯树脂等材料制成，加入填料、增塑剂等多种辅助材料和外加剂，经混炼、塑化在地毯模具中成形而制成的一种新型地毯。虽然质地较薄、手感硬、受气温的影响大、易老化，但该种材料色彩鲜艳，耐湿性、耐腐蚀性、耐虫蛀及可擦洗性都比其他材质有很大的提高，特别是具有阻燃性和价格低廉的优势，多用于宾馆、商场、浴室和住宅的门厅。

10.5.9 装饰装修材料的污染

装饰装修材料被用来美化建筑空间，但又因其含有污染物而令人担忧。特别是与人体更贴近的室内装饰材料，的确会释放出多种有害物质，当超过自然界净化能力的允许值时，便形成危害。由于装饰装修材料的应用，使民用建筑室内环境污染问题日益突出，所以，必须对装饰装修材料有害物质进行限量，对建筑室内污染进行控制。

(1) 主要污染物

就目前用于建筑装饰装修的材料而言，可能含有导致人居环境受到污染的有毒有害物质，较为突出的有：氨、甲醛、芳香烃等挥发性气体；铅、铬、镉、汞等重金属元素；放射性及光污染等。

① 氨和甲醛

氨和甲醛，都是无色的刺激性气体，对人的视觉和呼吸系统有害。氨主要来自涂料中的原料和助剂，某些喷涂的涂料尤甚；使用了外加剂的混凝土制品，有的也含有氨。甲醛为毒性较高的物质，已经被世界卫生组织确定为致癌和致畸形物质。甲醛污染源很多，污染度也很高，对人体的危害极大，是室内主要污染源。甲醛主要来自多种合成树脂型胶粘剂和某些涂料，有的装饰布（纸）也含有甲醛。

② 芳香烃和挥发性有机化合物

芳香烃是指多环结构的碳氢化合物，其中苯和苯系物，是有毒的挥发性气体。许多溶剂型涂料及其稀释剂、有机合成的胶粘剂、含焦油的防水材料和各种化学建材，都可能释放出苯系物或其他有害气体。

苯于1993年被世界卫生组织（WHO）确定为致癌物。苯对人体健康的影响主要表现在血液毒性、遗传毒性和致癌性三个方面。吸入高浓度苯蒸气主要出现中枢神经症状（痉挛和麻醉作用），引起头晕、头痛、恶心。此外，苯对皮肤、眼睛和上呼吸道有刺激作用，导致喉头水肿、支气管炎以及血小板下降。经常接触苯，皮肤可因脱脂变干燥，严重的出现过敏性湿疹。会引起呼吸系统炎症，长期接触还能引起中枢神经的破坏。

挥发性有机化合物是指任何参加气相光化学反应的有机化合物。近来国内外对室内环境污染的研究表明，在已测到的数百种有毒有害物中，其绝大部分为有机物。各种涂料、胶粘剂、塑料地板、壁纸等化学建材，以及各种人造板和家具，都含有较多的挥发性有机化合物，可导致室内环境的污染。当对这些产品提出限量要求时，除限定突出的苯及苯系物含量外，并以 TVOC 作为总的指标。

③ 重金属

铅、铬、镉、汞等重金属元素的可溶物进入人的机体后，会逐渐在体内积蓄，转化成毒性更强的金属有机化合物，对人体健康产生严重影响。室内环境中重金属污染主要来自溶剂型木器涂料、内墙涂料、木家具、壁纸、聚氯乙烯卷材地板等装饰装修材料。即便是乳液型涂料，因采用某些重金属化合物作防腐、防霉剂，同样会含有重金属。此外，某些陶瓷制品的彩釉，也会因含铅量高而产生污染。

④ 放射性

自然界中的各种天然矿物质材料，包括土壤在内，都或多或少地含有放射性核素。人们日常生活在室内，所能接受到的放射性气体污染物是氡。氡主要有四个放射性同位素，其中以含量最高的 Rn-222 对人体危害最大。氡气可通过呼吸进入人体，并能广泛分布，以致损伤细胞而发生癌变。氡是世界卫生组织公布的 19 种环境致癌物之一。

用于装饰装修的天然石材、陶瓷、石膏板等无机非金属材料，也包括工程使用的砂、石、水泥、混凝土及其制品等主体材料，都有放射性物质超高的可能。对此应引起高度重视。

⑤ 光污染

光污染是一种不容忽视的新的环境污染。以镀亮的玻璃、镜面板材、耀眼的釉面砖、有光泽的涂层、闪光的金属板等做装饰，已日趋增多。此类材料在光照下产生夺目的眩光，会使人的视觉及神经系统受到伤害。

（2）限制建材中污染物超限的标准

为严防建筑材料和装饰装修材料中的有害物质超量，以使民用建筑工程室内环境污染得以控制，自 2001 年起我国集中发布了首批强制性标准。这些起先导作用的首批国家标准有下述几类，主要是针对装饰装修材料产生室内环境污染制定的，对于各种无机非金属材料和化学建材的具体产品标准中增加防止污染的条款，已起到基础标准的作用。

① 限制装饰装修材料中有害物质超量的标准

对于室内装饰装修材料，含木家具中的有害物质限量标准有：

GB 18580—2001《室内装饰装修材料　人造板及其制品中甲醛释放限量》

GB 18581—2001《室内装饰装修材料　溶剂型木器涂料中有害物质限量》

GB 18582—2001《室内装饰装修材料　内墙涂料中有害物质限量》

GB 18583—2001《室内装饰装修材料　胶粘剂中有害物质限量》

GB 18584—2001《室内装饰装修材料　木家具中有害物质限量》

GB 18585—2001《室内装饰装修材料　壁纸中有害物质限量》

GB 18586—2001《室内装饰装修材料　聚氯乙烯卷材地板中有害物质限量》

GB 18587—2001《室内装饰装修材料　地毯、地毯衬垫及地毯用胶粘剂中有害物质释放限量》

GB 18588—2001《混凝土外加剂中释放氨限量》

这些标准中对不同材料要求的项目见表 10-13，并逐项提出了具体的指标和试验方法。

室内装饰装修材料有害物质限量项目　　表 10-13

材料名称	项目					
	挥发性有机化合物	游离甲醛	重金属	苯	甲苯加二甲苯	其他
内墙涂料	√	√	√			
溶剂型木器涂料	√	√	√	√	√	游离甲苯二异氰酸酯
溶剂型胶粘剂	√	√		√	√	甲苯二异氰酸酯
水基型胶粘剂	√	√		√	√	
木家具		√	√			
壁纸		√	√			氯乙烯单体
聚氯乙烯卷材地板			√			氯乙烯单体、挥发物
地毯	√	√				苯乙烯、4-苯基环己烯
地毯衬垫	√	√				丁基羟基甲苯、4-苯基环己烯
地毯用胶粘剂	√	√				2-乙基己醇

注：1. 对人造板及其制品仅限甲醛释放量，对混凝土外加剂仅限释放的氨量，故未列入表中；
2. 溶剂型木器涂料中的重金属仅限色漆，游离甲苯二异氰酸酯仅限聚氨酯漆类；
3. 溶剂型胶粘剂游离甲醛仅限橡胶胶粘剂，甲苯二异氰酸酯仅限聚氨酯类胶粘剂。

② 建筑材料放射性核素限量标准

《建筑材料放射性核素限量》（GB 6566—2001）适用于建造各类建筑物所使用的无机非金属类建筑材料，包括掺工业废渣的建筑材料。该标准将建筑材料划分为建筑主体材料和装修材料，并定义为：用于建筑建筑物主体工程所使用的建筑材料为建筑主体材料，包括水泥与水泥制品、砖、瓦、混凝土、混凝土预制构件、砌块、墙体保温材料、工业废渣、掺工业废渣的建筑材料及各种新型墙体材料等；装修材料是指用于室内、外饰面用的建筑材料，包括花岗岩、建筑陶瓷、石膏制品、吊顶材料、粉刷材料及其他新型饰面材料等。

该标准对建筑材料放射性核素的限量，是以天然放射性核素镭 226、钍 232、钾 40 的放射性比活度要求，提出内照射指数 I_{Ra} 和外照射指数 I_r 能同时满足规定值为度的。各类建筑材料放射性核素限量的规定值以及达到时的应用要求，见表 10-14。

③ 民用建筑工程室内环境污染控制规范

《民用建筑工程室内环境污染控制规范》（GB/T 50325—2010）适用于新建、扩建和改建的民用建筑工程及其室内装修工程的环境污染控制。该规范根据控制室内环境污染的不同要求，将民用建筑工程划分为Ⅰ类和Ⅱ类。Ⅰ类民用建筑工程为：住宅、医院、老年建筑、幼儿园、学校教室等民用建筑工程。Ⅱ类民用建筑工程为：办公楼、商店、旅馆、文化娱乐场所、书店、图书馆、展览馆、体育馆、公共交通等候室、餐厅、理发店等民用建筑工程。规定控制的室内环境污染有：氡（Rn-222）、甲醛、氨、苯和总挥发性有机化合物（TVOC）。该规范所称室内环境污染，系指由建筑材料和装修材料产生的室内环境污染。民用建筑工程交付使用后，非建筑装修材料产生的室内环境污染，不属于该规范的控制范围。

建筑材料放射性核素限量 **表 10-14**

材料类别		放射性比活度 (按同时达到论)	应用要求
建筑主体材料	一般	$I_{Ra}\leqslant1.0$ 和 $I_r\leqslant1.0$	产销与使用范围不受限制
	空心率>25%	$I_{Ra}\leqslant1.0$ 和 $I_r\leqslant1.3$	产销与使用范围不受限制
装修材料	A类	$I_{Ra}\leqslant1.0$ 和 $I_r\leqslant1.3$	产销与使用范围不受限制
	B类	不满足A类装修材料要求，但同时满足 $I_{Ra}\leqslant1.3$ 和 $I_r\leqslant1.9$	不可用于Ⅰ类建筑的内饰面，但可用于Ⅰ类建筑的外饰面及其他一切建筑的内、外饰面
	C类	不满足A、B类材料要求，但满足 $I_r\leqslant2.8$	只可用于建筑物的外饰面及室外其他用途

(3) 室内空气质量标准

《室内空气质量标准》(GB/T 18883—2002) 规定了住宅和办公建筑物室内空气质量参数及检验方法。室内空气质量参数是指室内空气中与人体健康有关的物理、化学、生物和放射性参数，要求室内空气应无毒、无害、无异常嗅味。标准规定的室内空气质量标准详见表 10-15。

室内空气质量标准 **表 10-15**

序号	参数类别	参数	单位	标准值	备注
1	物理性	温度	℃	22～28	夏季空调
				16～24	冬季采暖
2		相对湿度	%	40～80	夏季空调
				30～60	冬季采暖
3		空气流速	m/s	0.3	夏季空调
				0.2	冬季采暖
4		新风量	$m^3/(h\cdot人)$	30[a]	
5	化学性	二氧化硫 SO_2	mg/m^3	0.50	1小时平均值
6		二氧化氮 NO_2	mg/m^3	0.24	1小时平均值
7		一氧化碳 CO	mg/m^3	10	1小时平均值
8		二氧化碳 CO_2	%	0.10	日平均值
9		氨 NH_3	mg/m^3	0.20	1小时平均值
10		臭氧 O_3	mg/m^3	0.16	1小时平均值
11		甲醛 HCHO	mg/m^3	0.10	1小时平均值
12		苯 C_6H_6	mg/m^3	0.11	1小时平均值
13		甲苯 C_7H_8	mg/m^3	0.20	1小时平均值
14		二甲苯 C_8H_{10}	mg/m^3	0.20	1小时平均值
15		苯并[a]芘 B(a)P	mg/m^3	1.0	日平均值
16		可吸入颗粒物 PM_{10}	mg/m^3	0.15	日平均值
17		总挥发性有机物 TVOC	mg/m^3	0.60	8小时平均值
18	生物性	菌落总数	cfu/m^3	2500	依据仪器定
19	放射性	氡 ^{222}Rn	Bq/m^3	400	年平均值(行动水平[b])

a. 新风量要求≥标准值，除湿度、相对湿度外的其他参数要求≤标准值；

b. 达到此水平建议采取干预行动以降低室内氡浓度。

10.5.10 建筑装饰装修材料的选用

建筑装饰装修材料品种繁多，性能和特点各不相同，用途也不尽相同，材料选择的正确与否，直接关系到装饰效果、装饰工程的质量、装饰工程造价和施工速度。选用装饰装修材料时应综合考虑以下几方面的因素：

（1）建筑物的装饰效果与风格

装饰效果是选材时首先应考虑的。选择装饰装修材料时，应结合建筑物的造型、功能、用途、所处的环境（包括周围的建筑物）、材料的使用部位等，充分考虑建筑装饰材料的颜色、光泽、质感、花纹、图案、形状、尺寸及不同材料的配合，最大限度地表现出建筑装饰材料的装饰效果。

（2）建筑物的使用功能

所选的装饰材料应能满足建筑物的功能与使用要求。如厨房的天花板和墙面所选装饰材料应耐脏、易擦洗、防火；大型公用建筑所选的装饰材料除应满足各种使用功能外还应具有良好的防火性；播音室的内部装饰，所选装饰材料还应具有较高的吸声效果等。

（3）材料的安全性

选用装饰材料时，要妥善处理装饰效果与使用安全的关系，要优先选用环保型材料和不燃或难燃的安全型材料，尽量避免选用在使用过程中释放有害物质或易发生火灾事故的材料。

（4）耐久性

所选的装饰材料应具有与所处环境相适应的耐久性，以保证建筑装饰工程的耐久性和建筑物的各项使用功能，并减少维修次数、降低维修费用。

（5）经济性

装饰工程的造价在建筑工程总造价中占有较大的比例，故在选择装饰材料时要考虑经济方面的因素。通常是根据不同部位的使用要求和装饰等级来选用合适的材料。对一些不会影响整体装饰质量和效果的部位，可以选择质优价廉的材料，低廉的装饰材料只要运用得当也同样会取得良好的装饰效果；对某些关键部位，宁可加大投资，选择后期使用维修费用低的材料，从而保证总体上的经济性。

（6）便于施工

选用的装饰材料以及设计方案，尽量做到构造简单，方便施工和维修。

延伸阅读：

中华人民共和国公安部

关于进一步明确民用建筑外保温材料消防监督管理有关要求的通知

公消［2011］65号

各省、自治区、直辖市公安消防总队，新疆生产建设兵团公安局消防局：

近年来，南京中环国际广场、哈尔滨经纬360度双子星大厦、济南奥体中心、北京央视新址附属文化中心、上海胶州教师公寓、沈阳皇朝万鑫大厦等相继发生建筑外保温材料火灾，造成严重人员伤亡和财产损失，建筑易燃可燃外保温材料已成为一类新的火灾隐患，由此引发的火灾已呈多发势头。为深刻吸取火灾事故教训，认真贯彻落实中央领导同志重要批示精神，公安部、住房和城乡建设部正在修订有关标准、规定，经部领导批准，在新标准、规定发布前，本着对国家和人民生命财产安全高度负责的态度，为遏制当前建筑易燃可燃外保温材料火灾高发的势头，把好火灾防控源头关，现就进一步明确民用建筑外保温材料消防监督管理的有关要求通知如下：

一、将民用建筑外保温材料纳入建设工程消防设计审核、消防验收和备案抽查范围。凡建设工程消防设计审核和消防验收范围内的设有外保温材料的民用建筑，均应将建筑外保温材料的燃烧性能纳入审核和验收内容。对于《建设工程消防监督管理规定》（公安部令第106号）第十三条、第十四条规定范围以外设有外保温材料的民用建筑，全部纳入抽查范围。在新标准发布前，从严执行《民用建筑外保温系统及外墙装饰防火暂行规定》（公通字［2009］46号）第二条规定，民用建筑外保温材料采用燃烧性能为A级的材料。

二、加强民用建筑外保温材料的消防监督管理。2011年3月15日起，各地受理的建设工程消防设计审核和消防验收申报项目，应严格执行本通知要求。对已经审批同意的在建工程，如建筑外保温采用易燃、可燃材料的，应提请政府组织有关主管部门督促建设单位拆除易燃、可燃保温材料；对已经审批同意但尚未开工的建设工程，建筑外保温采用易燃、可燃材料的，应督促建设单位更改设计、选用不燃材料，重新报审。

公安部消防局

二〇一一年三月十四日

技能训练题

一、选择题（有一个或多个正确答案）

1. 当沥青中油分含量多时，沥青的（　　）。

A. 针入度降低　　B. 温度稳定性差　　C. 大气稳定性差　　D. 延伸度降低

2. SBS改性沥青防水卷材是以（　　）评定标号。

A. 抗压强度　　B. 抗拉强度

C. $10m^2$ 标称质量（kg）　　D. $1m^2$ 标称质量（g）

3. 合成高分子防水卷材与沥青防水卷材相比具有（　　）等优点。

A. 寿命长　　B. 强度高　　C. 冷施工　　D. 污染小

4. 多孔（闭口）轻质材料适合做（　　）。

A. 吸声材料　　B. 隔声材料　　C. 保温材料　　D. 防水材料

5. 下列材料中绝热性能最好的是（　　）。

A. 泡沫塑料　　B. 泡沫混凝土　　C. 泡沫玻璃　　D. 中空玻璃

6. 建筑工程中常用的PVC塑料是指（　　）。

A. 聚乙烯塑料　　B. 聚氯乙烯塑料　　C. 酚醛塑料　　D. 聚苯乙烯塑料

7. 以下涂料品种，对环保不利的是（　　）。

A. 溶剂型涂料　　B. 水溶型涂料　　C. 乳胶涂料　　D. 无机涂料

二、是非判断题

1. 材料的吸声效果越好，其隔声效果就越好。（　　）

2. 材料的保温性能越好，其隔热效果就越好。（　　）

三、简答题

1. 试分析石油沥青的“老化”与组分的关系。“老化”过程中沥青性质将发生哪些变化？对工程有何影响？

2. 建筑塑料的主要优缺点？

3. 常用的隔声措施有哪些？

4. 常用的木地板主要有哪些品种？各有何特点？

5. 装饰装修材料的污染主要表现在哪些方面？如何减少装修带来的污染？

附录　现行常用建筑材料与检测方法标准（目录）

1.《通用硅酸盐水泥》 （GB 175—2007）

2.《中热硅酸盐水泥　低热硅酸盐水泥　低热矿渣硅酸盐水泥》 （GB 200—2003）

3.《砌筑水泥》 （GB/T 3183—1997）

4.《白色硅酸盐水泥》 （GB/T 2015—2005）

5.《道路硅酸盐水泥》 （GB 13693—2005）

6.《快硬硅酸盐水泥》 （GB 199—1990）

7.《快硬硫铝酸盐水泥　快硬铁铝酸盐水泥》 （JC 933—2003）

8.《快凝快硬硅酸盐水泥》 （JC/T 314—1996）

9.《低热微膨胀水泥》 （GB 2938—1997）

10.《自应力硅酸盐水泥》 （JC/T 218—1995）

11.《自应力铁铝酸盐水泥》 （JC 437—1996）

12.《自应力硫铝酸盐水泥》 （JC 715—1996）

13.《铝酸盐水泥》 （GB 201—2000）

14.《低碱度硫铝酸盐水泥》 （JC/T 659—2003）

15.《抗硫酸盐硅酸盐水泥》 （GB 748—2005）

16.《用于水泥和混凝土中的粉煤灰》 （GB/T 1596—2005）

17.《用于水泥中的火山灰质混合材料》 （GB/T 2847—2005）

18.《用于水泥中的粒化高炉矿渣》 （GB/T 203—2008）

19.《用于水泥和混凝土中的粒化高炉矿渣粉》 （GB/T 18046—2000）

20.《水泥取样方法》 （GB 12573—2008）

21.《水泥标准稠度用水量、凝结时间、安定性检验方法》 （GB 1346—2001）

22.《水泥胶砂强度检验方法（ISO 法）》 （GB/T 17671—1999）

23.《水泥密度测定方法》 （GB/T 208—1994）

24.《水泥水化热测定方法》 （GB/T 12959—2008）

25.《水泥细度检验方法》 （GB/T 1345—2005）

26.《水泥胶砂流动度测定方法》 （GBT 2419—2005）

27.《水泥胶砂含气量测定方法》 （JC/T 601—2009）

28.《水泥胶砂干缩试验方法》 （JC/T 603—2004）

29.《水泥强度快速检验方法》 （JC/T 738—2004）

30.《水泥抗硫酸盐侵蚀试验方法》 （GB/T 749—2001）

31.《膨胀水泥膨胀率试验方法》 (JC/T 313—2009)
32.《自应力水泥物理检验方法》 (JC/T 453—2004)
33.《普通混凝土配合比设计规程》 (JGJ 55—2000)
34.《预拌混凝土》 (GB/T 14902—2003)
35.《钢纤维混凝土》 (JC/T 3064—1999)
36.《混凝土用水标准》 (JGJ 63—2006)
37.《混凝土强度检验评定标准》 (GB/T 50107—2010)
38.《混凝土质量控制标准》 (GB 50164—1992)
39.《混凝土结构工程施工质量验收规范》 (GB 50204—2002)
40.《粉煤灰混凝土应用技术规范》 (GBJ 146—1990)
41.《特细砂混凝土配制及应用规程》 (BJG 19—1992)
42.《蒸压加气混凝土应用技术规程》 (JGJ 17—1984)
43.《轻骨料混凝土技术规程》 (JGJ 51—2002)
44.《混凝土外加剂定义、分类、命名与术语》 (GB/T 8075—2005)
45.《混凝土外加剂》 (GB 8076—2008)
46.《混凝土外加剂匀质性试验方法》 (GB/T 8077—2000)
47.《混凝土外加剂应用技术规范》 (GB 50119—2003)
48.《混凝土外加剂中释放氨的限量》 (GB 18588—2001)
49.《聚羧酸系高性能减水剂》 (JG/T 223—2007)
50.《混凝土泵送剂》 (JC 473—2001)
51.《混凝土防冻剂》 (JC 475—2004)
52.《混凝土膨胀剂》 (JC 476—2001)
53.《喷射混凝土用速凝剂》 (JC 477—2005)
54.《水泥混凝土养护剂》 (JC 901—2002)
55.《混凝土界面处理剂》 (JC 907—2002)
56.《普通混凝土用砂、石质量及检验方法标准》 (JGJ 52—2006)
57.《普通混凝土拌合物性能试验方法标准》 (GB 50080—2002)
58.《普通混凝土力学性能试验方法标准》 (GB 50081—2002)
59.《普通混凝土长期性能和耐久性能试验方法标准》 (GB 50081—2002)
60.《混凝土外加剂匀质性试验方法》 (GB 8077—2000)
61.《轻集料及其试验方法　第1部分：轻集料》 (GB 17431.1—1998)
62.《轻集料及其试验方法　第2部分：轻集料试验方法》 (GB 17431.2—1998)
63.《早期推定混凝土强度试验方法》 (JGJ/T 15—2008)
64.《钻芯法检测混凝土强度技术规程》 (CECS 03—2007)
65.《回弹法检测混凝土抗压强度技术规程》 (JGJ/T 23—2001)
66.《超声回弹综合法检测混凝土强度技术规程》 (CECS 02—2005)
67.《超声法检测混凝土缺陷技术规程》 (CECS 21—2000)
68.《钢纤维混凝土试验方法》 (CECS 13—89)
69.《建筑用砂》 (GB/T 14684—2001)

70.《建筑用卵石、碎石》 (GB/T 14685—2001)
71.《砌筑砂浆配合比设计规程》 (JGJ 98—2000)
72.《建筑砂浆基本性能试验方法标准》 (JGJ 70—2009)
73.《建筑石膏》 (GB 9776—2008)
74.《建筑生石灰》 (JC/T 479—1992)
75.《建筑生石灰粉》 (JC/T 480—1992)
76.《建筑消石灰粉》 (JC/T 481—1992)
77.《建筑石膏　一般试验条件》 (GB/T 17669.1—1999)
78.《建筑石膏　力学性能的测定》 (GB/T 17669.3—1999)
79.《建筑石膏净浆物理性能的测定》 (GB/T 17669.4—1999)
80.《墙体材料术语》 (GB/T 18968—2003)
81.《烧结普通砖》 (GB 5101—2003)
82.《烧结多孔砖》 (GB 13544—2000)
83.《烧结空心砖和空心砌块》 (GB 13545—2003)
84.《混凝土实心砖》 (GB/T 21144—2007)
85.《混凝土多孔砖》 (JC 943—2004)
86.《粉煤灰砖》 (JC 239—2001)
87.《蒸压灰砂砖》 (GB 11945—1999)
88.《蒸压加气混凝土砌块》 (GB 11968—2006)
89.《普通混凝土小型空心砌块》 (GB 8239—1997)
90.《中型空心砌块》 (JC 716—1996)
91.《轻集料混凝土小型空心砌块》 (GB 15229—2002)
92.《泡沫混凝土砌块》 (JC/T 1062—2007)
93.《建筑隔墙用轻质条板》 (JG/T 169—2005)
94.《砌墙砖检验规则》 (JG/T 466—1996)
95.《砌墙砖试验方法》 (GB/T 2542—2003)
96.《混凝土小型空心砌块试验方法》 (GB/T 4111—1997)
97.《蒸压加气混凝土性能试验方法》 (GB 11969—2008)
98.《钢筋混凝土用钢　第1部分：热轧光圆钢筋》 (GB 1499.1—2008)
99.《钢筋混凝土用钢　第2部分：热轧带肋钢筋》 (GB 1499.2—2007)
100.《钢筋混凝土用钢　第2部分：热轧带肋钢筋》国家标准第1号修改单 (GB 1499.2—2007XG1—2009)
101.《碳素结构钢》 (GB/T 700—2006)
102.《合金结构钢》 (GB/T 3077—1999)
103.《预应力混凝土用钢丝》 (GB/T 5223.1—2002)
104.《预应力混凝土用钢铰线》 (GB/T 5224—2003)
105.《预应力混凝土用钢棒》 (GB/T 5223.3—2005)
106.《预应力混凝土用螺纹钢筋》 (GB/T 20065—2006)
107.《金属材料　拉伸试验　第1部分：室温试验方法》 (GB/T 228.1—2010)

108.《预应力混凝土用钢材试验方法》 (GB/T 21839—2008)
109.《建筑石油沥青》 (GB 494—1998)
110.《改性沥青聚乙烯胎防水卷材》 (GB 18967—2009)
111.《塑性体改性沥青防水卷材》 (GB 18243—2008)
112.《弹性体改性沥青防水卷材》 (GB 18242—2008)
113.《石油沥青玻璃布胎油毡》 (JC/T 84—1996)
114.《聚氯乙烯防水卷材》 (GB 12952—2003)
115.《氯化聚乙烯防水卷材》 (GB 12953—2003)
116.《三元丁橡胶防水卷材》 (JC/T 645—1996)
117.《高分子防水材料　第1部分：片材》 (GB 18173.1—2000)
118.《聚氯乙烯弹性防水涂料》 (JC/T 674—1997)
119.《建筑防水沥青嵌缝油膏》 (JC/T 207—1996)
120.《建筑防水卷材试验方法　第1部分：沥青和高分子防水卷材　抽样规则》 (GB/T 328.1—2007)
121.《建筑防水卷材试验方法　第8部分：沥青防水卷材　拉伸性能》 (GB/T 328.8—2007)
122.《建筑防水卷材试验方法　第9部分：高分子防水卷材　拉伸性能》 (GB/T 328.8—2007)
123.《建筑防水卷材试验方法　第10部分：沥青和高分子防水卷材　不透水性》 (GB/T 328.10—2007)
124.《建筑防水卷材试验方法　第11部分：沥青防水卷材　耐热性》 (GB/T 328.11—2007)
125.《建筑防水卷材试验方法　第14部分：沥青防水卷材　低温柔性》 (GB/T 328.14—2007)
126.《建筑防水涂料试验方法》 (GB/T 16777—2008)
127.《膨胀珍珠岩绝热制品》 (GB/T 10303—2001)
128.《膨胀蛭石制品》 (JC/T 442—2009)
129.《绝热用玻璃棉及其制品》 (GB/T 13350—2008)
130.《吸声用玻璃棉制品》 (JC 469—2005)
131.《膨胀珍珠岩装饰吸声板》 (JC 430—1996)
132.《喷涂硬质聚氨酯泡沫塑料》 (GB/T 20219—2006)
133.《绝热用模塑聚苯乙烯泡沫塑料》 (GB/T 10801.1—2002)
134.《绝热用挤塑聚苯乙烯泡沫塑料》 (GB/T 10801.2—2002)
135.《陶瓷砖》 (GB/T 4100—2006)
136.《陶瓷砖和卫生陶瓷分类及术语》 (GB/T 9195—1999)
137.《建筑陶瓷饰面砖粘结强度检验标准》 (JGJ 110—2008)
138.《保温材料憎水性试验方法》 (GB 10299—1988)
139.《绝热材料稳态热阻及有关特性的测定　防护热板法》 (GB/T 10294—2008)
140.《绝热材料稳态热阻及有关特性的测定　热流计法》 (GB/T 10295—2008)

141.《天然大理石建筑板材》 (GB/T 19766—2005)
142.《天然花岗石建筑板材》 (GB/T 18601—2009)
143.《建筑幕墙用铝塑复合板》 (GB/T 17748—2008)
144.《普通装饰用铝塑复合板》 (GB/T 22412—2008)
145.《复层建筑涂料》 (GB 9779—2005)
146.《弹性建筑涂料》 (JG/T 172—2005)
147.《外墙无机建筑涂料》 (JG/T 26—2002)
148.《合成树脂乳液内墙涂料》 (GB/T 9756—2009)
149.《合成树脂乳液外墙涂料》 (GB/T 9755—2001)
150.《溶剂型外墙涂料》 (GB/T 9757—2001)
151.《水溶性内墙涂料》 (JC/T 423—1991)
152.《多彩内墙涂料》 (JC/T 3003—1993)
153.《装饰石膏板》 (JC/T 799—2007)
154.《嵌装式装饰石膏板》 (JC/T 800—2007)
155.《装饰纸面石膏板》 (JC/T 997—2006)
156.《纸面石膏板》 (GB 9775—2008)
157.《平板玻璃》 (GB 11614—2009)
158.《中空玻璃》 (GB/T 11944—2002)
159.《建筑材料及制品燃烧性能分级》 (GB 8624—2006)
160.《建筑材料难燃性试验方法》 (GB/T 8625—2005)
161.《建筑材料可燃性试验方法》 (GB/T 8626—2007)
162.《室内装饰装修材料　内墙涂料有害物质限量》 (GB 18582—2008)
163.《室内装饰装修材料　胶粘剂中有害物质限量》 (GB 18583—2008)
164.《室内装饰装修材料　水性木器涂料中有害物质限量》 (GB 24410—2009)
165.《民用建筑工程室内环境污染控制规范》 (GB/T 50325—2010)
166.《室内空气质量标准》 (GB/T 18883—2002)

参考文献

[1] 魏小胜，严捍东，张长青. 工程材料. 武汉：武汉理工大学出版社，2008

[2] 覃维祖. 结构工程材料. 北京：清华大学出版社、施普林格出版社，2000

[3] 刘富玲，赵华玮. 建筑材料与检测. 郑州：郑州大学出版社，2006

[4] 丁大钧. 墙体改革与可持续发展. 北京：机械工业出版社，2006

[5] 徐惠忠，周明. 新型建筑围护材料生产工艺与实用技术. 北京：化学工业出版社，2007

[6] 魏鸿汉. 建筑材料（第三版）. 北京：中国建筑工业出版社，2010

[7] 张健. 建筑材料与检测（第二版）. 北京：化学工业出版社，2009

[8] 刘祥顺. 建筑材料（第二版）. 北京：中国建筑工业出版社，2007

[9] 王秀花. 建筑材料（第 2 版）. 北京：机械工业出版社，2009

[10] 宋岩丽，王社信，周仲景. 建筑材料与检测. 北京：人民交通出版社，2007

[11] 范文昭. 建筑材料（第三版）. 北京：中国建筑工业出版社，2010

[12] 曹亚玲. 建筑材料. 北京：化学工业出版社，2009

[13] 钟祥璋. 建筑吸声材料与隔声材料. 北京：化学工业出版社，2005

[14] 蔡丽朋. 建筑材料. 北京：化学工业出版社，2005

[15] 张海梅，建筑材料（第 2 版）. 北京：科学出版社，2003

[16] 苏达根. 土木工程材料. 北京：高等教育出版社，2003

[17] 任平弟. 建筑材料. 北京：中国铁道出版社，2004

[18] 邢振贤. 土木工程材料. 郑州：郑州大学出版社，2006

[19] 刘数华，冷发光，罗季英. 建筑材料试验研究的数学方法. 北京：中国建材工业出版社，2006

[20] 刘红飞，蒋元海，叶蓓红. 建筑外加剂. 北京：中国建筑工业出版社，2006

[21] 马保国，刘军. 建筑功能材料. 武汉：武汉理工大学出版社，2004

[22] 薄遵彦. 建筑材料. 北京：中国环境科学出版社，2007

[23] 何雄. 建筑材料质量检测（第二版）. 北京：中国广播电视出版社，2009

[24] 库马・梅塔，保罗 J. M. 蒙特罗. 混凝土微观结构、性能和材料. 北京：中国电力出版社，2008

建筑材料与检测实验报告

姓　　名______________________________

班　　级______________________________

学　　号______________________________

指导教师______________________________

小组成员______________________________

____

____

目　录

建筑材料实验课要求

1. 安全及纪律要求

（1）学生进入实验室，要听从教师的安排，不得大声喧哗，应严格遵守实验室各项规章制度。

（2）进入实验室后，对本组所用的仪器设备进行检查，如有缺损或失灵应立即报告，由教师修理或调换，不得私自拆卸。实验结束时，应将所用仪器设备按原位放好，经检查后方可离开实验室。

（3）非本次实验所用的室内其他仪器设备，不得随意乱动。因违反操作规程（或未经允许使用）而造成设备损坏的，按学校相关规定处理。

（4）要爱护实验仪器设备，严格按照操作规程进行实验，同时注意人身安全。在实验过程中，一旦发现仪器设备异常现象应立即停止使用，并及时向指导教师报告。

（5）实验结束后，每组学生对所用的仪器设备及桌面、地面应加以清理，并由各实验小组轮流做全室的卫生整理。

（6）完成实验后，经教师同意后方可离开实验室。实验室内各种仪器设备未经有关人员同意，不得任意动用。

2. 实验与实验报告要求

（1）每次做实验以前，要认真阅读教材中与本实验相关的内容，了解实验目的、基本原理及操作要求。

（2）实验小组成员之间要分工协作，要以严谨的科学态度、严格的作风、严密的方法进行试验，认真记录好实验数据。

（3）要认真填写、整理实验报告，不得缺项、漏项，报告中的计算部分必须完成，计算时要注意单位，数据要有分析，问题要有结论。

（4）实验报告应及时完成，并按指定时间交给指导教师批阅。

实验 1　建筑材料基本性质测试

1. 材料的密度测试

（1）实验目的

（2）主要仪器设备

（3）实验方法

（4）实验记录

试样名称：________________　实验日期：________________

气温/室温：________________　湿　　度：________________

编号	试样原质量 m_1(g)	试样余量 m_2(g)	装入试样的质量 m(g)	液面读数(cm^3)		装入试样体积 V(cm^3)	密度 ρ(g/cm^3)	
				装试样前	装试样后		实测值	平均值
1								
2								

2. 材料的体积密度测试

(1) 实验目的

(2) 主要仪器设备

(3) 实验方法

(4) 实验记录

试样名称：________________ 实验日期：________________

气温/室温：________________ 湿　　度：________________

编号	试件尺寸(cm)			试件体积 V_0(cm³)	试件质量 m(g)	体积密度 ρ_0(g/cm³)	
	边长(直径)	边长(直径)	边长(直径)			测定值	平均值
1							
2							

3. 材料的吸水率测试

（1）实验目的

（2）主要仪器设备

（3）实验方法

（4）实验记录

试样名称：__________ 实验日期：__________

气温/室温：__________ 湿　　度：__________

试样干燥质量 m（g）			试样吸水饱和质量 m_1		
	1			1	
	2			2	
	3			3	

材料吸水率		1	2	3	平均值
	质量吸水率 $W_m=\frac{m_1-m}{m}\times100\%$				
		1	2	3	平均值
	体积吸水率 $W_V=\frac{m_1-m}{V_0}\times100\%$				

实验 2　水泥性能测试

水泥品种：____________________强度等级：____________________

生产厂家：____________________出厂日期：____________________

1. 水泥细度测试

（1）实验目的

（2）主要仪器设备

（3）实验方法

（4）实验记录

实验日期：______________气温/室温：______________湿度：______________

编号	试样质量 m(g)	筛余量 m_1(g)	筛余百分数(%)	筛余平均值(%)	结论
1					
2					

2. 水泥标准稠度用水量测试

(1) 实验目的

(2) 主要仪器设备

(3) 实验方法

(4) 实验记录

实验日期：______________气温/室温：______________湿度：______________

① 标准法

试样质量 m(g)	加水量 m_1(g)	试杆距底板距离 l(mm)	标准稠度用水量 P(%)

② 代用法（调整水量方法）

试样质量 m(g)	拌和用水量 m_1(g)	试锤下沉深度 l(mm)	标准稠度用水量 P(%)

3. 凝结时间测试

(1) 实验目的

(2) 主要仪器设备

(3) 实验方法

(4) 实验记录

实验日期：______ 气温/室温：______ 湿度：______

水泥全部加入水中时的时间	初凝		终凝	
	试针沉至距底板4mm±1mm时的时间	初凝时间(min)	试针沉入水泥净浆只有0.5mm时的时间	终凝时间(min)
时 分	时 分		时 分	

(5) 结论

4. 体积安定性测试

(1) 实验目的

(2) 主要仪器设备

(3) 实验方法

(4) 实验记录

实验日期：________气温/室温：________湿度：________

① 标准法（雷氏法）

雷氏夹膨胀值（mm）：________。

② 代用法（试饼法）

沸煮后目测试饼情况：________________。

(5) 结论

5. 水泥胶砂强度测试（ISO 法）

（1）实验目的

（2）主要仪器设备

（3）实验方法

（4）实验记录

试件成型日期：________月________日

实验日期（3d 龄期）：________气温/室温：________湿度：________

实验日期（28d 龄期）：________气温/室温：________湿度：________

① 抗折强度测试

编　号	龄　期	抗折破坏荷载 P(N)	抗折强度(MPa)	
			测定值	平均值
1	3d			
2				
3				
4	28d			
5				
6				

② 抗压强度测试

编　号	龄　期	受压面积 A(mm^2)	抗压破坏荷载 P(N)	抗压强度(MPa)	
				测定值	平均值
1	3d				
2					
3					
4					
5					
6					
7	28d				
8					
9					
10					
11					
12					

（5）结论

实验3　砂、石物理性能测试

1. 表观密度测试（标准法）

（1）实验目的

（2）主要仪器设备

（3）实验方法

（4）实验记录

实验日期：＿＿＿＿＿＿气温/室温：＿＿＿＿＿＿湿度：＿＿＿＿＿＿

编号	吊篮在水中的质量 m_1(kg)	吊篮及试样在水中的质量 m_2(kg)	试样质量 m(kg)	表观密度 ρ'(kg/m^3)	
				测定值	平均值
1					
2					

2. 堆积密度测试

(1) 实验目的

(2) 主要仪器设备

(3) 实验方法

(4) 实验记录

实验日期：__________ 气温/室温：__________ 湿度：__________

编号	容量筒质量 m_1(kg)	容量筒及试样总质量 m_2(kg)	试样质量 m(kg)	容量筒的容积 V_0'(L)	堆积密度 ρ_0'(kg/m³)	
					测定值	平均值
1						
2						

3. 含水率测试

(1) 实验目的

(2) 主要仪器设备

(3) 实验方法

(4) 实验记录

实验日期：____________气温/室温：____________湿度：____________

编号	容器质量 m_1(g)	烘干前容器与试样总质量 m_2(g)	烘干后容器与试样总质量 m_3(g)	含水率 W_{wc}(%)	
				测定值	平均值
1					
2					

4. 筛分析试验

(1) 实验目的

(2) 主要仪器设备

(3) 实验方法

(4) 实验记录

① 砂的筛分析实验

实验日期：______________气温/室温：______________湿度：______________

筛孔公称直径(mm)	10.0	5.00	2.50	1.25	0.63	0.316	0.16	筛底
筛余质量 m(g)								
分计筛余百分率 a_i(%)								
累计筛余百分率 β_i(%)								
细度模数	$\mu_f=\frac{(\beta_2+\beta_3+\beta_4+\beta_5+\beta_6)-5\beta_1}{100-\beta_1}=$							

结果评定

根据 μ_f 该砂样属于______________砂；

根据累计筛余百分率 β_i 级配位于______________区，级配情况：______________。

② 碎石或卵石筛分析实验

实验日期：______________气温/室温：______________湿度：______________

筛孔公称直径(mm)							
筛余质量 m(g)							
分计筛余百分率 a_i(%)							
累计筛余百分率 β_i(%)							

(5) 结果评定

最大粒径：____________________mm；级配情况：____________________。

实验 4　普通混凝土基本性能测试

1. 混凝土拌合物和易性测试

（1）实验目的

（2）主要仪器设备

（3）实验方法

（4）实验记录

实验日期：______________气温/室温：______________湿度：______________

粗骨粒最大粒径：______________ mm；　混凝土初步配合比为______________

配合比	拌和 10L 混凝土所用各材料用量(kg)				坍落度(mm)	粘聚性	保水性
	水泥 m_c	砂子 m_s	石子 m_g	水 m_w			
初步配合比							
第一次调整增加量							
第二次调整增加量							
合计							

和易性调整后的混凝土配合比为______________________________。

维勃稠度法：

粗骨粒最大粒径：____________ mm。混凝土初步配合比为____________________。

维勃稠度值为：______________。

2. 混凝土拌合物体积密度测试

(1) 实验目的

(2) 主要仪器设备

(3) 实验方法

(4) 实验记录

实验日期：__________ 气温/室温：__________ 湿度：__________

混凝土配合____________________

编号	容量筒容积 V(L)	容量筒质量 m_1(kg)	容量筒与混凝土试样总质量 m_2(kg)	混凝土质量 (m_1-m_2)(kg)	混凝土拌和物体积密度 ρ'(g/cm^3)	
					实测值	平均值
1						
2						
3						

3. 混凝土立方体抗压强度测试

（1）实验目的

（2）主要仪器设备

（3）实验方法

（4）实验记录

试件成型日期：________月________日

实验日期：______________气温/室温：______________湿度：______________

混凝土初步配合比为水泥∶水∶砂子∶石子＝______________

编号	试件尺寸(mm)		受压面积 A(mm^2)	破坏荷载 P(N)	抗压强度 f(MPa)		换算成150mm立方体抗压强度(MPa)
	长度 a	宽度 b			测定值	平均值	
1							
2							
3							
4							
5							
6							

（5）结果评定

实验5　建筑砂浆性能测试

1. 稠度及分层度测试

（1）实验目的

（2）主要仪器设备

（3）实验方法

（4）实验记录

实验日期：______________气温/室温：______________湿度：______________

砂浆质量配合比：____________________

① 砂浆稠度测试

编号	拌合____L砂浆所用各材料用量(kg)				稠度值(mm)	
	水泥	石灰	砂子	水	实测值	平均值
1						
2						

② 砂浆分层度测试

编号	拌合____L砂浆所用各材料用量(kg)				静置前稠度值(mm)	静置30min后稠度值(mm)	稠度值(mm)	
	水泥	石灰	砂子	水			实测值	平均值
1								
2								

2. 抗压强度测试

（1）实验目的

（2）主要仪器设备

（3）实验方法

（4）实验记录

试件成型日期：________月________日

实验日期：____________气温/室温：____________湿度：____________

砂浆质量配合比：________________________

编号	试件尺寸(mm)		受压面积 $A(mm^2)$	破坏荷载 P(N)	抗压强度 f(MPa)		单块抗压强度最小值(MPa)
	长度 a	宽度 b			测定值	平均值	
1							
2							
3							
4							
5							
6							

（5）结果评定

实验 6　砌墙砖强度测试

（1）实验目的

（2）主要仪器设备

（3）实验方法

（4）实验记录

实验日期：____________气温/室温：____________湿度：____________

砖的种类：________________________。

① 抗折强度测试

编号	试件尺寸(mm)			最大破坏荷载 P(N)	抗折强度 f(MPa)		单块最小值 f_{min}(MPa)
	宽度 b	高度 h	支点距离 L		实测值	平均值	
1							
2							
3							
4							
5							
6							

② 抗压强度测试

编号	试件尺寸(mm)		受压面积 $A(mm^2)$	最大破坏荷载 $P(N)$	抗压强度 $f(MPa)$	抗压强度平均值 $\overline{f}(MPa)$	单块最小值 $f_{min}(MPa)$	标准差 $S(MPa)$	变异系数 δ
	长度 l	宽度 b							
1									
2									
3									
4									
5									
6									
7									
8									
9									
10									

注：标准差和变异系数计算公式分别为 $S=\sqrt{\frac{1}{9}\sum_{i=1}^{n}(f_i-\overline{f})^2}$，$\delta=\frac{S}{\overline{f}}$

（5）结果评定

实验 7　钢筋力学与工艺性能测试

（1）实验目的

（2）主要仪器设备

（3）实验方法

（4）实验记录

实验日期：＿＿＿＿＿＿气温/室温：＿＿＿＿＿＿湿度：＿＿＿＿＿＿

钢材类型：＿＿＿＿＿＿＿＿＿＿＿＿

① 钢材拉伸试验

	公称直径 ϕ(mm)	公称截面积 $A(mm^2)$	屈服荷载 F_s(N)	极限荷载 F_b(N)	屈服强度 σ_s(MPa)		抗拉强度 σ_b(MPa)	
					测定值	平均值	测定值	平均值
屈服点及抗拉强度测定								

	公称直径 ϕ(mm)	原始标距长度 L_0(mm)	拉断后标距长度 L_1(mm)	拉伸长度 L_0-L_1 (mm)	伸长率 δ(%)	
					测定值	平均值
伸长率测定						

结果评定：

② 钢材冷弯性能测试

编号	钢材型号	钢材厚度或直径 a(mm)	弯心直径 d(mm)	d/a	冷弯角度 α	冷弯后钢材表面状况	冷弯性能是否合格

实验 8　弹性改性沥青防水卷材性能测试

（1）实验目的

（2）主要仪器设备

（3）实验方法

（4）实验记录

实验日期：＿＿＿＿＿＿气温/室温：＿＿＿＿＿＿湿度：＿＿＿＿＿＿

卷材种类：＿＿＿＿＿＿＿＿＿＿＿＿

检测项目	实测值		平均值	标准规定值
不透水性测试	1			
	2			
	3			
耐热度测试	1			
	2			
	3			
拉力测试	1			
	2			
	3			
柔度测试	1			
	2			
	3			

（5）结论